生命的/边界

LIFE'S
EDGE

The Search for What It Means
to Be Alive

探寻生命的意义
和极限

Carl Zimmer

[美]卡尔·齐默 /著　　曲娇 /译

中信出版集团 | 北京

图书在版编目（CIP）数据

生命的边界 /（美）卡尔·齐默著；曲娇译. -- 北京：中信出版社, 2023.3
书名原文：Life's Edge: The Search for What It Means to Be Alive
ISBN 978-7-5217-5225-0

Ⅰ.①生… Ⅱ.①卡… ②曲… Ⅲ.①生命科学－普及读物 Ⅳ.①Q1-0

中国国家版本馆 CIP 数据核字 (2023) 第 035672 号

生命的边界
著者： ［美］卡尔·齐默
译者： 曲 娇
出版发行：中信出版集团股份有限公司
（北京市朝阳区东三环北路 27 号嘉铭中心 邮编 100020）
承印者：嘉业印刷（天津）有限公司

开本：880mm×1230mm 1/32 印张：10.75 字数：279 千字
版次：2023 年 3 月第 1 版 印次：2023 年 3 月第 1 次印刷
京权图字：01-2021-3629 书号：ISBN 978-7-5217-5225-0
定价：68.00 元

献给格蕾丝，我一生的至爱

作者及本书所获赞誉

卡尔·齐默是当代最优秀的科学作家之一。

丽贝卡·思科鲁特

科学作家、《永生的海拉》作者

在科学写作方面，没有人比卡尔·齐默更优秀。

尼尔·舒宾

古生物学家、科学作家、美国科学院院士

这些故事妙趣横生，又令人深受启发……关于DNA的故事更是精彩绝伦……齐默是一位高才卓识、文思敏捷的作家。《生命的边界》中还插入了逸闻趣事，巧妙地讲述科学故事，将科学实验生动地呈现在读者面前。这部作品不仅关乎生命，还关乎发现本身，关乎谬误与傲慢，关乎科学的奇迹以及科学能够触及的范围。

悉达多·穆克吉

普利策奖获得者

《癌症传》《基因传》作者

卡尔·齐默笔下的科学故事如同悬疑小说般精彩。《生命的边界》对当今这个现代弗兰肯斯坦博士辈出的时代做了一次及时的探索。书的各章情节跌宕起伏，充满了智识上的启示。这部作品超越了时代，卡尔生动且富有艺术性的文字更是让这本书难以抗拒。

詹妮弗·杜德纳

基因编辑技术开创者之一

2020 年诺贝尔化学奖获得者

《生命的边界》深刻、诗意、引人入胜，为理解生命本身提供了一个全新的视角。这是一名科学写作大师以其巅峰之技写就的作品。在生命显得尤为珍贵的当下，这部作品值得欢迎。

埃德·扬

科学作家、《我包罗万象》作者

卡尔·齐默的这部《生命的边界》着力探讨生物学中最棘手的几个问题：什么是生命？最初的生命是如何诞生的？我们应该基于何种标准来确定哪些存在是"有生命的"？从新陈代谢、知觉到演化，再到 DNA 这个我们目前的重点关注领域，卡尔·齐默引领读者踏上探究之旅，层层深入，精彩纷呈。

《纽约时报》

这部审视生命科学的作品细腻而又深刻，书中充满了对生物学过去和未来的真知灼见，令人难忘。齐默展示了生命非凡的复杂性和多样性，介绍了科学家为探索生命的起源以及生命在其他星球上可能如何演化做出的巧妙尝试。

《卫报》

在齐默的引领下，我们得以对生命进行仔细的观察和深入的思考，探寻其丰富的多样性、细微的差别和终极的统一，赞颂生命的多彩。

《书单》杂志

我们似乎凭直觉就能将生命体与无机物区分开，但就像屡获殊荣的科学作家卡尔·齐默在《生命的边界》中明确指出的那样，这两者之间的界限并不像我们想象的那么清晰……读完这部引人入胜的作品后，读者们甚至可能会心生疑惑："有生命"和"无生命"这样的分类或许只是我们强加给自然界的标签，而非世界的客观特征。

《史密森尼》杂志

目 录
CONTENTS

前　言

边缘地带

1904 年秋，卡文迪许实验室里正进行着各种各样稀奇古怪的实验。[1] 水银蒸气泛着蓝光，一闪一闪的。铅筒立在铜盘上，不停地旋转。实验室就坐落于剑桥大学中心的自由学院巷（Free School Lane）。在当时，对全英国乃至全世界的物理学家来说，这座攀满常春藤的建筑都是最令人兴奋的地方，因为在这里，他们可以研究宇宙的基本组成元件。在满是磁体、真空装置和电池的实验室里，一个在角落里悄然进行的小实验自然很难引起人们的注意。它不过是一根管口塞着棉花，装着几勺肉汤的试管。

但就在这根试管中，某种东西正在悄然形成。几个月后，它将吸引全世界的目光，令世人惊叹不已。报纸将刊发文章，称赞这项实验是科学史上最非凡的成就之一。一名记者还将把试管中潜藏的东西描述为"最原始的生命形式——无机世界与有机世界之间'缺失的一环'"[2]。

这种最原始生命的创造者是 31 岁的物理学家约翰·巴特勒·伯克（John Butler Burke）。[3] 在实验前后拍摄的照片中，伯克那张稚气未脱的脸上总是带着忧郁的神情。他出生于马尼拉，母亲是菲律宾人，父亲是爱尔兰人。伯克在儿时就离开了菲律宾，前往都柏林接受学校教育，最后进入剑桥大学的三一学院。在那里，他研究 X 射线、发电机以及糖释放出的神秘火花。三一学院曾授予伯克一枚金质奖章，表彰他在物理和化学领域的学业成就。据一名教授描述，伯克"不仅自己在研究中激情洋溢，而且还拥有一种天赋，能激发周围人的热情"[4]。完成学业后，伯克从都柏林搬到了英国，先后在几所大学任教。此后不久，他的父亲就去世了。他的母亲——伯克后来称她为"一位很有钱的老太太"[5]——慷慨地为他提供了数额不小的生活补贴。1898 年，伯克加入了卡文迪许实验室。

那时候，只有在卡文迪许，物理学家们才能在如此短的时间内对物质和能量产生如此多的新认识。实验室新近的最大成就是当时的实验室主任约瑟夫·约翰·汤姆森（Joseph John Thomson）做出的：他发现了电子。[①] 在卡文迪许实验室的头几年，伯克沿着汤姆森的研究思路继续探索，设计了一系列实验，研究这种神秘的带电粒子是如何引燃气体的。但随后，一种新的神秘物质吸引了他的注意力。和卡文迪许很多年轻的物理学家一样，伯克也开始用一种发光的新元素做实验了，这种元素叫作镭。

几年前的 1896 年，法国物理学家亨利·贝克勒尔（Henri Becquerel）首次发现了相关的证据，证明普通物质也可以释放出一种不同寻常的能量。当时，贝克勒尔用一块黑布把一些铀盐包裹了起来，后来却发现这些铀盐在近处的感光板上留下了鬼魅般的暗影。很快，事情就弄清楚了：这些铀在稳定地释放某种强有力的粒子。为了跟进贝克勒尔的发现开展更深入的研究，玛丽·居里和皮埃尔·居里从一种叫作沥青铀矿的矿石中提取了铀。他们在提取铀的过程中发现，其中的一部分能量其实来自另一种元素。他们将这种元素命名为镭，并将这种新的能量形式称为"放射性"。[②]

---

① 汤姆森后来因该发现以及在气体导电方面的一系列贡献获 1906 年诺贝尔物理学奖。——译者注

② 贝克勒尔和居里夫妇也因为发现天然放射性获 1903 年诺贝尔物理学奖。——译者注

镭能释放出大量的能量从而产生自热。如果把一小块镭放在冰块上，它会融化产生足以将自己彻底淹没的水。当居里夫妇将镭和磷混合在一起时，镭释放出的粒子让磷在幽暗中发出了光。消息不胫而走，越来越多的人知道了这种罕见奇异物质的存在，随即引发了轰动。在纽约，舞者们穿上涂有镭的演出服，在光线昏暗的赌场中表演。人们甚至认为镭可能会成为人类文明的重要支柱。一名化学家陷入了沉思："难道我们就要实现炼金术士那不切实际的幻想了吗？灯不耗油就可以永远发光？"[6] 在很多人看来，镭似乎还有一种赋予生机的魔力。花匠们将它喷洒在花朵上，因为他们坚信这会让花长得又大又好。有些人甚至会饮用"液态阳光"来治疗各种疾病，包括癌症。

1934 年，玛丽·居里逝世，夺去她生命的正是癌症，这或许与她生前每天都和像镭这样的放射性元素打交道有关。今天的我们知道，放射性有致命的危险，所以我们可能很难理解，怎么会有人相信镭能够赋予生机。但在 20 世纪初，科学家们对生命的本质知之甚少，相关知识贫乏得超乎我们的想象。科学家当时最"深入"的认识是，生命本质的秘密就藏在细胞内的胶状物质——原生质中，这种物质以某种方式将细胞组建成生命体，之后代代相传。除此之外，关于生命的本质，几乎没有什么认识是科学界公认的，任何观点都有正确的可能。

在伯克看来，生命和放射性在本质上极其相似。他认为，就像毛毛虫化茧成蝶一样，镭原子似乎也会经历一种源自内部的转变。1903 年，他在一本杂志上发文称："它改变了自己的组成物质——从某种有限的意义上说，它是有生命的——但它还是镭。"伯克在这篇文章中继续说："生物学家们认为，活物和所谓死物之间有一道无法逾越的鸿沟，但这种区分是错误的，应该就此摒弃……所有物质都是有生命的——这就是我的观点。"[7]

需要注意的是，发表这番言论的伯克并不是一名神秘主义者，而是一名科学家。他还不忘提醒人们："我们必须小心谨慎，不能任由想象力自由驰骋，使我们深陷纯粹的幻想之中，处于无法用实验事实来为我们的猜想提供支持的维度。"为了证明自己的观点，伯克设计了一个实验：他将用镭从无生命的物质中创造出生命。

为了开展这项实验，伯克首先准备了一些肉汤。他煮了几大块牛肉，撒上盐，还加了一些明胶。在食材经过加工变成肉汤后，他将一些肉汤倒入一根试管中，然后将试管放在火焰上加热。高温可以破坏肉汤中可能残存的牛的细胞和微生物，最后得到的无菌肉汤中没有生命，只有分散在汤中的一个个分子。

伯克取了一个小瓶，往里面加了一小撮镭盐，然后把小瓶密封好，悬在肉汤的上方。小瓶上缠着铂丝，铂丝从试管侧壁的一个口上伸出。他拉动伸出的铂丝的一端，小瓶碎裂，镭掉进了下方的肉汤里。

伯克让具有放射性的肉汤炖了一整晚。第二天，他发现肉汤发生了一些变化：它的表面覆盖了一层浑浊物质。伯克取了一点这层浑浊物，想看看它是不是细菌污染形成的。他把这些物质涂布在培养皿中，培养皿中有微生物生长所需的营养物质。如果这层混浊物中有细菌，它们就可以大快朵颐，长出可见的菌落。

然而，培养皿中并没有形成菌落。伯克据此得出结论，这层浑浊物一定是由其他什么物质形成的。他另取了一份样本，将其铺展在载玻片上，在显微镜下观察。在显微镜下，伯克发现样本中出现了一些零星的小点，比细菌要小得多。几小时后，当他再次检查这些样本时，伯克发现这些小点消失了。但第二天，它们又出现了。于是伯克开始动手绘制草图，记录这些斑点的大小和形状如何变化。在接下来的几天里，它们有的变成了球体，有内核和外壳；有的逐渐伸展，变成了哑铃状；有的则边缘隆起，中间紧缩，形成了一个个微型的花朵。之后，它们开始分裂。两周后，它们彻底解体了，有的人或许会说它们"死了"。

在用笔勾勒这些不断变化的形状时,伯克可以看出这些小点并不是细菌。这并不只是因为它们太小了。当他将一部分样本加入水中时,它们还会溶解——细菌是绝不会出现这种情况的。然而,伯克确信这些掺有镭的小点并不是晶体,也不是人们熟知的其他无生命物质。伯克总结道:"它们应该被归入生命之列。"[8]这意味着他创造出的这些"生命"——他称为"人造生命"——位居生命疆域的最边界上。伯克还给这种"人造生命"取了一个名字,为了纪念孕育它们的元素,他将其称为"放射凝聚生物"(radiobe)。①

至于"放射凝聚生物"是如何创生出来的,伯克自己也只能猜测。他认为最有可能的一种情况是,当镭被加入肉汤时,这种元素赋予了肉汤中的分子生长、组织和增殖的能力。"构成原生质的物质就在肉汤中,"伯克后来写道,"但活力之流来自镭。"[9]

那年12月,卡文迪许实验室的科学家们齐聚一堂,在剑桥一家餐厅的包房里举行年度晚宴并庆祝伯克的新发现。科学家们打着黑领结,朗读着物理学家弗兰克·霍顿作的抒情诗《镭原子》,还和着一首剧院老歌的曲调唱了起来:

> 哦,我是一个镭原子,
>
> 在沥青铀矿中初见这个世界,
>
> 但我很快就会变成氦:
>
> 因为我的能量正在耗尽。

物理学家们先是歌唱镭释放的 γ 射线和 β 射线,接着又开始歌唱伯克的实验:

---

① radiobe 和镭的英语单词 radium 的词头是同一前缀的不同变体。——译者注

他们说，生命是通过我创生的，

还说动物由黏土制成，

他们告诉我，我与肉汤配成一对，

创生了今天的生命。[10]

5 个月后，1905 年 5 月 25 日，伯克在《自然》杂志上发表了他有关"放射凝聚生物"的第一篇报告。[11] 为了让对实验的描述显得更丰富，伯克还附上了三幅他绘制的"高度组织化的生命体"的草图。在报告的结尾部分，伯克将这种生命体正式命名为"放射凝聚生物"，并且说用这个名字是为了"展现它们与微生物之间的相似性，以及它们独特的本质和来源"。

记者们打来电话，想请他谈谈自己的发现。伯克起初并不想说太多，但他们就像朽木上的白蚁一样，一点点地啃噬着他的决心。伯克指出，由于放射性矿物的分布非常广泛，所以他推测"放射凝聚生物"广泛分布于整个地球上。他告诉一名记者："这可能就是地球上生命起源的奥秘。"[12]

公众欣然接受了这一观点。在一篇题为《镭是否揭示了生命的奥秘？》的文章中，《纽约时报》惊叹道，伯克的"放射凝聚生物"似乎"在无生命物质的毫无生气与生命初现的陌然悸动间颤动"[13]。

这则消息让伯克声名大噪，与他的"放射凝聚生物"一样成为众人瞩目的焦点。《纽约论坛报》的一篇报道称："约翰·巴特勒·伯克一夜之间成了英国最受瞩目的科学家。"[14] 伦敦的《泰晤士报》称他为"我们最杰出的青年物理学家之一"，取得了"有史以来最伟大的一项成就"[15]。一名英国作家评价说："伯克先生忽然之间声名大噪，在这个国家，这通常是杰出运动员才有的'待遇'。"[16] 伯克后来回忆说，那时他收到了许多"从世界上最遥远的地方"寄来的信件，人们在信中就"放射凝聚生物"向他提出了各种各样的问题。

伯克很享受自己的成名时刻。在卡文迪许实验室已很难再见到伯克的身影，他穿梭于各个讲堂，略带骄傲地向人们展示他的幻灯片。各大杂志纷纷向他约稿，稿酬丰厚。《世界事务》(*World's Work*) 甚至将他与达尔文相提并论，在一篇文章中写道："'放射凝聚生物'引发了或许是自《物种起源》出版以来科学史上最激烈的讨论。"[17]1859年，达尔文提出了阐释生命如何演化的理论，而半个世纪后，伯克正在努力破解另一个更大的奥秘：生命本身。伦敦最大的出版商之一查普曼和霍尔出版社与伯克签署了一份合同，希望他将自己的理论写下来并出版。1906年，《生命的起源：它的物理基础与定义》(*The Origin of Life: Its Physical Basis and Definition*) 出版上市。[18]

这时的伯克早已将当初的小心谨慎统统抛诸脑后。他在书中就许多主题发表了长篇大论，阐述了"活物的性质"、"矿物界与植物界的边界领域"、酶与细胞核、他自己的物质的电学理论(electric theory of matter)，以及他所谓的"精神物质"(mind-stuff)。伯克将"精神物质"描述为"普遍心智中的感知，我们就生活、存在于它构成的'思想海洋'中"，但这样的解释毫无意义。[19]

这一番高谈阔论是伯克的"伊卡洛斯之巅"(Icarus peak)①。很快，一轮针对《生命的起源》的严厉评价席卷而来，对他在书中表现出的傲慢大加嘲讽。这么一位连叶绿素和染色质都分不清楚的物理学家，竟然在这里滔滔不绝地谈论生命的本质。一名书评人轻蔑地写道："生物学绝对不是他的强项。"[20]

不久后，一名科学家给出了更有力的驳斥证据，对伯克的观点造成了致命一击。这位科学家名叫道格拉斯·拉齐(W. A. Douglas

---

① 伊卡洛斯是希腊神话中的人物，在与父亲代达罗斯使用蜡和羽毛制成的翼逃离克里特岛时因飞得太高，双翼上的蜡被太阳熔化而跌入水中丧生。因此，在这个神话故事中，让伊卡洛斯逃出克里特岛和导致他丧生的都是用蜡和羽毛制成的双翼。作者此处的"伊卡洛斯之巅"一定程度上也借用了加拿大经济学家丹尼·米勒在1990年创造的新词"伊卡洛斯悖论"。伊卡洛斯悖论被用于描述企业在取得空前成功后迅疾失败的现象，并且导致其成功和失败的是同一原因。——译者注

Rudge），也曾经在卡文迪许实验室工作过几年。拉齐决定重做伯克的实验。拉齐意识到，有办法可以让实验变得更严谨，例如，分别用自来水和蒸馏水进行实验。他还通过拍照来记录自己的实验结果，而不是像伯克那样，用拉齐的话说，"只靠画图"。[21] 拉齐发现，当使用蒸馏水制备肉汤时，镭并没有创造出任何东西，而在用自来水制备肉汤时，加了镭的肉汤里会出现一些奇形怪状的东西。但即使是在用自来水制备肉汤时，拉齐也没有观察到伯克那栩栩如生的"放射凝聚生物"的迹象。

伯克一度试图污蔑拉齐不够专业，但其他科学家却认为，拉齐提交给英国皇家学会的报告足以为"放射凝聚生物"定性。卡文迪许实验室的物理学家诺曼·罗伯特·坎贝尔表示："拉齐先生做的这个实验是伯克先生早就应该做的。"他还说："拉齐先生给出了令人信服的证据，证明这些'细胞'，或者说'放射凝聚生物'，不过是明胶在盐类的作用下产生的小液泡罢了。"[22]

1906 年 9 月，坎贝尔发表了一篇文章，对伯克展开了猛烈的抨击。表面上看，这是一篇《生命的起源》的书评，但读起来更像是对伯克本人的恶意人身攻击。坎贝尔嘲笑道："伯克先生并没有在剑桥接受过教育，在作为高才生来到剑桥之前，他已经在其他两所大学待过了。"他继续嘲讽说："有人在提及伯克先生最近出版的作品时介绍说他'来自卡文迪许实验室'，这种说法具有误导性。不过几年前，他确实在卡文迪许实验室做过一些物理研究：在研究'放射凝聚生物'的生物学特性期间，他把那些'孵育'出这种生物体的试管存放在了他之前做研究的房间里。"

大约就在这个时候，伯克停止了在卡文迪许实验室的工作。究竟是他辞职了还是实验室禁止他再从事研究工作，没有人知道。1906年 12 月，实验室的科学家们再次聚在一起，举行年度晚宴。他们有充分的理由庆祝：汤姆森不久前刚获得了诺贝尔奖。但晚宴上大家唱

的歌并不是歌颂电子的。数学家阿尔弗雷德·亚瑟·罗布根据 1896
年的音乐剧《艺伎》中《多情的金鱼》的旋律创作了一首歌。

歌名叫《放射凝聚生物》。[23]

> 一个"放射凝聚生物"在一碗汤里游荡，
>
> 在这个可爱的小生物游荡之际，
>
> 巴特勒·伯克发出了一声惊呼，
>
> 因为当他俯身透过显微镜观察时，
>
> 它出现在了视野中。
>
> 他说："这个'放射凝聚生物'清楚地表明，
>
> 所有生命形式是如何产生的。"
>
> "更明确地表明，"他说，
>
> "约翰·巴特勒·伯克何等伟大！"

此后，伯克的人生陷入了低谷，这样的状态一直持续了 40 年，
直到他 1946 年去世为止。离开卡文迪许实验室后，再没有任何机构
愿意为他提供一份称心如意的教授职位。杂志对他的观点也失去了兴
趣。他后来又完成了两份手稿，但都内容散乱，一直找不到愿意合作
的出版商。来自讲座和写作的收入没有了，与此同时，他的母亲也大
幅削减了给他的生活补贴。第一次世界大战期间，伯克找到了一份检
查飞机的工作养活自己。但几个月后，越发糟糕的健康状况使他不得
不辞去这份工作。1916 年，伯克恳请英国皇家文学基金会为他提供
一笔贷款，让他免于遭受"可怕的破产"。[24] 基金会拒绝了他的请求。

年轻时，伯克似乎走到了定义生命的最前沿，似乎马上就可以勾
勒出生命的边界。但生命最终战胜了他。1931 年，也就是他短暂的
功成名就 25 年后，伯克出版了巨著《生命的出现》（*The Emergence
of Life*）。这本书质量不佳，内容杂乱无章，不知所云。历史学家路易

斯·坎波斯后来评价道："伯克这时已经有点疯了。"[25] 在这本书中，伯克甚至还探讨了空中悬浮等一些超自然现象。他仍然固执地坚持自己有关"放射凝聚生物"的看法，虽然它早已被世人遗忘。他还提出，生命起源于一种"时间波"（time-waves）——这种波在构成宇宙的心智单位之间流动。

伯克对生命思考得越多，就越无法理解它。在《生命的出现》中，他给生命下了一个定义，但这个定义更像是求助的呼声："生命就是**其所是**。"（Life is what Is.）[26]

一

上学的时候，我从未听说过伯克这个人。我所学的知识都源自生物学神殿中的那些生物学家，其中大部分人的观点后来都被证明是正确的：达尔文和他的生命之树、孟德尔和他的遗传豌豆，还有路易·巴斯德和他的致病细菌。通常，我们的目光都会追随那些后来被证明是科学英雄的人，从一位转向下一位，而忽视沿途那些因为科学假象产生的海市蜃楼，那一次次的失败，以及那些业已坍塌的名望。

在我开始作为一名科学作家撰写有关生物学的文章的时候，我仍然不知道伯克的故事。我很幸运，有机会了解各种各样的生命形式，也认识了许多研究这些生命的科学家。我曾在北大西洋捕捞盲鳗，曾徒步走进北卡罗来纳州的长叶松林寻找捕蝇草，还曾在苏门答腊的丛林里目睹过懒洋洋地躺在树冠上的红毛猩猩。科学家们还与我分享了他们的种种发现，比如，盲鳗分泌的奇特黏液、食虫植物中含有的能消化昆虫的酶、红毛猩猩用棍子制作的工具等等。

这些发现之所以能被他们的"科学手电筒"照亮，是因为"手电筒"的光很亮，但光线集中是以光束很窄为代价的。有的人一生都在追踪观察红毛猩猩，没有那么多时间让自己成为捕蝇草方面的专家。

但捕蝇草和红毛猩猩有一个极其重要的共同点，那就是它们都是活的。可是如果你问一名生物学家，某个东西是"活的"究竟是什么意思，谈话就会变得相当尴尬。他们会不愿意回答，会结结巴巴，或者提出一个稍加推敲就会发现完全站不住脚的观点。对于这个问题，大部分生物学家在日常工作中都不大会去考虑。

这种不情愿一直让我困惑不解，因为这个问题就像一条一直在流淌的地下河一样，四个世纪以来贯穿了整个科学史。当自然哲学家们开始审视这个由运动的物质组成的世界时，他们提出了这样一个问题：生命与宇宙的其他部分有什么不同？这个问题让科学家们有了许多发现，但也曾让他们犯下过许多错误。伯克并非个案。例如，在19世纪70年代一段很短的时间里，许多科学家开始相信，整个海底覆盖着一层生机勃勃的原生质。150多年后的今天，尽管对生命体已经有了相当多的了解，但科学家们仍然无法就生命的定义达成共识。

因此，迷茫的我决定踏上一段旅程，就从生命疆域的中心出发，因为在这里，我们有共识：我们是活着的，我们的生命一边以生为界，一边以死为限。然而，相比于对生命的了解，我们对它的感受更为强烈。虽然我们没法问它们，但我们知道其他某些东西——比如蛇和树——也是活的。我们是根据所有生命体似乎都有的特征来做出这种判断的。在这段旅程中，我将去探寻这些特征，了解那些以最独特、最极端的形式展现这些特征的生命。最终，这段旅程将把我带到生命疆域的边界，将我带到有生命和无生命之间模糊的边缘地带。在这片边缘地带，我遇到了一些非常特别的东西，它们只拥有一部分生命的特征。正是在这里，我知道了约翰·巴特勒·伯克的故事，并意识到他是一名值得我们记住的科学家。也正是在这里，我遇到了他的科学后裔，他们仍然在生命的边界摸索，[27]想要弄清楚生命是如何诞生的，或者如果其他的星球上也存在生命，那里的生命可能会怪诞到何种程度。

总有一天，人类会绘制出一幅能够使这段旅程更为便捷的导览地图。几个世纪后，回望我们今天对生命的理解，那时的人们或许会不解于我们的眼光竟会如此狭隘。今天的生命就像四个世纪前的夜空。那时的人们仰望着那些在黑暗中游荡、闪耀和匆匆划过的神秘光芒。对于这些光为什么会沿着特定的路径移动，当时的天文学家已经有了一些初步的见解，但当时的许多解释后来都被证明是错误的。后来的人们再抬头仰望夜空时，看到的是行星、彗星和红巨星，它们的运动都受同样的物理定律的支配，都是同一基本理论的具体体现。我们不知道有关生命的理论何时才会出现，但我们至少可以期待，期待我们的生命可以延续到那个时候，期待我们在有生之年可以看到它的出现。

第一部分

生死之间

第1章

生命的起点

　　沿着盘山路往下走，右侧是一堵长满三齿蒿的沙墙，我忽然强烈地意识到自己生命的存在。我的双腿能感受到山路陡峭的坡度。过了几处急转弯后，沙墙逐渐从视野中消退，露出一条狭长的海滩，满眼荒凉。海滩向北延伸，是一条夹在高耸的悬崖峭壁和广阔的太平洋之间的海岸带。远处的海面上，云层遮住了太阳，空阔辽远的天空白茫茫一片。这天的早些时候，在酒店的房间里，我的手机已经向我推送了当天的天气预报：多云，气温在 22 摄氏度左右。针对这一信息，我的大脑做出了反应，为我的海边漫步挑选了一件轻薄的长袖衬衫。而此刻，我的大脑正在不断更新它的决定，不必每一个决定都抄送我的意识自我。

　　遍布我皮肤的神经感受到了体表那层空气的湿度和温度，温湿度刺激触发的神经冲动从神经末梢出发，沿着被称为树突（dendrite）的细长分支传导到了神经的核心部分——胞体（soma）。之后，新的信号从这里出发，沿着被称为轴突（axon）的长电缆状突起继续向前传导。一根根轴突先是深入我的脊髓，然后向头部的方向上行。来自外部世界的信号就这样从一个神经元传到另一个神经元，最终进入我的大脑，抵达了我头颅深处的一个神经元网络。

这些神经元随后把来自我全身的这些"莫尔斯电码"读数整合到一起,生成了许多不同的新信号。这些信号承载的是指令,而不再是感觉。新的神经冲动离开我的大脑,沿着向外周延伸的轴突,经过脑干,顺着脊髓,抵达我皮肤上的数百万个腺体。这些腺体中有一些扭曲盘绕的管状结构,神经冲动在其中产生了电流,而电流则从周围的细胞中"拧"出了水分,汗水就这样顺着我的后背流了下来。

我的意识自我对我的大脑有些恼火,因为它的这些决定,这时的我已经汗流浃背了。我本来就没有带几件衬衫,如今身上的这一件已经被盐水浸透了。事实上,我压根就感觉不到神经冲动将信息从我的皮肤传递到大脑时发出的颤音,当我大脑中负责体感调节的部分开始工作时,我也没感觉到大脑中心的血液在涌动。就在那一刻,在海边,我只是感到自己在冒汗,感到有些恼火,感到自己活着。

就在我感受到自己的生命的同时,我还发现了海边的其他生命。一个男人拿着一块蓝白相间的冲浪板,懒洋洋地往南走。远处,一架黄色的滑翔伞从悬崖顶上升起,出现在北方的天空中。滑翔伞的伞翼螺旋下降,这是一个人的大脑中产生的意志的外在体现,是这些意志在向紧握刹车手柄的手发出信号指令。

除了人之外,我还看到了长着羽毛的生命。鹬踏着浪花掠过海面,它们的大脑只有种子般大小,但仍然感受到了涌来的海浪以及腿周围冰冷的泡沫。于是它们收缩肌肉,让身体保持直立,然后飞奔到高处,拨开沙子寻食藏在其中的海螺。海螺算不上拥有真正的大脑,它们有的只是一些纵横交错的神经网络。这些网络产生各自的信号,使海螺不断将自己的身体缓缓地埋入土中。我还想到了埋藏在我脚下,数量成千上万的动吻虫(mud dragon)、皮斯摩蛤和其他生命,以及它们体内的神经系统。在海洋深处的峡谷中,也有大脑在游弋:豹鲨和刺鳐浮动的身体带着它们游来游去,与水母的神经网络擦肩而过。

沿着海边走了几分钟后，我停下脚步，低头一看。沙滩上躺着一个巨大的神经元，足有 6 英尺 [①] 长。它的主要组成部分是一根焦糖色并且闪闪发光的轴突，很像一根高度绝缘，稍有弯曲的电缆。轴突的一端是膨大的球状胞体，而胞体的上方则是无数树突分枝，就像一顶加冕的皇冠。这或许就是某只巨乌贼仅存的全部遗骸了：在这里和夏威夷之间的某个地方，它曾与一群虎鲸展开过殊死搏斗。

然而，这个奇幻的"神经元"事实上只是一大片麋鹿海带（elk kelp），从 1 英里 [②] 外的水下"海带森林"被冲到了这片沙滩上。[1] 我想象中的轴突是海带的柄。不久之前，正是这根主干把这个生物体固定在海底的。看起来像神经元胞体的东西事实上是一个气囊，作用是让海带在洋流中保持直立。枝状的"树突"事实上是麋鹿海带的"鹿角"，"鹿角"上曾经长着长长的叶片。这些叶片就像植物的叶子，能捕获透过海水投射下来的微弱阳光，为海带的生长提供养分，使它们长成高大的巨人，足以比肩我身后悬崖顶上的那些棕榈树。

海带拥有生命体特有的那种复杂性。但当我低头看着这片海带时，我无法确定它是否还活着。我没法问它今天过得怎么样；它没有心跳，不然我还可以检测一下；它也没有肺，不会有起伏的胸口。但这片海带仍然闪闪发光，表面完好无损。虽然它已经无法再捕捉阳光，但它的细胞可能还在坚持，不断修复着自己受损的基因和细胞膜，直至耗尽最后一点能量。在未来的某个时刻，也许就在今天，也可能是在下周，它的死亡终将降临。

但在这个过程中，它也将成为陆上生命的一部分。它坚韧的表皮会让各种微生物大快朵颐。跳钩虾和海藻蝇会紧随其后，啃噬它柔软的组织。这些以海藻残骸为食的生物自己也会成为鹬和燕鸥的食物。海带的氮会渗入土壤中，成为植物的肥料。而一个汗流浃背的人，一

---

① 1 英尺 ≈30.5 厘米。——译者注
② 1 英里 ≈1.6 千米。——译者注

个脑子里满是海滩上各种大脑的人，将把这根神经元模样的海带的记忆留存在自己的神经元里，带着它离开这片海滩。

一

第二天早上，我沿着悬崖之上的公路步行。北托里松林路（North Torrey Pines Road）向北穿过加州小城拉霍亚，公路边上隐约可见一片林立的塔吊。此时正值交通高峰期，身旁来往的车辆川流不息，让我差点忘了隐匿在不远处那条荒凉的海岸带。我穿过桉树林立的停车场，来到桑福德再生医学研究所（Sanford Consortium for Regenerative Medicine），这是一座设有实验室和办公室功能分区的综合性建筑，四面装有大玻璃窗。进入大楼后，我顺利找到了今天的目的地，一个位于三楼的实验室。在这里，我见到了科学家克莱伯·特鲁希略（Cleber Trujillo）。他出生于巴西，蓄着很短的胡子。我们穿上蓝色的工作服，戴上蓝手套。

特鲁希略带着我进入了一个没有窗户的房间，房间里堆满了冰箱、培养箱和显微镜。"这里就是我们要待上半天的地方。"他摊开双手说，戴着蓝色手套的双手都快碰到墙壁了。

就在这个房间里，特鲁希略和一群研究生培养出了一种特殊的生命。他打开一个培养箱，从中取出一个透明的塑料盒。他将塑料盒举过头顶，让我从底部往上看。盒子里有六个圆形的孔，每个孔有一块饼干那么宽，里面装满了某种液体，看上去像稀释过的葡萄汁。每个孔里漂浮着上百个灰白色的球体，每个球体差不多有家蝇的头那么大。

每个球体都由几十万个人类神经元组成，而且这些神经元都由单个母细胞发育而来。现在，这些球体可以做许多我们大脑能做的工作。葡萄汁颜色的培养基中含有许多营养物质，这些球体能吸收这些营养物质来产生燃料。它们能使细胞中的分子保持良好状态。它们能发出波状的电信号，通过交换神经递质来保持同步。每个球体——科学家们将它们称为类器官——都是一个独特的生命体，其细胞整合成了一个集合体。

"他们喜欢相互靠近。"特鲁希略看着孔底说。他似乎很喜欢自己的这些"作品"。

特鲁希略所在实验室的负责人是另一位来自巴西的科学家——阿利森·穆奥特里（Alysson Muotri）。[2] 在移民到美国并成为加州大学圣迭戈分校的教授后，穆奥特里学习了如何培养神经元。他从人身上取下一小块皮肤，用一些化学物质把皮肤细胞转变成胚胎样细胞，然后用另一组化学物质将它们诱导发育成成熟的神经元。这些神经元能贴在培养皿的底部生长，还能产生神经冲动，彼此交换神经递质。

穆奥特里意识到，他可以利用这些神经元来研究突变引起的脑功能障碍。他不需要从人脑上切下一片灰质，而是只需要取一些皮肤样本，把皮肤细胞重编程为神经元。在第一项研究中，他用雷特综合征（Rett syndrome）患者的皮肤样本培养出了神经元。雷特综合征是一种遗传性的自闭症，症状包括智力缺陷以及运动控制能力丧失。穆奥特里的神经元在培养皿中伸展出了它们海带般的分支，彼此形成联系。除了用雷特综合征患者的皮肤样本培养神经元外，他还用正常人的皮肤样本培养了一批神经元，将二者加以比较。有些差异立即就引起了他的注意。最明显的一点是，雷特综合征神经元间的联系比较少。因此，导致雷特综合征的关键可能正是这种稀疏的神经网络——这样的神经网络改变了信号在大脑中的传播方式。

但穆奥特里很清楚，一层薄薄的神经元与真正的大脑相去甚远。如果一座大教堂可以由建造它的石头自己组建起来，那么我们脑袋里这个能产生思维的 3 磅 [①] 重的物质可以说就是一座活的大教堂。大脑

---

① 1 磅 ≈0.45 千克。——译者注

是由几个母细胞发育而来的。最开始，这些母细胞会缓缓地迁移到将成为胚胎头部的地方。它们聚集在一起，形成口袋状的团块，开始增殖。团块不断生长，向四面八方伸出长长的"缆线"，目标是正在形成中的胚胎的颅骨壁。母细胞团块中还会长出其他细胞，它们随后会爬上这些长长的"缆线"。不同的细胞会停在沿途不同的位置，并开始向外生长。这些细胞最终会形成一个多层结构，也就是我们熟知的大脑皮层。[3]

人类大脑的这个外部皮层是我们进行许多思维活动的地方，包括理解文字、阅读他人的表情进而读懂他们的内心世界，以及以史为鉴，规划未来。正是由于能够进行这样的思维活动，我们人类才如此独一无二。我们进行这些思维活动所动用的全部细胞都集中在我们大脑中这个特定的三维空间里，淹没在复杂的信号海洋中。

对穆奥特里来说，幸运的是，科学家们找到了新的化学"配方"，能够诱导重编程的细胞生长出各种迷你器官（miniature organ）。科学家们先后培养出了肺、肝脏和心脏的类器官，并在 2013 年培养出了大脑的类器官。[4] 研究人员先把重编程的细胞诱导成大脑的母细胞。在接收到正确的信号后，这些细胞开始不断增殖，分裂产生出成千上万的神经元。穆奥特里认识到，大脑类器官将彻底改变他的研究。雷特综合征这样的疾病从大脑发育的最初阶段就开始影响大脑皮层。对于穆奥特里这样的科学家来说，这些变化就像发生在一个黑匣子里一样，非常神秘。而现在，穆奥特里可以把它换成"透明的匣子"——培养大脑类器官来清晰地观察这些变化是如何发生的。

穆奥特里和特鲁希略刚开始时使用其他科学家发现的"配方"来培养类器官。之后，他们开始自己钻研培养大脑皮层类器官的方法。但要找到能诱导脑细胞沿着正确的途径发育的化学混合物绝非易事。在他们的探索过程中，细胞经常会死掉，细胞内的各种物质会泄漏出来。但最终，他们找到了诱导"配方"中各种化学物质的恰当比例，并且惊讶地发现，一旦把细胞带上正轨，它们就能继续正常发育了。

研究人员不再需要耐心地诱导类器官生长了。使用这个新"配方"，成团的细胞自发地拉开距离，形成了一个中空的管。它们伸出许多"缆线"，就像是中空管伸出的枝丫，其他细胞则沿着这些"缆线"继续攀爬，最终形成一个多层结构。这些类器官的外表面甚至还长出了褶皱，像极了我们自己那颗布满沟回的大脑。穆奥特里和特鲁希略现在培养出的大脑皮层类器官含有数十万个细胞。他们创作的这些"作品"先是存活了几周，然后是几个月，再后来是好几年。

穆奥特里告诉我："最令人难以置信的是，它们自己组建了自己。"

就在我到穆奥特里实验室参观的那天，他正在查看一些类器官的情况。这些类器官非常特别，因为穆奥特里已经将它们送上了太空。他坐在自己的办公室里，实验室旁边的阳台上放着一个玻璃盒子。穆奥特里显得很放松，似乎随时都可以提前下班，抱起靠在桌边墙上那个划痕累累的冲浪板，冲向大海。但今天，他把注意力都放在了这项实验上——他众多实验中最奢侈的一项。窗外，有滑翔伞在远处翱翔。但这根本没有引起他的注意。在他头顶上方 250 英里的国际空间站上的一个金属盒子里，装着数百个他创造的大脑类器官。他想知道它们过得怎么样。

多年来，空间站上的宇航员一直在开展实验，观察细胞在近地轨道上如何生长。在绕着地球做自由落体运动时，这些细胞摆脱了过去 40 亿年来作用于地球上所有生命的重力的拉扯。事实证明，在微重力环境下，会发生一些奇怪的事情。在一些实验中，细胞的生长速度比在地球上更快，有时还会变得更大。穆奥特里想知道，他的类器官在太空中会不会长得更大，会不会变得更像我们的大脑。

在获得美国航空航天局（NASA）的批准后，穆奥特里、特鲁希略及他们的同事开始与工程师合作，为类器官打造一个太空之家。他们设计了一个用于培育类器官的培养箱，能为它们的生长发育提供适宜的条件。就在我参观实验室的几周前，穆奥特里将一批刚培育出来的迷你大脑倒入一个小瓶中，放进背包里。站在圣迭戈国际机场安检入口的穆奥特里有些焦虑，不知道如果有人问他小瓶里装的是什么时该如何回答。难道回答说**这是我在实验室培养的 1 000 个迷你大脑，我要把它们送上太空**？

显然，类器官不会引起人们那样多的关注。穆奥特里没有被人询问就顺利登上了飞机。到达佛罗里达后，小瓶被交给了工程师，将搭乘补给火箭飞向空间站。几天后，穆奥特里目睹了美国太空探索技术公司的"猎鹰 9 号"火箭升空的一幕。

在货物抵达空间站后，宇航员抓起装有类器官的盒子，把它插到了一个固定板上，就这样保持了一个月。实验结束后，宇航员会把类器官浸泡在酒精中。它们会死去，但它们的生命会冻结在死亡的那一刻。按照计划，返回地球落入太平洋后，它们会被打捞起来，送到穆奥特里的实验室。穆奥特里将会检视它们的细胞，看看它们在太空中使用了哪些基因。

完成整项工作的关键是类器官必须一直存活到预定的那个时间点，穆奥特里不确定它们是否能做到这一点。为了及时了解这些类器官在这一个月的太空之旅中的生存状态，穆奥特里还安装了微型相机来监视它们，每隔 30 分钟拍摄一次照片。空间站会把这些照片传回地球，穆奥特里可以登录远程服务器来获取这些照片。

当穆奥特里把任务初期的第一批照片下载下来时，他发现照片的质量简直一团糟。气泡完全遮挡了视线。在三个星期的时间里，他都不知道他的类器官究竟处于什么状态。而现在，我看到穆奥特里再次登录服务器。他发现了一个可以下载的新文件，这是一张从空间站传回的新图片。巨大的文件被解压，图片从上到下逐渐显现，最终完整地出现在穆奥特里的屏幕上。

　　　　　　　　　　　　　　　　　生命的边界

"啊!"穆奥特里大喊了一声。他觉得有些难以置信,笑着说道:"我真的能看到它们了!"

他凑近屏幕,仔细观察这张图片。米黄色的背景中,漂浮着6个灰白色的球体。

"是的,它们看起来很不错,"穆奥特里说,"都是球形的,大小差不多,也没发现融合或者聚团。"他把椅子向后移了移,离电脑稍远了一些。"这些都是好消息,太让人高兴了,简直太棒了。"

虽然这些类器官身处太空,但穆奥特里仍然能判断出,它们活着。

2015年末,穆奥特里和特鲁希略第一次有机会用他们的类器官来研究大脑。在巴西,医生们正在努力寻找导致数千名婴儿的大脑出现严重畸形的原因。这些婴儿的大脑皮层几乎彻底消失了。科学家后来发现,这些婴儿的母亲感染了一种叫作寨卡病毒的蚊媒病毒,这种病毒此前从未在美洲出现过。穆奥特里和特鲁希略获取了一些寨卡病毒样本,然后用这些病毒感染大脑的类器官,希望看看这些类器官是否会发生什么变化。

穆奥特里告诉我:"那段时间,我们没日没夜地研究。"

寨卡病毒立刻就摧毁了"年轻"类器官的母细胞。没了这些母细胞,类器官就无法长出"缆线"来构建大脑皮层。穆奥特里的实验表明,寨卡病毒并不是杀死了大脑皮层,而是从一开始就阻止它的生长。一旦科学家们弄清了寨卡病毒导致脑损伤的机制,他们就有可能找到阻断病毒作用的药物。这些药物随后会进入动物实验阶段,评估它们是否有助于预防脑损伤。

穆奥特里正在大批量培养迷你大脑的消息很快就传开了。许多研究生和博士后都想加入进来。在加入实验室后的头几个月,他们首先得接受特鲁希略的培训,打磨培养类器官的精湛技艺。我联系了其中一名研究生塞德里克·斯内特拉格(Cedric Snethlage),请他简单介绍一下他的学习过程。他解释说，制造大脑类器官远远不是照着实验操作流程测量温度和 pH 值那么简单。斯内特拉格必须学会如何凭直觉执行每一步操作，例如，要把孔倾斜到什么程度才能使类器官不会粘在孔的底部。我对斯内特拉格说，听他的描述，就像他刚从一所烹饪学校毕业一样。

"这更像是做蛋奶酥，而不是做辣椒。"他说。

斯内特拉格想学习如何培养类器官来研究神经系统疾病。还有其他研究生来到穆奥特里的实验室，钻研如何让大脑类器官更像大脑。脑细胞需要营养物质和大量氧气才能茁壮成长，因此，处于类器官中心的细胞可能无法获得充足的营养物质和氧气，会挨饿。于是穆奥特里的一些学生开始尝试向器官中添加一些新的细胞，这些细胞能够发育成像动脉一样的管子。其他学生还向类器官中添加免疫细胞，看看它们是否能将神经元的分支塑造成更自然的形状。

与此同时，克莱伯·特鲁希略的妻子普里西拉·内格雷斯（Priscilla Negraes）开始倾听类器官细胞之间的对话。

当一个大脑类器官长到几周大的时候，它的神经元就已经足够成熟，可以产生动作电位[①]了。这些动作电位会沿着轴突向下传导，并触发相邻的神经元放电。内格雷斯和她的同事们发明了一种能够监听神经元电活动的装置。他们把 8 道 × 8 道的电极放在培养板一个个孔的底部，然后向每个孔中加入培养基，并在每一个阵列的顶部放置一个类器官。

在内格雷斯的电脑上，电极读出的信号形成了一个由 64 个圆圈组成的网格。每当其中一个电极探测到一个神经元正在放电时，与之对应的圆圈就会扩大，并且从黄色变成红色。就这样过了一周又一

---

① 英文版原文中此处是 "spikes of voltage"，使用了一种通俗、类比式的表述，直译的意思是"电压锋"。在神经科学领域，这种信号事实上是神经元产生的神经冲动，被称为动作电位（action potential），此处及下文根据语境灵活译作"动作电位"或者"神经冲动"。——译者注

周，这些圆圈扩大和变红的频率越来越频繁，但内格雷斯并没有从这些电活动中观察到明显的模式。类器官中的细胞时不时地会自发放电，产生静息性的神经活动。

但随着类器官越来越成熟，内格雷斯认为她观察到了其中出现的一些秩序。有时，几个圆圈会突然扩大、变红。最终，所有64个电极都会检测到信号。之后，内格雷斯开始观察到这些信号像波一样出现和消失。

内格雷斯观察到的是类器官中产生的真正意义上的脑电波吗？她希望能够开展研究，把这种在培养板中观察到的模式与发育中的人类胎儿的大脑的电活动模式加以比较。但科学家们目前还不知道该如何检测子宫中胎儿大脑的电活动。他们想到了一个退而求其次的办法——研究早产儿，在这些早产儿橙子般大小的头上戴上微型的电极帽，记录他们的脑电波。

内格雷斯和她的同事请加州大学圣迭戈分校的神经科学家布拉德利·沃伊泰克（Bradley Voytek）和他的研究生理查德·高开展了大脑类器官与早产儿大脑的比较研究。出生时间最早的早产儿的大脑发育得最不完善，只能产生稀疏的脑电波，脑电波的间隔时间很长，其间会出现许多杂乱无章的电信号。而接近足月出生的婴儿的脑电波的间歇期相对较短，脑电波也变得更长、更有序。随着不断生长，类器官也表现出了同样的趋势：当"年轻"的类器官刚开始产生脑电波时，产生的也是稀疏的脑电波，但在接下来的几个月里，类器官的脑电波也变得更长、更有序，间歇期也会缩短。

这一发现听起来或许会令人感到不安，但事实上并不意味着内格雷斯和她的同事创造出了婴儿的大脑。一方面，人类婴儿的大脑比最大的类器官要大几十万倍。另一方面，这些科学家只是在模拟大脑的一部分——大脑皮层。正常工作的人脑还有许多其他组成部分：小脑、丘脑、黑质等等。这些部分有的负责产生嗅觉，有的负责产生视觉，还有的负责解读各种各样的外界输入信息。大脑的某些部分负责对记忆进行编码；某些部分会因为恐惧或者喜悦放电。

尽管如此，这些科学家依然感到不安。他们有充分的理由相信，随着对大脑类器官开展更多的研究，科学家有能力创造出更像大脑的类器官。血液供应可能会让它们长得更大；研究人员有可能将大脑皮层类器官与视网膜类器官连接到一起，从而使大脑皮层类器官能够感光；他们有可能将大脑皮层类器官与运动神经元连接到一起，从而使大脑皮层类器官能够向肌肉细胞发出运动指令。穆奥特里甚至还初步尝试过将类器官与机器人连接到一起。

随着这些进步，未来将会发生什么？当穆奥特里开始培养类器官时，他认为它们永远都不会有意识。"现在，我没那么肯定了。"他坦诚地说。

生物伦理学家和哲学家们也是如此。他们开始聚在一起，针对大脑类器官展开讨论，研究应该如何看待它们。我给其中的一位——哈佛大学的研究者珍宁·伦绍夫（Jeantine Lunshof）打了电话，想听听她的看法。

伦绍夫并不太担心穆奥特里在培养皿里意外地创造出有意识的生物。大脑类器官还这么小，又这么简单，它们还远远达不到这个门槛。让伦绍夫担心的是一个非常简单的问题："这些东西究竟是什么？"

"要谈论你应该怎么对待它们，你首先得回答'它们是什么'。"伦绍夫向我解释说，"我们正在制造十年前还不为人知的东西，它们并不在哲学家的词典里。"

在拉霍亚，当特鲁希略向我展示他刚刚培养出的一批类器官时，我想起了伦绍夫的这个问题。

"这只是一团细胞，"他指着其中一个孔说，"还远远不是人脑，但我们有工具，可以制造出更复杂一点的迷你大脑。"

"所以你觉得这没问题，"我一边说，一边绞尽脑汁想找一个恰当的措辞，"因为很明显，这并不是人脑——"

"人体细胞！"特鲁希略澄清说。

"这么说，它们是活的。"我半带疑问地说。

"是的，"特鲁希略回答说，"它们是人体的一部分。"

"但它们不是人类个体？"

"不是。"他回答说。

"复杂到什么程度就接近两者的边界了呢？"我问道。

特鲁希略让我想象一个连着电极的类器官。"你可以用一种电刺激的模式刺激它。"他说。

在我们聊天时，特鲁希略坐在一台显微镜前。

他伸出两根手指，敲击着工作台的台面，节奏飞快。

噼啪，噼啪，噼啪。

他停了下来，手悬在空中。"然后我们停下来。"

几秒钟后，特鲁希略又开始用他的手指敲击台面。噼啪，噼啪，噼啪。

"然后，它发出了信号。"他说。为了回应输入的信号，这个类器官用它的神经元产生了自己的反馈信号。"如果发生这一幕，就比较令人担忧了，因为它在学习。"

这些噼啪作响的球体对我们来说非常神秘，很难理解。但我们的问题并不只在于大脑类器官是人类的一种"新作品"。假如你过生日时收到的礼物是一部智能手机，你可能要花一些时间才能搞清楚怎么解锁，但这并不会引发哲学危机。大脑类器官之所以令人担忧，是因为我们一度先入为主地认为理解生命应该是件很容易的事。但这些神经元组成的球体告诉我们，情况远非如此。

为了判断大脑类器官是不是"活的"，我们会把类器官与我们最了解的生命做比较，这种生命也是我们评判其他可能存在的生命类型的基准：我们自己的生命。如果有人问你，你是否活着，在回答"是"之前，你不需要摸你的脉搏，也不需要证明你的细胞正在分解碳水化合物。这是你深有体会的事实。

"我们知道活着是一种什么感觉，"生物学家J. B. S. 霍尔丹（J. B. S. Haldane）曾在1947年指出，"就像我们知道什么是红、疼或者费力一样。"[5] 这些知识似乎再明显不过了，但霍尔丹继续说："对于这些知识，我们只能领会，无法言说。"

有些人可能会丧失这种"活着"的感觉。虽然他们并没有真的濒于死亡，但他们坚信自己已经死了。虽然这种疾病非常罕见，但遭受这种疾病折磨的人仍然时有出现，足以给它取个名字：科塔尔综合征（Cotard's syndrome）。[6]

1874年，法国医生朱尔斯·科塔尔（Jules Cotard）收治了一名特殊的患者，她因为有自杀倾向而入院接受治疗，科塔尔为她做了检查。科塔尔在病历中写道："她非常肯定地表示，她没有大脑，没有神经，没有胸，没有胃，没有肠道，只剩下皮包骨头的腐烂身体。"[7] 她能够用完整的句子表达自己这一坚定的看法本身其实就很能说明问题了，但却丝毫动摇不了她的信念。

在此后的岁月里，更多关于科塔尔综合征的报道浮出了水面。在比利时，一名妇女宣称自己全身都是半透明的。她拒绝洗澡，因为她害怕自己会溶解掉，害怕自己就这样消失在下水道里。[8] 德国的一名男子告诉他的医生，他前一年已经在湖中溺水身亡了。至于究竟是什么原因导致他处于当下的状态，他能给出的唯一解释是手机辐射让他变成了僵尸。[9]

由于科塔尔综合征非常罕见，神经科学家只能对个别患者的大脑进行研究。2015年，印度的医生描述了一个案例。一名妇女告诉她的家人，癌症腐蚀了她的大脑并且夺走了她的生命。[10] 磁共振成像显示，她的头骨中仍然有一个在正常工作的大脑。但医生们发现，在她的眼睛后面几英寸①的地方，有一块区域出现了损伤。

这个被称为岛叶皮层的区域接收来自我们全身的信号。接收信号后，它会产生一种对我们内在感觉的意识感知（conscious awareness）。当我们口渴、经历性高潮或者膀胱充盈的时候，岛叶皮层就会变得活跃。

传入岛叶皮层的信号可能对我们从直觉上感知自己"活着"至关重要。如果岛叶皮层受损，这种直觉上的感知可能就会消失，从而患上科塔尔综合征。我们的大脑一直在不断地更新它们产生的有关现实世界的图景，以匹配它们接收和处理的信号。如果无法再获得自己内部状态的相关信息，人们就会更新自己对现实世界的看法，使这种变化能够"讲得通"。而唯一合理的解释就是，他们死了。

然而，我们不仅知道活着是一种什么感觉，我们还能辨识出除了我们自己以外的其他生命。对我们的大脑来说，辨识其他生命是一项更大的挑战，因为我们的神经无法延伸到它们的身体里去。我们必须用我们的感觉神经元接收到的信号来弥合这一鸿沟。换句话说，我们必须通过我们所看到的、听到的、闻到的、尝到的和触摸到的信息来识别除我们之外的其他生命。

为了加快辨识的速度，我们还会走无意识的捷径。[11]我们利用了这样一个事实：生命体能够针对自己的目标调整自己的行动。当狼群冲下山坡猎捕一头驼鹿时，它们会避开树木，寻找能够拦截猎物的途径。同样是这个山坡，如果一块巨石滚下来，它滚落的方式则是被动的、可以预见的。我们的大脑很擅长区分这种不同，在倏忽间就能分辨出一个物体是在做生物性的运动还是普通的物理运动。[12]

科学家们发现，我们能够如此迅速地辨识出生命体，是因为我们只需要极少量的信息就能触发我们大脑中的相关神经环路。有心理学

---

① 1英寸≈2.5厘米。——译者注

家曾经开展过一组实验，他们在实验中拍摄人走路、跑步和跳舞的视频，并在视频的每一帧中都用 10 个点来标记他们的关节。[13] 科学家接着把这些移动的点的视频播放给被试看，其中穿插了一些 10 个彼此毫无关联的点的移动影像。他们的研究发现，被试很快就能辨识出这两种不同的视频。

我们的大脑能迅速辨识生命，依靠的并非只是感知，也在依靠我们的记忆。在积累事物的相关信息时，我们的大脑会根据它们是否有生命来"归档"。一些脑损伤研究发现了我们大脑"档案系统"的这种特点。[14] 比如，在大脑的某些区域受损后，人会叫不出昆虫和水果这类生物的名字，但对于玩具或者工具，他们却没有这样的障碍。

长期以来，心理学家们一直想搞清楚，我们在多大程度上天生就能做出这样的区分，又在多大程度上是通过后天习得的。毕竟，你能一眼就看懂这句话，但这并不意味着你天生就拥有这项技能。对儿童的研究发现，他们对生命的直觉是与生俱来的。相较于随机移动的点，婴儿更喜欢看那些按生物模式移动的点。比起那些被动移动的几何形状，他们会花更长时间观察那些看起来像是自我驱动的几何形状。[15] 儿童在学习方式上也存在对生命的偏爱：他们认识动物的速度比认识无生命的物体更快，对所学知识的记忆也保持得更久。换句话说，早在我们能说清楚我们对事物有何种了解之前，我们对生命的认识就已经存在了。

心理学家詹姆斯·奈恩（James Nairne）和他的同事曾指出："如果要在一个个'节点'处切分出人类的意识，那么生命和非生命的边界就是天然的切分点。"[①, 16]

我们对生命体的感知能力比我们这个物种存在的时间更久远。

---

① 奈恩此处的原文是 "If we carve the human mind at its joints"，这是借用了柏拉图在《斐多篇》（*Phaedrus*）中的表述 "Carving the nature at its joints"，后者在其语境中的意思是从整个世界中切分出自然世界。——译者注

动物实验发现，它们可以像人一样区分生命体和非生命体。[17]2006年，意大利心理学家乔治·瓦洛蒂加拉（Giorgio Vallortigara）和露西亚·雷戈林（Lucia Regolin）制作了一部影片，影片内容由一些移动的点组成的，但这一次，他们拍摄的是鸡，而不是人。[18]制作完成后，他们把影片放给刚孵化出的小鸡看。他们发现，如果由圆点组成的"母鸡"朝左，小鸡们就会朝左转；如果"母鸡"朝右，小鸡们就会跟着朝右。当瓦洛蒂加拉和雷戈林给小鸡们看另外一些影片时——比如随机移动的点，或者把"母鸡"上下颠倒——小鸡们就不会表现出上述行为。

这些研究表明，动物利用视觉捷径来辨识其他生命体已有数百万年的历史。[19]这一策略能让捕食者迅速发现猎物。这对猎物也有好处，因为有了这一策略提供的重要信息，猎物就更有可能逃脱捕食者的追捕。躲避一匹狼和躲避一个滚落的巨石都需要迅速做出反应，但两种反应又截然不同。

大约 7 000 万年前，我们最早的灵长类祖先继承了这种区分生命的本能。但在随后的演化过程中，除了这种古老的本能外，他们还形成了辨识生命体的新方法。他们的后代演化出了功能强大的眼睛和硕大的脑，拥有复杂的神经元网络，这一网络可以把视觉信息与其他感觉的信息整合到一起。在演化的过程中，一些灵长动物产生了强烈的社会属性，往往会有很多成员群居在一起。为了能在社群中过得更好，① 它们必须对其他灵长动物的面容非常敏感，能够读懂它们的表情，追踪它们的目光。

我们的猿类祖先出现于大约 3 000 万年前。他们演化出了更大的大脑，能够对同伴产生更加深入的理解。现存的与我们亲缘关系最近的猿类是黑猩猩和倭黑猩猩，通过解读同伴表情和声音中隐藏的微妙

---

① 演化是没有目的性的，但为了帮助读者便于理解，很多科普图书都常常使用"为了……"这样的隐含目的性的表述，读者有必要注意这一点，避免对演化产生错误的理解。——译者注

信息，它们都能推断出同伴的感受以及同伴知道些什么。它们无法用文字将这些推断记录下来，因为他们没有这样一种语言。如果你叫一头黑猩猩来定义生命，你必然会大失所望。但一只猿仍然能深深地感受到它的同伴是有生命的——这与我们的祖先在 700 万年前分化出他们自己这支谱系时我们所继承的感受一样。

在人类这支谱系中，大脑演化得越来越大。相对于身体的大小，我们是动物王国中大脑最大的物种。我们的祖先还演化出了语言能力，以及一种更为强大的能力——"深入"他人的大脑，洞察他人想法的能力。但所有这些能力都是在我们从早期灵长类动物那里继承来的能力的基础上形成的。如此深厚的基础或许也可以解释为什么我们会如此盲目自信，确信自己知道"活着"的含义是什么，虽然我们并不知道。

一

在远古的时代，当我们这个物种有新成员降生时，我们的祖先可以利用他们能辨识生物的大脑环路辨识出另一个人。不过对于这个新生命是如何产生的，他们并没有演化出相应的直觉，无法给出答案。虽然没有这样的直觉，但人们自己想出了一些解释。

例如，《传道书》中记载了"灵是如何进入怀孕妇人的胎中的"。犹太学者后来教导说，胚胎在第四十天之前"只是水"。基督教神学家还将《圣经》与希腊哲学结合起来，提出了一种不同的解释。13世纪的哲学家托马斯·阿奎那描述了一个"赋灵"（ensoulment）的过程。[20] 他认为，人的胚胎首先会获得植物灵魂，拥有植物那样的生长能力。接着，植物灵魂会被动物性的知觉灵魂所取代。最终，知觉灵魂又会被理性灵魂取代。

其他文化也提出了自己的解释。科特迪瓦的邦族人将生命的开始视作来自另一个世界的旅程。[21] 他们认为，婴儿是来自逝者聚居之地乌拉格贝的灵魂。只有到出生几天后，脐带的残端脱落时，新生儿才算真正属于这个世界。如果新生儿在这之前死亡了，邦族人是不会为其举行葬礼的，因为他们不认为这是死亡。

对于生命是如何开始的，人们看法不一，也由此形成了一些与怀孕有关的习俗和法律。对古罗马人来说，人的生命始于第一口气。罗马的医生和治疗师经常使用一些草药来为孕妇堕胎。但妇女在自己是否可以堕胎方面没有发言权，决定权完全掌握在家族的男性族长手中。在中世纪的欧洲，基督教神学家认为胎儿是有灵魂的，这意味着堕胎是一种犯罪。然而，对于在现实中具体该如何理解禁止堕胎，神学家们却争论不休。阿奎那的追随者认为，必须区别对待孕早期和孕晚期两种情况。1315 年，神学家那不勒斯的约翰为医生们提供了一项指导原则，告诉他们该如何应对因怀孕而危及妇女生命的情况：如果腹中的胎儿尚未被赋灵，医生就应该为孕妇堕胎。约翰宣称："这样虽然阻碍了胎儿被赋灵，但并没有导致任何人死亡。"[22]

但如果胎儿已经获得了理性灵魂，医生就不应该试图通过堕胎来挽救母亲的生命。约翰写道："如果无法做到在帮助一个人的同时不伤害另一个人，那就两个人都不帮更合适。"

虽然有了这样的指导原则，但麻烦的是，没人确切知道胎儿是在什么时候被赋灵的。一些神学家认为，对于医生来说，处理这种不确定性的最好办法就是永远不要为妇女堕胎。其他一些神学家干脆把堕胎的决定权留给了医生的良知。在 16 世纪的意大利，法官为赋灵设定了一个起始时间——受孕后的第 40 天。1765 年，英国法官威廉·布莱克斯通提出了一个新标准：初觉胎动（the quickening）。

"生命是上帝的直接恩赐，是每个人与生俱来的权利，"布莱克斯通写道，"从婴儿在母亲的子宫中萌动的那一刻起，生命就处于法律的保护之下了。"[23]

美洲殖民地也采用了初次胎动作为自己的标准。对几代美国人来说，堕胎并不是一件会掀起什么波澜的事情。寻求堕胎的妇女几乎不会受到惩罚。家庭主妇们会服用自己在花园里种植的草药来进行药物引产。之后，进入了工业化时代，大批妇女从农场涌入城市。在城市里，她们尝试用报纸上宣传的"女性月服药片"（female monthly pill）来堕胎，但这些粗制滥造的堕胎药往往效果不佳，很多妇女不得不寻求医生的帮助，偷偷地接受堕胎手术。

在整个 19 世纪，反对堕胎的力量越发具有组织性。教皇庇护九世宣布，堕胎——即使是在初次胎动之前也是如此——是一种不可饶恕的大罪。在美国，纯洁社会运动的人士警告说，堕胎会诱使妇女过上罪恶的生活。美国医学会对此表示认同，一些知名医生还向公众发表演讲，指出堕胎会给胎儿和孕妇带来危险。1882 年，马萨诸塞州一名叫查尔斯·A. 皮博迪（Charles A. Peabody）的医生就公开发表演讲，反对堕胎，并呼吁同行拒绝孕妇的堕胎请求。

皮博迪警告说："这是在对上帝犯罪——最为深重的大罪。"[24]

对于像皮博迪这样受过 19 世纪末医学教育的医生们来说，围绕怀孕展开的争论已经与前几个世纪有了很大的不同。中世纪的学者们对子宫内发生的事情知之甚少。他们依靠的是《圣经》、亚里士多德的观点以及为数不多的胎动。而在皮博迪生活的时代，科学家已经开始研究精子、卵子和受精，并追踪研究胚胎的发育过程。但在 19 世纪晚期，仍然有很多科学家将生命视为一种神秘的活力，此时距离发现基因和染色体的关键作用还有几十年的时间。当时的这些科学家认为，这种活力会在受孕的那一刻释放。

"生命始于何时？"皮博迪问道，"科学给出了答案，而且是唯一的答案，不存在其他可能性。生命始于最初，在生命力觉醒的那一刻，在它的各种力量初次协作的那一刻，生命就开始了。"

按照这样的观点，法律不能将初次胎动作为堕胎是否合法的分界线。"不！"皮博迪怒吼道，"生命始于最初，一个人在其整个自然之旅中都享有生命权。"

到 1882 年皮博迪公开反对堕胎时，美国的许多州都已经通过了严格的法律，禁止堕胎。然而，医生们还是会利用法律的漏洞继续为一些怀孕妇女做堕胎手术。他们之所以做这些手术，有时是出于孕妇健康的考虑。抑郁、自杀或极端贫困也是足够充分的理由。许多医生愿意为遭受强奸的女性进行堕胎。这些情况很少会被曝光，更不大会有医生因此被捕。

这种半合法的制度在美国无声地延续了几十年，直到 20 世纪 40 年代，一场新的反堕胎运动让孕妇突然间失去了许多原本更安全的堕胎方式。许多孕妇不得不自己堕胎，由于技术拙劣，往往会出现许多问题，最后成群结队地出现在医院。每年都会有数百名孕妇因此丧生。

改革者开始呼吁对相关法律进行修改。20 世纪 60 年代初，美国暴发了一场严重的麻疹疫情，出现了许多新生儿严重畸形的情况，因此许多妇女要求有能够安全堕胎的渠道。各州对此做出回应，宣布在某些情形下堕胎合法。在 1973 年的"罗伊诉韦德案"（Roe v. Wade）中，最高法院做出裁决，指出将堕胎定为刑事犯罪侵犯了妇女的隐私权。最高法院裁定，各州对堕胎的限制只能始于孕期三个月后，因为从这时起，胎儿才有可能在子宫外存活。

在这份裁决书中，最高法院提到了生命的起点，但也只是说法院不必解决这个问题。"[在本案中，] 我们不需要解决生命何时开始这个难题，"最高法院宣称，"目前，在医学、哲学和神学领域接受过相关训练的人士仍无法就此达成共识，在这样一个对人体发育的认知阶段，司法机构不宜通过猜测给出答案。"

反堕胎组织对最高法院的裁决做出了回应，他们努力采取一种避免与裁决发生冲突的策略来阻止堕胎。比如，抵制研制堕胎药的公司；游说议员制定法律，让堕胎诊所难以运行；为了赢得选民，他们还援引新的科学研究成果——或者至少是援引精心挑选过的有利于他们诉求的研究成果。

他们声称，对胎儿的研究发现，胎儿开始感到疼痛的时间其实要更早一些。一些反堕胎的立法者提出了"胎儿心跳法案"，但他们忽略了一个事实：当心肌细胞开始收缩时，心脏尚未形成。因此，这些法案其实与真正的心脏没什么关系，其目的是将允许堕胎的时限缩短至六周，进而切实有效地禁止大多数堕胎。

除了这些迂回的策略外，许多反堕胎团体还想彻底推翻"罗伊诉韦德案"的裁决。要做到这一点，唯一的办法是解决生命何时开始这个问题，或者用准确的法律术语来说，具体确定胚胎何时成为人，并拥有伴随人格（personhood）而来的所有权利。[①, 25] 一场所谓的人格运动随即兴起，宣称这些人格权可以追溯到受精卵。如果确实如此，任何堕胎都将成为违法行为。

人格运动的一些领导者还认为，某些形式的避孕也应当被禁止，因为这些避孕措施阻止了新形成的胚胎在子宫中着床，从而阻止了怀孕。为了证明这一法律诉求的正当性，他们"诉诸"了科学，策略与一个多世纪前查尔斯·皮博迪的大致相同。

"生命始于受孕，"保守派权威人士本·夏皮罗在 2017 年宣称，"这不是宗教信仰，这是科学。"[26]

需要说明的是，夏皮罗并不是科学家。他拥有法学学位，还开设了一个播客。在提出这一主张时，他也没有提供任何相关的科学证据。而另一方面，自从生命的分子基础变得明确之后，科学家们一直都在反对这些关于生命的尖锐且极端的主张。1967 年，在"罗伊诉韦德案"之前围绕堕胎展开的讨论中，诺贝尔奖获得者、生物学家约

---

① 2022 年 6 月 24 日，美国最高法院裁定，推翻"罗伊诉韦德案"的裁决。——译者注

书亚·莱德伯格（Joshua Lederberg）[①]在《华盛顿邮报》上发表了一篇题为《生命的法律起点》的文章，就这一争议发表了自己的看法。

"对于'生命始于何时？'这个问题，我们无法给出一个简单的答案，"莱德伯格写道，"就当代人的经历来说，生命实际上从未'开始'过。"[27]

莱德伯格解释说，受精卵是"活的"，不过是以细胞的方式"活着"的，不同于人的方式。某些生物——比如细菌——整个一生都以单细胞的形式存在，在海洋或土壤中无忧无虑地生长。但构成我们身体的细胞没有那么"粗犷"。如果你扎破手指，将一滴血滴在桌子上，你的细胞不会自己爬出来勇闯世界。它们会变干，然后死亡。对于细胞来说，死亡是因为它们的蛋白质出现了故障，内部化学平衡被打破了，细胞膜也破裂了。而在体内，细胞能够茁壮成长，以流过它们的营养物质为食，使它们的蛋白质保持良好的工作状态，并处理掉产生的代谢废物。如果收到恰当的信号，细胞还可以生长和分裂。母细胞会把它所有的分子遗产分给它的一对子细胞，一个细胞就这样变成了两个细胞。在细胞分裂的过程中，母细胞并没有死亡，子细胞也没有新生，那些赋予生命生命的东西从前者流向了后者。

某些类型的细胞还能"倒放"这部"电影"。它们不是分裂，而是融合。例如，当我们运动时，我们会刺激肌肉细胞增殖、合并，从而形成新的纤维。在我们的骨骼中，一些免疫细胞会融合成巨大的团块，形成所谓的破骨细胞。这些破骨细胞会蚕食旧的骨骼，这样旧组织就可以被新组织所取代。每个肌细胞和破骨细胞都可以容纳许多个细胞核，每个细胞核都有自己的DNA。聚在一起形成肌细胞或者破骨细胞的独立细胞并没有死亡。它们只是将分子混合在一起，形成了一种新的生命形式。[28]

[①] 约书亚·莱德伯格，美国分子生物学家，因发现"细菌的基因重组以及细胞遗传物质的组织方式"获1958年的诺贝尔生理学或医学奖。——译者注

这就像是一个细胞组成的宇宙，受精卵自然也生活在其中。受精卵当然是活的，但并不是由无生命的分子转瞬间组装而成，获得生命的。相反，它由两个活的细胞融合而成。但形成受精卵的卵子和精子也都不是突然出现的。当母亲还是胚胎时，卵子就从分裂的细胞中产生了。一名男性每天会产生上亿个精子，但归根结底，这些精子都源自发育出他整个身体的那个受精卵。从上一代人，上一代人的上一代，不断往前追溯，生命的流动是个从未间断的连续过程。你必须划着独木舟，沿着生命的河流逆流而上数十亿年才能到达它的源头。

"生命始于受孕"这句口号简洁明了，朗朗上口。但就其字面上的意思而言，这种说法完全错了。然而在涉及这句口号时，人格运动的参与者一直都明确表示，不能从字面意思上来理解它的含义。他们所说的始于受孕的不是泛指的**生命**，而是**一条生命**。而且也不是任意种类的生命——不是犰狳或者矮牵牛花的生命——而是人的生命，其包括（我们就别再绕圈子了）生命权在内的各种权利都受法律的保护。

2001 年，反堕胎人士帕特里克·李和罗伯特·乔治写道："一个拥有生命的独特人类个体是在精子让卵母细胞受精那一刻形成的。"[29]他们解释说，受精卵的特别之处在于，它拥有一套独一无二的 DNA，这套 DNA 由来自父母双方的 DNA 组成，可以指导受精卵的发育。但李和乔治认为，虽然用肉眼还看不到，但受精卵可能已经拥有推理以及其他所有使我们成其为人的能力。

如果了解人类生长发育的实际过程，你会发现，要想把某个瞬间确定为一个新的人类个体生命的起点是根本不可能的。[30]人类个体生命的起点绝对不可能是精子和卵子融合的那一刻。我们的细胞通常携带 46 条染色体，其中 23 条来自我们的母亲，23 条来自我们的父亲。但在受精的那一刻，父亲的 DNA 和母亲的 DNA 相结合，实际上产生了 69 条染色体。这是因为未受精的卵细胞和母亲体内的其他细胞一样，拥有 46 条（23 对）染色体。

一个拥有 69 条染色体的细胞自然无法发育成一个健康的人类个体。它的基因会严重失衡。为了避免这场灾难，卵细胞采取了一种应对措施：当精子到达时，它会从自己身上"掐"掉一个小泡，小泡中含有 23 条它的染色体。现在，这枚卵细胞就只剩下另外 23 条染色体了，与父亲的 DNA 完美配对。

然而，即便到了这个时候，受精卵仍然还没有获得一个单独的新基因组，或者说，没有获得属于它自己的基因组。在受精卵中，来自母亲的染色体和来自父亲的染色体仍然是分开的，分别被包裹在各自的膜中，在各自的"房间里"经历着变化。我们可以把发育初期的受精卵想象成一个协作空间，来自父母双方的基因组在里面各忙各的。

之后，受精卵分裂成两个细胞，每个细胞都继承了父母双方的一套染色体。受精后要经过一天的时间，受精卵才能抵达这个重要的里程碑。到了此刻，父母双方的染色体才会放弃它们各自的"房间"。只有到了两细胞的胚胎期，这两组 DNA 才能聚到一起。

然而，即便到了这一阶段，新胚胎在分子层面上仍然不具有独立性。细胞中所有的蛋白质几乎都来自卵细胞，由母亲的基因编码。在这个重要的方面，胚胎表现得仍然像一团由母亲的细胞组成的细胞团。一个独特的人类个体还没有掌握自己的命运。在来自父亲的染色体"苏醒"过来——新的基因组开始工作——之前，还有许多事情要做。卵细胞内有一组特殊的"刺客"蛋白，也是由母亲的基因编码产生的。它们在胚胎的细胞中游荡，消灭胚胎内的其他蛋白。此外，另一组蛋白则抓住了来自父母双方的染色体，让这些染色体为即将开展的新工作做好准备。现在，细胞会"回收利用"卵细胞中蛋白质分解得到的"原材料"，制造出一批新的蛋白。[31]

在内部发生这些变化的同时，胚胎从母亲的输卵管中漂浮出来，下行进入子宫。在这个过程中，它可能会一分为二。在一分为二后，这两团细胞会继续分裂，每一团细胞都将形成一个普通的胚胎。最终，这两团细胞会发育成同卵双胞胎。如果我们必须接受卵细胞在受精后立即就会变成一个人的观点，那我们自然会问，在出现双胞胎这种情况的时候，这个人去哪儿了呢？[32]

异卵双胞胎则是通过另一种方式发育而成的。母亲一次排出了两个卵细胞，每个卵细胞由不同的精子细胞受精。有时，当这对双胞胎还是一些小细胞团的时候，它们会融合到一起。多亏了它们有这种灵活性，在一些细胞包含一个基因组而其余细胞包含另一个基因组的情况下，这些细胞也可以重新组织为一个单一的胚胎，继续正常发育。

科学家们将这类由两个受精卵融合形成的胚胎称为嵌合体。[33]嵌合体可以成长为健康的成年人，只不过他们的身体里一直包含两群拥有不同基因组的细胞。如果每个受精卵都是一个人类个体，拥有一个人应该享有的所有权利，那么嵌合体在投票时是否应该投两票？

在回顾胚胎的发育过程时，我们往往会将其视作一个极其精准，像发条一样有序运作的化学过程，是这个化学过程将单个细胞转变成了一个拥有 37 万亿个细胞的身体。教科书中对每个阶段的描述是在不出现差错的背景下发生的情况。但发育经常以失败告终，许多胚胎并没有最终存活下来。[34]胚胎存活面临的最大风险是胚胎细胞内的染色体并非精准的 23 对。有时，胚胎细胞中会存在某条染色体的第三个拷贝。在这些细胞中，由于每个基因有三个拷贝，所以胚胎有可能会产生过多的蛋白质，使自己中毒。胚胎的某条染色体也可能只有一个拷贝，如果出现这种情况，它们将无法制造出生存所需的所有蛋白质。

这种失衡有时出现在卵细胞中。在卵细胞去掉小泡中多余的染色体时，其中某条染色体可能会意外地保留下来。而在受精之后，也就是胚胎开始分裂时，也可能出现一些问题。在细胞分裂时，它们可能无法将自己的染色体均匀地分给子细胞，从而造成一个细胞拥有的染色体过多，而另一个拥有的又太少。当这些子细胞分裂时，又会将这

生命的边界

种失衡传给它们的后代。

生物学家们将这种失衡称为非整倍体。这并不一定意味着胚胎会遭遇灭顶之灾。如果胚胎中包含平衡和不平衡的细胞，那些不平衡的细胞可能会停止生长，而余下的平衡细胞则继续生长发育，最终构成绝大部分身体组织。即便是完全由非整倍体细胞构成的胚胎也有可能存活下来，但具体要看是什么性质的失衡。如果胚胎多携带了一条21号染色体，孕妇最终可能会产下罹患唐氏综合征的婴儿。但大多数情况下，非整倍体胚胎都无法存活。有时它们只是停止生长。有时它们无法在子宫着床，最终被排出体外。

非整倍体并不是导致流产的唯一原因。一些女性无法产生足够的激素让她们的子宫为迎接新的胚胎做好准备。在一些重要的时期发生感染可能会使女性的免疫系统负荷过高，导致免疫系统将胚胎和胎盘视为入侵的敌人，对它们展开攻击。

科学家对自然流产率做过估计，发现这一比例很高。2016年发表的一项研究显示，10%~40%的胚胎没能存活到进入子宫着床。[35]研究人员发现，如果从受孕到出生整个过程来看，这一数字可能会上升到40%~60%。如果一个国家宣布生命始于受孕，受精卵拥有所有人应当享有的合法权利，那么这个国家将不得不把失去这些没能存活的受精卵视为一场医疗灾难。这意味着全世界每年可能有超过1亿人死亡，远远超过心脏病、癌症等主要致死原因导致死亡的人数。

然而，这场危机并没有成为那些反对堕胎者的当务之急。[36]恰恰相反，其中一些人还对这些估计值提出了质疑，认为真正的数量要略低一些——似乎死亡人数如果是数千万人的话，在某种程度上更容易让人接受一些。一些人表示，像非整倍体这类导致流产的原因是阻挡不了的，所以这些生命绝对无法挽救。[37]但事实并非如此。很多研究都致力于减少流产的发生——不是因为研究人员认同生命始于受孕这一观点，而是因为他们想帮助那些难以生育的夫妇。一些有复发性流产问题的妇女可以通过注射激素来提高成功生育的概率。[38] 还有研究人员在探索用一些新的方式来挽救胚胎，比如管理母亲的免疫系统、编辑胎儿细胞的 DNA 等。

反对堕胎的人士常常会列出一些例外情况，这些例外往往前后逻辑不一致，有悖于他们自己的主张。2019 年，亚拉巴马州的立法者提出了一项法案，将对实施堕胎的医生提出重罪指控：这些医生将面临最高 99 年的监禁。但该法案的起草者还开了个"绿灯"，将因怀孕而面临严重健康风险的女性作为例外情况。这项法案引起争议时，亚拉巴马州参议院司法委员会对其作了增补，增加了因强奸和乱伦而导致怀孕可以堕胎的例外情况。

该法案的发起人之一、州参议员克莱德·钱布利斯（Clyde Chambliss）对此表示反对。"强奸和乱伦是恶行的结果，在这样的情况下，做出决定非常、非常困难，"钱布利斯告诉记者，"但如果我们相信生命始于受孕——我是这么认为的——那么这种情况下堕胎就夺去了一条生命。"[39]

但如果按照这一原则，钱布利斯是无法合理解释很多问题的。当一对夫妇采取体外受精的方式来生育时，医生通常会制造出一批而不只是一个胚胎。他们会从胚胎中取出一个细胞，仔细检查它的 DNA，评估胚胎能够健康存活下去的可能性有多大。由于早期胚胎中的所有细胞都能发育成一个完整的胚胎，按照钱布利斯的逻辑，这项检测就夺去了一条生命。一旦生育科医生挑选出最好的胚胎，将其植入子宫使其成功着床，其他胚胎可能会被冷冻起来或者被直接销毁。如果堕胎不合理的原因在于受精卵是一个人，那么体外受精造成的胚胎死亡自然也是不合理的。按照钱布利斯的这个逻辑，无论造成胚胎死亡的原因是主动的还是被动的，都应该如此才对。

然而，在亚拉巴马州法案的辩论中，钱布利斯澄清说，他的禁令并没有阻止体外受精。当其他立法者提出质疑，指出他的观点存在这

生命的边界

一矛盾之处时，他做出了回应，但这个回应很令人费解。

"实验室里的卵细胞不适用于这条法案，"他表示，"这些卵细胞不在女性的身体里，所以此时女性并没有怀孕。"

这项法案的修正案增补了在强奸和乱伦的情况下允许堕胎的例外情况，但亚拉巴马州的立法机构投票否决了该修正案。该州州长在这之后签署了这项法案。

一

体外受精让"生命始于何时？"这个问题变得很复杂，而现在重编程的细胞可能会让这个问题更加错综复杂。恰当地利用某些化学试剂的混合物，重编程的细胞可以发育成一个胚胎。[40]科学家已经成功地将成年小鼠的皮肤细胞转化为小鼠胚胎，这些胚胎可以发育成小鼠幼崽。这样的事情也许很快也能在人类身上实现。到那时，我们每个人身体里的数万亿个细胞都将拥有成为一个人类个体的潜力。如果按照人格运动的逻辑来看，这数万亿个细胞都将拥有人应该享有的权利。我们家里的灰尘绝大部分其实都是我们皮肤上脱落的数百万死亡的皮肤细胞，那是不是每一个死亡的皮肤细胞都代表着一条生命呢？

情况很复杂，但这也并不意味着我们可以逃避对我们人类同胞的道德义务。这只是意味着要解决这些复杂问题，没有简单的办法。随着类器官变得越来越复杂，要确定我们应该对其承担的道德义务可能会非常困难。今天的大脑类器官是活的，这没错，它们源自人，但它们没有体验人类所体验到的那种活着的感觉。比如，霍尔丹所体验到的那种感觉。我们可以想象一下，一个更大、更复杂的类器官可能会产生复杂的脑电波，甚至可能会学习。也许有一天，这些类器官真的可以获得对生命最基本的感觉。

我们怎么才能知道这些类器官是否获得了这种感觉呢？西雅图艾

伦脑科学研究所的所长克里斯托夫·科赫（Christof Koch）提出了一个想法。他认为，科学家们可以通过监听类器官发出的信号来衡量其经历的复杂性。科赫的这项提议源于他和其他科学家对意识本质的研究。他们认为意识是整个大脑信息的整合。[41]当我们有意识时，信息在我们的整个大脑中流动，让我们产生了一种连贯的现实感。当我们睡着或陷入昏迷状态时，流动就会减少。大脑的许多区域仍然活跃，但它们的信息不再综合构成单一的、统一的体验。

科赫和他的同事们认为，如果对大脑信号进行干扰，我们就可以测量出大脑信息的整合情况，就像把一块石头扔进池塘里会产生涟漪一样。他们把能够发出磁脉冲的设备戴在志愿者的头上，这些无害的磁脉冲会短暂地对他们的脑电波产生干扰。如果受试者处于清醒状态，脉冲会产生信息流，沿着复杂的路径在大脑中传播。当人们做梦时，也会出现同样的模式。但当人处于麻醉状态时，脉冲只会触发简单的反应——就像钟声而不是管风琴演奏的赋格曲。

科赫建议，科学家们可以采取同样的方式，将磁脉冲应用于类器官，看看它们会有什么反应。让他的这项建议非常有吸引力的一点是，他和他的同事们发明了一种方法，可以用一个数字来衡量大脑中信息的整合程度。它就像意识的温度计。对于大脑类器官永远不应该超过某一特定数值这一点，我们可能不会有什么异议。如果我们发现某一批特殊的器官偷偷跨过了这个门槛，我们就知道我们必须得做出决定，确定该如何关怀它们的生命了。[42]

"大脑类器官遭受痛苦是什么意思？"科赫在 2019 年的一次演讲接近尾声时问。"这不是一个很好回答的问题。"[43]

1967 年，早在人们关于类器官的梦想还不存在的时候，约书亚·莱德伯格就预见到了前方将会遇到的麻烦。

"其实，生物学家对法律的帮助并不大，"莱德伯格说，"生命始于何时这个问题的答案取决于我们提问的目的。"

第 2 章

抗拒死亡

1765 年，一个名叫詹姆斯·福布斯的小男孩在英国登上了一艘船，前往孟买，这一年他 15 岁。[1] 到达孟买后，福布斯加入了东印度公司，在之后的 19 年里，由于工作原因，他不断在印度次大陆来回穿梭。一路走来，福布斯将自己培养成了博物学家和艺术家，画过那里的鹑鸟，也为帕西人画过肖像。当福布斯离开印度回到欧洲时，他已经累计创作了 5.2 万页的文字和艺术作品。

回到家乡后，福布斯开始整理自己的作品，并于 1813 年出版了《东方回忆录》(*Oriental Memoir*)。这本书足足有四卷，带着那些守在火炉旁的英国读者体验了一次奢华的印度之旅。《月刊》杂志对这本书给予了盛赞："摆在我们面前的是一部**精彩绝伦**的作品。"[2] 编辑们认为，福布斯凭借自己广博的见识，让人们将来的印度之行变得毫无意义。"他几乎没有给未来的旅行者留下任何探索新鲜事物的机会。"

在旅途中，福布斯在讷尔默达河岸边的一棵大榕树前停了下来。数百根枝丫伸向天空，形成了一个巨大的树冠，投下的阴影足以遮蔽 7 000 名士兵。当地的一位酋长不时会造访这棵树，在树下举办大型的庆祝活动。他搭起奢华的帐篷，用作餐厅、客厅、酒吧、厨房和浴室。除此之外，还有足够的空间来妥善安置他的骆驼、马匹、马车、警卫和侍从，以及他的朋友们和他们带来的牛群。

这棵榕树也是鸟类、蛇和叶猴的家园。福布斯观察到这些猴会教它们的幼崽如何从一棵树跳到另一棵树，教它们如何杀死危险的蛇。福布斯说："当这些猴子确信蛇的毒牙已经被除掉时，它们会把这些爬行动物扔给它们的幼崽玩，似乎对消灭了一个共同的敌人感到高兴。"[3]

福布斯的一位朋友曾在一次狩猎活动中造访过这棵榕树。他用猎枪射杀了一只母猴，然后把尸体带回了自己的帐篷。帐篷外响起了刺耳的尖叫声，狩猎者向外看时，发现帐篷周围有几十只猴子。福布斯写道："这些猴子大声地尖叫着，以一种威胁的姿态逐渐靠近。"

福布斯的朋友挥舞着猎枪。猴子们都后退了，但有一只除外，这只雄猴似乎是这个猴群的首领。这只猴子逐渐靠近狩猎者，带着咄咄逼人的气势不停地叫喊。但最终，它的叫声变成了"悲伤的呜咽"——福布斯如此描述。

狩猎者觉得，这只猴子似乎是在乞求死去母猴的身体，于是他把尸体还给了它。

福布斯写道："它怀着悲伤，温柔地将母猴抱在怀里，带着夫妻般的爱意拥抱着她，然后以一种胜利的姿态将母猴带回猴群，回到那些仍在焦急期盼着的同伴中间。"猴子们离开后，狩猎活动的所有参与者都大受震撼。"他们下定决心，再也不会把枪对准任何一只猴子了。"

福布斯讲述的这个"悲伤呜咽的猴子"的故事影响很大，在英国人中流传了好几十年。[4]这似乎与维多利亚时代人们对动物大脑的看法背道而驰。人之所以能够理解生命，是因为人拥有理性思维。通过对生命的理解，人也能在死亡中看到生命的极限。但在这个故事中，这些野蛮的家伙在哀悼时表现得与人极其相似，它们似乎知道它们的

生命的边界

同伴生命已逝。一些人可能会由此得出结论，认为猴子的大脑比我们想象的要复杂得多。但还有一种可能性，那就是我们人类在对生与死的认识这个问题上太过自负了。

——

除了福布斯关于哀鸣的猴子的故事，还有其他一些关于悲痛的灵长动物的故事，而对这些故事最着迷的人应属查尔斯·达尔文。达尔文在他快 30 岁的时候构想出了演化论，那时的他就认识到，这个理论不仅可以解释其他物种的起源，也可以解释人类的起源。从我们的解剖学特征中，达尔文能看到演化遗留的痕迹，这些痕迹与黑猩猩和其他猿类有着惊人的相似之处。他拜访了伦敦动物园的一只红毛猩猩，从这只雌性红毛猩猩像人类一样的面部表情中也可以看出这样的演化痕迹。此外，他还能从灵长动物表现出某些情感的故事中看出这一点，因为这些情感曾一度被认为是人类所特有的。当然，其中也不乏一些悲痛的故事。达尔文在他 1871 年出版的《人类的由来》（*The Descent of Man*）中写道："母猴对失去幼崽非常悲痛，这必然会导致某种类型的死亡。"[5]

近一个世纪后，科学家才开始定期前往猴子和猿类的野生栖息地，对它们的行为进行详细观察。开始这种观察后不久，科学家就发现这些灵长动物对待死亡的方式非常引人注目，因此开始积累他们关于这些故事的第一手材料。研究人员开始将这些故事本身视为一个科学问题，他们称之为灵长动物死亡学（primate thanatology）。关于灵长动物面对死亡的第一个现代记录出现在 20 世纪 60 年代，记录者是珍·古道尔（Jane Goodall）。[6] 当时，这名年轻的英国博物学家前往坦桑尼亚，与黑猩猩生活在一起。一天，古道尔正在观察一只雌性黑猩猩，她给这只黑猩猩取名奥莉。奥莉最近刚产下过小黑猩猩，但古道尔看得出小黑猩猩的身体不太好。"这只雄性的小黑猩猩四肢软弱无力，一直耷拉着，"她后来回忆道，"它的母亲每走一步，它几乎都要尖叫。"

由于小黑猩猩太虚弱，抓不住奥莉的毛发，奥莉不得不小心翼翼地把它抱在怀里。奥莉把它抱到一棵树上，自己先坐在一根树枝上，然后轻轻把它放在自己的大腿上。一场暴风雨来袭，黑猩猩和古道尔都在倾盆大雨中被淋了半个小时。放晴后，古道尔看到奥莉再次从树上爬下来。小黑猩猩没有发出任何声音。它的头和四肢都无力地从身体上垂下来。古道尔这时注意到，奥莉对待孩子的方式有些不一样了。

古道尔说："奥莉好像知道孩子已经死了。"

奥莉现在不再那么小心翼翼地抱着小黑猩猩了，它会抓住孩子的一条腿或一只胳膊。有时奥莉还会把它的身体挂在自己的脖子上。在接下来的两天里，奥莉一直带着自己的孩子，看上去有些恍惚。其他黑猩猩呆呆地望着奥莉和它死去的孩子，但奥莉只是发呆。最后，古道尔在奥莉穿过茂密的灌木丛时跟丢了目标。直到第二天她才追上奥莉。孩子不见了。

在此后的几十年里，其他灵长动物学家也观察到了其他母亲对失去婴儿产生类似奥莉的反应。他们还观察到年轻的大猩猩整夜守在死去的母亲身边。在科特迪瓦的森林里工作时，克里斯托夫·博施（Christophe Boesch）曾偶然发现地上有一具黑猩猩的尸体。它看上去好像是刚从树上掉下来死掉的。博施后来看到另外五只黑猩猩来到了这里，也发现了尸体。它们迅速爬上周围的树冠，在那里大声叫喊了几个小时。

我们对"活着的含义是什么？"这个问题的理解，一部分来自对我们自己生命的认识，还有一部分则来自我们能够区分生命体和非生命体的直觉。但它也源于我们对生与死之间差异的理解。换句话说，活着就是没死。人类并不是通过逻辑和演绎才领悟到这一点的。我们对死亡的理解不像达尔文构想演化论，也不像汤姆森发现电子。这种理解源于古老的直觉。

　　动物可能在几亿年前首次演化出对生命体和非生命体的不同行为。今天，哺乳动物、鸟类，甚至鱼类[7]都能被腐烂尸体的气味熏跑。这种令人作呕的死亡气味来源于某些在空气中传播的分子。对于这些分子，光听名字就能让人联想到死亡，比如**尸胺**和**腐胺**。[8]但这些分子并不是由死亡产生的，而是由死亡发生后生长的生命产生的。在一只动物死亡后，它的细胞会自毁，成为体内细菌的食物。这些细菌会穿过肠壁，扩散到全身。释放出的尸胺和腐胺不过是它们新陈代谢的副产物罢了。这些副产物对我们其实并没什么危害。即便我们闻到这些散播在空气中的气味，也不会像闻到沙林或氰化物那样要了我们的性命。但我们的祖先还是演化出了对这些分子很高的敏感性，以及哪怕闻到一丁点这样的气味都会退缩的本能反应。这是因为，它们是标志着死亡危险的可靠信号，即使这些信号本身并不危险。

　　灵长动物死亡学为我们解开了许多秘密，比如，我们现在知道，在7 000万年前，我们类似猴子的祖先不必等到它们死去的同胞开始腐烂才意识到它们身上发生了一些不同寻常的大事。[9]一些科学家认为，这种对死亡更加敏锐的感觉其实源于对生命更加敏锐的感觉。当一只灵长动物死亡时，它周围的同伴仍然可以看到像眼睛和嘴巴这类能触发它们生物检测环路的特征，但专门用于检测生物运动的环路却记录不到任何信息——甚至记录不到眨眼。这些相互矛盾的信号或许可以解释为什么这些动物有时会经常整夜地坐在死去同类的身边。它们可能需要一些时间来理解这种认知冲突，需要一些时间才能把与自己共同生活了多年的同伴归为无生命的那一类。

—

到大约 3 000 万年前，猿类的谱系——未来会产生红毛猩猩、大猩猩、黑猩猩以及人类的演化分支——从其他灵长动物中分离了出来。对黑猩猩的研究表明，我们共同的猿类祖先演化出了较深层次的死亡意识，这有可能是因为它们演化出了更大、更强的大脑。黑猩猩不仅会在同伴死亡时做出不同于以往的反应，它们还表现出了能够识别生死因果的迹象。它们的行为表明，它们知道如果从树上掉下来或者被豹子攻击，生命就有可能终结。

我们自己这支谱系大约在 700 万年前从黑猩猩的谱系中分离出来。早期的原始人逐渐演化成在林地中直立行走。除此之外，他们与其他猿类看起来并没有太大不同。化石记录中也找不到任何迹象表明他们与其他猿类在对待死者的方式上有什么区别。仅仅在过去几十万年的时间里，现代死亡意识的迹象才首次出现。[10] 其中年代最久远的迹象自然也最模糊。

在非洲和欧洲的几个洞穴中，古人类学家发现了一些早期人类的骨骼。这些早期人类属于我们**人属**，但分属两个不同的种：**海德堡人**和**纳莱迪人**。至于他们是如何出现在这些洞穴里的，有一种可能是，这些早期人类骨骼被隆重地抬到他们的安息之处，然后被从洞穴的岩缝中扔了进去。但就目前来说，证据还很不完整，所以无法下定论。也有可能是捕食性动物把这些早期人类拖进了洞穴，还有可能是大洪水把他们冲了进来。

能够充分证明出现了一种新的死亡概念的最早证据可以追溯到大约 10 万年前。我们所属的物种——**智人**的成员开始举行葬礼了。在以色列的洞穴中，考古学家发现了精心放置的骨骼，周围环绕着鹿角、赭石块和来自遥远海岸的贝壳。在澳大利亚，大约 4 万年前，土著居民就已经开始为死者挖坟墓。这些仪式体现出了举行这些仪式的人所拥有的想法。他们理解死亡的方式是其他灵长动物都不曾有过的：疾病和伤害是造成死亡的原因，不可逆转。他们小心翼翼地埋葬死者的遗体，以此来纪念逝者。

当人们开始举行这类葬礼时，他们已经能够流利地使用语言进行交流。那些曾经回荡的歌声和讲过的故事早已远去。要追溯我们关于死亡概念的起源，现在只能依靠世界各地人们的书面记载和口述传播的话语。显然，人们对死亡有很多解释，但人们在做出这些不同的解释时也有一些共同点。人们不会只是简单地把死亡看作一种身体上的变化，他们还会将死亡视为一种社会变革。有些文化认为死亡是一种分离，因为死者会去另一个世界旅行。还有一些文化认为死亡是一种彻底的改变，能够让他们的祖先与他们永远在一起。与此同时，佛教徒认为死亡是自我的消失，就像黎明时分草叶上的露珠蒸发消散在空气中一样。[11]

在给死亡提供一个具体的解释方面，西方科学界进展缓慢。这个任务主要留给了医生，但医生们忙着挽救生命，没有时间解释这种他们试图尽力避免的东西。医学史家埃尔温·阿克尔克内希特（Erwin Ackerknecht）曾写道："医生很少讨论所谓的死亡的意义和本质，他们不得不把这个问题留给哲学家和神学家。"[12]

有证据表明，第一位以科学方式研究死亡本质的医生是法国的格扎维埃·比沙（Xavier Bichat）。[13] 在 18 世纪晚期，他研究了人和动物死亡的瞬间。罪犯在断头台上被处决后，比沙会检查他们被砍下的头和无头的身体。他还将活着的狗的胸腔切开，在气管上装上旋塞。只要轻轻扭动一下，他就能将进入狗肺部的气流关闭。他发现，在狗的血液从红色变成黑色后，死亡就不远了。

这项可怕的工作让比沙看到了心脏、肺和大脑——人们后来将其称为"生命三支柱"——之间的密切联系。如果肺衰竭了，它们就无法将暗红色的血液转变为红色，而红色的血液是大脑运转所需的维持生命的形式。如果心脏衰竭了，它就无法向其他两种器官输送血液。当比沙损毁动物的大脑时，他发现心脏和肺部之间的一个重要联系被切断了，这最终会导致动物死亡。比沙能够看出，身体的任何一个部位都无法垄断生命的力量，这些力量分布在全身一个相互关联的系统中。

"生命，"比沙总结道，"是抵抗死亡的各种功能的总和。"[14]

比沙看到了一条划分生死的分界线，这条分界线非常清晰，但这是比沙研究的各种生命的形式导致的。被斩首的罪犯和被放血的狗应该属于哪一边，这几乎没什么争议。但如果比沙研究的是其他动物，他就有可能遇到一个模糊的边界。[15]

17世纪晚期，荷兰商人安东尼·范·列文虎克（Antonie van Leeuwenhoek）精心制作出了第一台能够观察微观世界的显微镜。池塘里的一滴水可能包含一大群奇形怪状的东西。它们看上去与宏观世界中的任何东西都不一样，但它们在移动，它们的移动触动了列文虎克对"是什么让事物拥有生命？"的直觉。他认为这些东西是微小的动物。当他的报告发表在《皇家学会哲学汇刊》上时，他的英文译者使用了"微动物"（animalcule）这个词。列文虎克在报告中说："这些微动物在水中的运动速度如此之快，运动线路如此多样，上下运动或者环绕运动都可以观察到，看到这一幕真是太棒了。"

列文虎克之后又发现了红细胞、精子细胞、细菌、原生动物和许多微型动物物种。1701年的一个夏日，他注意到房子门前挂着的铅皮天沟里满是微红的水。他舀出一些，取了一滴放在显微镜下。这时，他看到了一种之前从未见过的微小动物。这些小生物的形状有点像梨，头上还长着两个轮子一样的东西。（今天，这种生物被称为轮虫，在拉丁语中的意思是"举着轮子"。）

之后，列文虎克让显微镜下的水蒸发掉了一些。他以前曾在其他微动物上做过这个实验，通常它们会在变干后爆裂。但这一次，奇怪的事情发生了。当轮虫完全变干后，它蜷缩成了一个小号的自己，然后一动不动。列文虎克记述道："它完好无损地保留了椭圆形和圆形的形态。"

随着夏天的来临，天气又干又热，列文虎克家天沟里红色的水干涸成了灰尘。他决定在这些灰尘中寻找轮虫。他在灰尘上撒了一点水，然后用显微镜观察这些水滴。他发现了更多缩小的轮虫，一动不动地躺在一起，就像死了一样。但在浸泡了一段时间后，它们开始变大并开始移动。

列文虎克后来写道："不久之后，它们开始伸展身体，半小时后，至少有上百个在玻片上游来游去。"

列文虎克把天沟里剩下的灰尘都储存了起来。几个月后，他又把它们拿出来，和水混合在一起。轮虫伸展它们的身体，活了过来。是的，即便过了这么久，它们仍然活了过来。

他说："我承认，我从未想过在如此干燥的物质中会有任何生物。"

40多年后的1743年，一个名叫约翰·尼达姆（John Needham）的英国博物学家发现了另一种能够复活的生物。尼达姆一直在研究患有穗瘿病的小麦茎秆，这种病会导致小麦的谷粒膨大变黑。农民们把这些病谷称作"胡椒粒"。当尼达姆切开一粒"胡椒粒"时，他发现里面有一团发干的白色纤维。他在里面加了一滴水，希望能更容易地把它们分开。

《皇家学会哲学汇刊》上记载了接下来发生的事情："令他大吃一惊的是，这些被认为是纤维的东西瞬间就彼此分离，有了生命，开始随机移动。是扭曲着而不是渐进式地移动，就这样持续了9个或10个小时，直到他把它们扔掉。"

尼达姆发现的是一种线虫的幼虫，现在我们把它们称作小麦粒线虫（*Anguina tritici*）。但在当时，许多博物学家并不相信他。皇家学会将尼达姆的小麦交给了另一名博物学家亨利·贝克，请他来做出评判。贝克按照尼达姆说明的方法进行了操作，虫子活了过来。这激发了贝克自己的好奇心，他接着做了更多的实验。在其中一项研究中，他将一些"胡椒粒"储存了 4 年。在经过这么漫长的一段时间后，这些虫子依然存活了下来。当向它们白色的纤维中加入水时，贝克观察到了更多蠕动着的生命。

贝克在他 1753 年出版的《显微镜的应用》一书中郑重地写道："我们发现了一个例子，说明**生命**可以被暂停，就像被摧毁了一样。"[16]但对于这些线虫是怎么保住自己的（用贝克的话说）"生命力"的，他不敢猜测。"生命**究竟是什么**，这似乎太过复杂，使我们难于理解和定义，只能靠我们的感官去辨别和审视。"

很快，第三种动物就加入了线虫和轮虫这支不死生物的队伍。水熊虫（tardigrade）看上去就像一只没有头但有八条腿的熊。虽然名字里带着"熊"字，但它体型极小，差不多只有这句话末尾的句号那么大。博物学家们先是在苔藓上发现了爬行的水熊虫，后来在潮湿的土壤、湖泊甚至海洋中都发现了它们潜伏的身影。当研究人员让水熊虫变干时，这些动物就会把腿缩回去，使它们看上去就像芝麻一样。只要在水中待上几分钟，它们就会再把腿伸出来。

许多博物学家根本不相信会有生命在经历如此干燥的状态后还能活下来。他们认为，一定是有什么更简单的事情正在发生。比如，或许这些脱水的动物已经死了，当科学家们再将它们放在有水的环境中时，他们只是唤醒了潜藏的卵，使这些卵孵化出了新的动物。这场激烈的争论持续了数十年，争论的双方后来被称为复活论者和反复活论者。这场争论愈演愈烈，最后法国最主要的生物学家组织——法国生物学学会于 1859 年任命了一个特别委员会来解决这一问题。在花了一年时间进行实验后，这些科学权威发表了一份 140 页的报告，得出了支持复活论者的结论。然而，反复活论者在随后的几十年里一直在与他们抗争，反对这一结论。

今天，所有的生物学家都是复活论者。毫无疑问，水熊虫、线虫

生命的边界

和轮虫能够变得非常干燥，然后复活。研究人员对这些动物研究得越多就越会发现，它们能在极限状态下生活的时间其实更长，之后仍然可以回到生命的世界里。20世纪50年代，一组研究人员在南极洲采集了一些处于干燥状态的水熊虫。他们把这些动物冷藏了30年，之后给它们提供了水和合适的温度，这些动物就再次回到了生命的世界，而且和之前一样健康。占据"胡椒粒"的线虫存活的时间更长，在变成没有生命的纤维32年后也能成功复活。

近几十年来，科学家已经将蝇、真菌、细菌和其他一些物种加入到可复活物种的队列中。在南极洲，由于冰川消融，一些已经干燥并冻结了至少600年的苔藓裸露了出来。科学家们只稍加培育了一下，这些苔藓就长出了绿色的新芽。在西伯利亚，科学家们偶然发现了3万年前冰河时代松鼠挖掘的洞穴，洞中有一种名为狭叶蝇子草的植物的干枯花朵。经过科学家们的培育，这些干枯花朵碎片最终长成了健康的植株，还结出了种子。[17]

今天的复活论者还没弄清楚这些生物究竟是如何在这种转变中生存下来的。就普通的物种来说，水对于每个细胞中无时无刻不在发生的一系列化学反应都至关重要。水还可以帮助细胞的各种膜保持适当的油性黏稠度，可以包裹蛋白质，使它们的分支和折叠片层保持恰当的排列结构。当细胞失去水分时，化学反应就会慢慢停止。蛋白质会黏附在一起，形成有毒的团块，而细胞膜则会变成黏性的果冻状。我们的身体可以承受短暂的少量水分流失（这时肾脏产生的尿液会减少；心跳会加快，以增加向细胞输送的氧气），但一旦我们失水超过体重的几个百分点，我们的器官就会开始衰竭，死亡很快就会随之而来。

而另一方面，水熊虫这类生物则可以失去身体里几乎所有的水分。你可能会提出异议说，它们已经不再活着了，因为它们不能进行生命所需的化学反应。然而，它们也没有死。如果你给刚死于脱水的人身上倒些水，他们肯定不会坐起来。在你面前的，只是一具潮湿的尸体。但如果你把水倒在一只完全脱水的水熊虫上，大约几分钟后，它就会变回一只能够移动、觅食和生殖的动物。这个灰色的地带有一个专属的名字：隐生（cryptobiosis）。一些科学家将其描述为"生与死之间的第三种状态"[18]。

当隐生生物开始变得干燥时，它们很容易就会进入一种停滞状态。有些隐生生物应对脱水的办法是制造出一种糖——海藻糖。海藻糖拥有特殊的化学结构，能够帮助蛋白质保持恰当的形状，在这方面，海藻糖所起的作用与水差不多。但与水不同的是，海藻糖在干燥条件下不会蒸发。这种"假水"的供应为正在脱水的生物赢得了更多时间，从而能够为长时间的隐生做准备。还有许多隐生生物会制造出一批新的蛋白，这些蛋白能连接在一起形成一种玻璃状的生物结构，将细胞的 DNA 和其他分子以三维形式埋藏起来，以此做好准备，如果重新获得水分，它们就可以复活了。

第三种状态承受极端环境的能力非常惊人，它赋予生物体的能力不只是抵抗脱水，还使生物体可以在外太空生存。

2007 年，一个科学家团队在德国和瑞典收集了一些水熊虫，将它们彻底干燥后装进了一个罐子里。这个小罐被一枚环绕地球轨道运行的俄罗斯火箭送上了太空。在 10 天的时间里，这些动物直接暴露在太空的真空环境中。但在回到地球后，一点水就又让它们复活了。

2019 年，水熊虫被送到了宇宙的更深处。方舟使命基金会（Arch Mission Foundation）开始着手创建"地球备份"[19]，这是该基金会创始人在接受《连线》杂志采访时提到的重要项目。他们创建了一个微型的"月球图书馆"，里面存储了 3 000 万页的信息以及一些人类 DNA 样本和上千只完全脱水的水熊虫。以色列的一家私人航空公司将这个"图书馆"放了月球探测器"创世纪"（Beresheet）上，之后"创世纪"被发射升空，目标是月球。

但探测器的引擎在着陆前突然失灵了，以色列的工程师再也无法找到它的踪迹。几乎可以肯定的是，探测器撞上了月球。"月球图书馆"很可能就那么安然无恙地躺在撞击地点。在水熊虫等待的时间里，地球在它们头顶那片天空中起起落落，它们的细胞被牢牢禁锢在生与死之间的玻璃坟墓中，等待那永远不会再来的"复活之水"。

—

就在列文虎克将他的小动物们置于死亡一般的状态时，整个欧洲的人都在担心他们自己可能也会陷入像死了一样的状态中。他们阅读的一些小册子里讲述了许多关于疾病发作的恐怖故事，这些疾病发作时会让受害者没了呼吸，没了心跳。[20] 人们误认为他们已经死了，便将其下葬，当他们在棺材里醒来时，一切都太迟了。

人们对这种哥特式的可怕情形十分恐惧，这种恐惧在整个 18 世纪不断积蓄，到了 19 世纪更是有增无减。埃德加·爱伦·坡（Edgar Allan Poe）在他 1844 年出版的小说《活埋》中讲述了这样一个噩梦般的故事。"生与死之间的界限最理想的状态也不过就是模糊的，"爱伦·坡写道，"谁能说清楚一个在哪里结束，另一个又在哪里开始呢？"

一些家庭被这些故事折磨得都快疯掉了，于是他们购买了装有绳子和铃铛的棺材，以便他们"没有完全离开"的亲人和爱人可以发出提醒。在 19 世纪，许多德国城市建造了奢华的"等待停尸间"，表面上看已经死亡的人可以先安放在那里，等到尸体腐烂之后再移走下葬。19 世纪 80 年代初，马克·吐温在慕尼黑旅行时参观了其中一处。

"那是一个可怕的地方，"他后来写道，"房间两侧有一些很深的壁龛，像飘窗一样。每个壁龛里都躺着几个大理石般面孔的婴儿，几乎完全隐藏在鲜花丛中，只能看到他们的脸和交叉的双手。这五十个大大小小静止形态的婴儿的手指上都套着一枚指环，指环连着一根铁丝，通向天花板，再从天花板连接到看守室的铃铛上。"[21]

这完全是在费尽心思地浪费时间：是谣言助长了人们对过早埋葬的恐惧，而不是证据。但如果没有一种又快又准的方法来确定人们确实已经死亡，医生们就无法安抚那些仍然惴惴不安的亲属。对此，一位医生建议给病人用烟草烟雾灌肠。如果他们没有反应，就可以稳妥地宣布他们已经死亡。到了19世纪中期，许多医生开始采用新发明的听诊器来做出判断。哪怕只听到一次微弱的"扑通"声，也意味着病人还活着。只有长时间的沉寂才是可靠的信号，代表病人确实已经离开了这个世界。

比沙已经认识到为什么心脏停止跳动是死亡降临的可靠信号。心脏与大脑和肺共同构成生命三支柱，如果心脏衰竭，其他两个器官也会衰竭。在20世纪，科学家们从细胞层面描述了整个情形。如果心脏不能从伤痕累累或充满液体的肺部获得足够的氧气，心脏就可能会衰竭。心脏细胞需要氧气和糖来制造燃料，如果没有燃料，它们就不能收缩。如果它们不能收缩，那么心脏就不能将血液输送到大脑。脑细胞甚至比心脏细胞更需要氧气，缺氧几分钟后，它们就会开始死亡。

头部受到重击也会让心脏停止跳动。撞击会导致大脑撞向颅骨内壁，撕裂脆弱的血管。在脑出血后，大脑会出现水肿进而被后方的颅骨挤压，然后向下肿胀至颅骨底部的开口。压力切断了整个大脑的血液供应，也就切断了很多脑组织的氧气供应。脑干——大脑中为心脏跳动和肺部呼吸发出所需信号的区域——通常是大脑中最先死亡的部分。

比沙认为，通过理解死亡，医生将能够更好地保护生命。这一点没错，医生们学会了如何通过输血来治疗失血，学会了如何阻断毒物和抗击病原体。20世纪初，美国医生迎来了一轮脊髓灰质炎疫情，这场疫情导致了数千名儿童瘫痪，并慢慢窒息而死。工程师们开发了铁肺让这些小病人能够呼吸。[22] 铁肺利用泵在孩子的身体周围产生负压，从而使空气进入他们的肺部。事实上，铁肺所起的作用是在一段时间内支撑起生命支柱，直到孩子们击退病毒，恢复自主呼吸。

到了 20 世纪 50 年代，铁肺被能够直接将空气推入患者呼吸道的管子所取代，脊髓灰质炎疫苗的问世让导致瘫痪的疫情成为历史，但医生们依然会给其他患者使用人工通气（artificial ventilation），包括药物过量的病人、掉进冰冷湖水中的人以及早产儿等等，也就是那些需要帮他们呼吸才能恢复健康的人。

法国神经病学家皮埃尔·莫拉雷（Pierre Mollaret）和莫里斯·古隆（Maurice Goulon）开始认识到，使用呼吸机有利也有弊。[23] 呼吸机挽救了许多人的生命，但同时也拖住了许多人离开这个世界的脚步。如果病人出现了严重的脑损伤，呼吸机可以让他们的心肺继续工作，但他们的大脑永远不会恢复。通过详细记录这些病人病情的发展情况，莫拉雷和古隆发现，即使有呼吸机的帮助，他们也不会再醒来。相反，他们通常会在几小时或几天内死亡。呼吸机所做的事情似乎只是为了减轻家人们的痛苦。

古隆曾表示，这种徒劳的状况是"一种新状态，一种人们之前从未描述过的状态"[24]。在 1959 年的一次会议上，他和莫拉雷给这种状态取了一个名字：昏迷过度（coma dépassé），一种比昏迷还要严重的昏迷状态。[25]

到这时，现代医学对人们所熟悉的死亡的边界发起了挑战，就像现代医学一度挑战并最终改变我们对出生的看法一样。在过去，生命的开始是我们无法控制的。但现在，干细胞生物学家已经能够将普通的皮肤细胞转化为胚胎，这些胚胎能发育成人类个体，也能长成类器官这种以前根本就不存在的物体。在过去，如果比沙的生命三支柱失去了其中一根，死亡就不可避免。而这时，人工通气违背了比沙的法则，产生了一种新形式的生命。

其他医生也认同莫拉雷和古隆对昏迷过度的担忧。[26]"复苏和生命支持治疗的发展让许多人不顾一切地抢救垂死的病人,"哈佛大学麻醉医师亨利·比彻（Henry Beecher）在 1967 年指出,"有时人们抢救的只是已经缺失大脑的个体,这样的个体在这片土地上数量越来越多,有很多我们必须要正视的问题。"[27]

在昏迷过度的时机把握方面,充满了一种讽刺意味。当呼吸机使病人陷入徒劳的困境时,移植外科医生们正在潜心学习如何将捐献者的器官移植到受体身上,以挽救他们的生命。1954 年,波士顿外科医生约瑟夫·默里（Joseph Murray）成功为一名病人实施了肾脏移植手术,用一颗健康的肾替换了病人受损的肾,健康的肾脏来自病人的孪生兄弟。找到愿意捐献肾脏的人并非易事,就算有人愿意捐献,捐献者的器官也可能与患者不匹配。但如果想要移植心脏或胰腺,那人们可就没有多余的了。

默里和其他医生只能转而去寻找尸体来获得更多器官,但这种方法本身也有弊病。移植外科医生必须在临终的病人还活着的时候就做好摘除器官的各种安排。然后,他们又必须得等到病人的心脏停止跳动,医生正式宣布其死亡后,再匆忙进行手术。死亡和移植之间的间隔越长,器官恶化的情况就越严重,接受移植的患者前景就越不乐观。

与此同时,默里和其他移植外科医生也目睹了很多昏迷过度的病人静静地躺在那里等待死亡,器官完好无损。默里抱怨道:"病人被送进急诊室时 [某种程度上] 已经死了,可能有用的肾脏却被弃置。"[28]

一些医生悄悄地自己来处理这件事情。他们会安排一名病人做好接受器官移植的准备,然后将另一个陷入昏迷过度状态的病人推进来。医生们会关掉呼吸机,等待死亡降临的明确信号:心脏停止跳动。然后,他们立即从"捐献者"身上摘除一个器官,移植给旁边活

生命的边界

着的病人。这一过程缩短了进行移植所需要的时间，但即使在这么短的时间内，器官的状态仍然可能会恶化。

在比利时，一位名叫盖伊·亚历山大（Guy Alexandre）的外科医生决定不再等这么久了。在准备肾移植时，亚历山大选择了一名重度脑损伤的病人，这名病人的大脑已没有任何活动的迹象。亚历山大没有关闭呼吸机，而是直接从这名病人体内摘取了一颗肾脏，随即移植到等待移植的病人体内。"捐献者"很快就死了，移植的肾脏也很快就开始工作。[29] 在接下来的 3 个月里，它一直在工作，直到这名病人死于脓毒症。

1966 年，亚历山大在一次外科会议上讲述了他做的这件事情。对于这种方式，在场的其他医生都不太能接受。英国外科医生罗伊·卡恩（Roy Calne）说："在我看来，如果病人还有心跳，那他就不能被视作一具尸体。"

会议主席要求进行一次举手表决，请同意亚历山大对生命与死亡的定义，并会以他为榜样的人举手。只有一只手举了起来：亚历山大自己的手。

1967 年，比彻在哈佛大学牵头成立了一个委员会，研究如何定义这种神秘的新状态。默里等一些医生加入了这个委员会，此外还有一名律师和一位神学家加入。委员会在成立后展开了长达数月的激烈辩论，最终达成一致意见并形成了一份报告，报告于 1968 年发表在《美国医学会杂志》上。这份报告为宣布病人死亡提供了一个新标准：脑死亡。[30]

该委员会认为，医学必须摒弃陈旧的生死观。心脏停止跳动曾是判定一个人死亡的可靠方法，因为心脏停止跳动会导致肺部和大脑衰竭。但现在，即便大脑受损严重到毫无希望的程度，医生们也有办法让心脏持续跳动。委员会写道："按照持续呼吸和持续心跳的古老标准，这些改善措施能够让人恢复'活着'的状态。"

比彻和他的委员会在这里所说的是"活着"的状态，而不是生命。委员会指出，重度脑损伤的人通常完全没有恢复意识的可能。如果医生确定他们的病人出现了"脑死亡综合征"——这是委员会当时的叫法——那么这时就可以宣布病人死亡。

委员会建议医生在宣布死亡之前进行一系列测试。病人脑电图的波形应该是平的；瞳孔应该处于放大且固定不动的状态；医生应将呼吸机关闭几分钟，以确认病人在不使用呼吸机的情况下不能呼吸。一些委员会成员认为，医生应该连续三天重复这些测试。但移植外科医生发现，对于那些等待接受器官移植的危重病人来说，这一延迟时间太长了。他们说服委员会的其他委员，把这个建议时间缩短到了一天。完成测试之后，医生就可以宣布病人死亡并关闭呼吸机。委员会建议医生一定不要颠倒这一顺序。他们警告说："否则，根据当前适用的严格法律规定，医生可能会被认定为关闭了一个还活着的人正在使用的呼吸机。"

委员会的报告非常具有指导意义，提出的建议对医生也很有帮助，但这份报告却严重缺乏论据。[31] 比彻和他的同事们只是断言，脑死亡综合征患者应该被宣布死亡，但并没有进行论证。他们提出了重大的问题，但没有给出解决方案。例如，当委员会宣称脑死亡综合征患者没有希望恢复意识时，他们的意思是意识是生命的本质吗？

报告发布时，这些空缺的部分都被忽略了。《纽约时报》将其放在头版头条，标题是《哈佛专家小组要求根据大脑的情况界定死亡》。[32] 美国和其他一些国家的医生很快就开始根据这一标准来评判生死。十年后，哈佛大学外科医生威廉·斯威特（William Sweet）回顾了1967年举行的那次会议。他认为那次会议非常成功，这一点毋庸置疑。他写道："脑死亡等同于人的死亡这一观念的必然逻辑如今已经得到广泛的认同。"[33] 人们对这一观念的认同逐渐落实成具体的法律条文。美国的各州开始采用同一个标准，这种标准后来被称为"全脑标准"：

按照法律的规定，一个人如果处于"包括脑干在内的全脑功能丧失的不可逆转的状态"[34]，那么他（她）就死亡了。

——

2013 年 12 月 9 日，一个名叫贾希·麦克马思（Jahi McMath）的小女孩住进了加州奥克兰市的一家儿童医院，准备接受一个治疗打鼾的小手术。外科医生切除了她的扁桃体和部分上颚，几个小时后她醒了，吃了一根冰棒。但一小时后，贾希开始吐血。四个多小时后，贾希的心脏停止了跳动。

贾希的医疗团队迅速展开了急救，她的心脏又开始了跳动，但医疗人员必须使用呼吸机来帮助她呼吸。第二天早上，医生对贾希进行了检查，确认她出现了严重的缺氧。她的脑电图上没有显示任何脑电波。她的瞳孔对光也没有反应。这时距比彻的委员会制定脑死亡标准已经过去了 45 年，贾希的医生此时认为她显然已经达到了这一标准。在接受那个灾难性的手术 3 天后，贾希·麦克马思被宣布死亡。

由于有呼吸机的帮助，贾希的肺部此时仍然充满了空气，心脏也还在跳动。一名社工来到贾希的家人身边，与这些仍然极度震惊又悲痛欲绝的家人一起讨论关闭呼吸机的问题。但这段时间以来与医务人员相处的经历让他们愤懑不平。在贾希开始吐血时，她的家人就曾向医务人员求助，但医务人员很晚才到。后来他们还发现，主治医生曾经在病历中特别注明，贾希的颈动脉异乎寻常地贴近扁桃体，医院的其他工作人员显然忽视了这一点。而现在，这名社工来让他们同意关闭呼吸机，这让贾希的家人觉得医院好像是在向他们施压，让他们杀死自己的孩子。他们不同意关闭呼吸机，还要求医院用饲管为贾希提供营养，避免贾希饿死。

但医院拒绝为已经宣布死亡的人提供照护。贾希的家人于是将医院告上了法庭，希望法庭支持自己的诉求。他们的律师克里斯托弗·多兰（Christopher Dolan）对法官说："原告是非常虔诚的基督徒，他们坚信，只要心脏还在跳动，贾希就还活着。"[35]

法官指派一名独立的神经科医生重新检查贾希的情况。他与医院的医生们得出了相同的结论：贾希已经死亡。她跳动的心脏并不重要，重要的是她大脑的状态。经过多次协商，贾希的家人和医院最终达成了协议。验尸官会出具死亡证明，然后医院会将贾希交给她的家人，并允许贾希一直戴着呼吸机。

利用在网上筹集的资金，贾希的母亲奈拉·温克菲尔德（Nailah Winkfield）将她送上飞机，同她一起从西海岸飞到东海岸的新泽西州，那里允许家庭出于宗教理由拒绝接受以脑死亡作为判定死亡的标准。

大多数医生和生物伦理学家对转移贾希这一举动深感沮丧。脑死亡**就是**死亡。一些专家暗示，将贾希的身体转移到新泽西州只是多兰在诉讼中为了从医院榨取钱财而炮制的伎俩。生物伦理学家亚瑟·卡普兰（Arthur Caplan）在接受《今日美国》采访时说："她的身体将开始腐烂。"[36]

当贾希在她的新医院安顿下来时，她已经有三个星期没吃东西了。在医生给她一根饲管补充食物后，她的情况开始出现好转。大多数被宣布脑死亡的病人会在几小时或几天内死亡，但贾希仍然活着，一周又一周，一个月又一个月。她十几岁的身体在生长。她开始来月经了。

2014 年 8 月，奈拉把贾希从医院转移到了一间公寓里。护士们24 小时照顾着贾希，奈拉也会搭把手，每 4 小时与护士们一起帮贾希翻身，以免她得褥疮。

与此同时，贾希的家人对奥克兰儿童医院提起了诉讼，指控他们造成了贾希的医疗事故。一家非营利性基金会花钱请了一名医生给她做了一系列新的神经学测试。多兰后来宣布，测试显示她大脑中仍有

　　　　　　　　　　　　　　　　生命的边界

一些区域是完好无损的，因为这些区域出现了血液流动的迹象。他要求加州的一家法院宣布贾希还活着，但法院再一次拒绝了他的请求。

三年后，《纽约客》记者蕾切尔·阿维夫（Rachel Aviv）造访了这间公寓。奈拉向阿维夫展示了她用手机拍摄的视频。在这些晃动不已的视频中，贾希移动了她的手指和脚趾，似乎是在回应她的家人和她的护士。当奈拉让贾希移动一根手指时，阿维夫看到它动了一下，看起来像是贾希一丝有意识的主观反应。

阿维夫后来写道："也有可能是我对这些难以辨别的微妙手势做了过度的解读。"

贾希·麦克马思一案引发了关于脑死亡含义的辩论。随着这场辩论越来越激烈，人们开始发现，这场辩论与关于堕胎的辩论有着惊人的相似之处。问题的核心在于，我们认为"活着"的含义是什么，更具体地说，人"活着"的含义是什么。

自 1967 年的哈佛会议以来，一些批评者一直在质疑脑死亡的逻辑，贾希的案例现在让他们的质疑格外引人瞩目。一个被诊断为脑死亡的人怎么会有一颗持续跳动多年的心脏呢？她怎么可能进入青春期，甚至对指令做出反应呢？加州的神经病学家艾伦·休蒙（Alan Shewmon）一直是脑死亡诊断的批评者，他应麦克马思家族的邀请，观看了他们的视频和测试。他后来表示："我确信，从 2014 年初开始，贾希·麦克马思就处于'微意识状态'。"[37]

休蒙推测，在贾希停止呼吸时，她的脑干出现了严重的损伤，但大脑皮层的一部分仍然完好无损。这就意味着虽然检查结果似乎表明贾希已经达到了脑死亡的全脑标准，但事实上她并未达到这一标准。休蒙推测，为贾希做检查的医生错过了她可以回应外界的短暂时刻。

哈佛大学儿科重症监护医师罗伯特·特鲁格（Robert Truog）则认为存在另一种可能。他认为贾希在 2014 年接受手术后确实达到了脑死亡的标准，但有可能后来就不再符合这一标准了。

"也许贾希的状况确实有所改善，在脑损伤这个范围内稍微好转了一点，"特鲁格在 2018 年写道，"这本身似乎并不令人意外。但这在概念上很重要，因为出现这种情况就意味着她越过了我们在生者与死者之间划定的清晰的法律界限。"[38]

其他医生则持更加怀疑的态度。他们对手机视频这类二手记录兴趣不大。尽管如此，对于贾希进入了青春期这一点，没人提出异议。这种转变是由大脑中的下丘脑控制的。下丘脑承担的诸多任务之一就是释放能够触发儿童身体发育成熟的激素。贾希进入了青春期这一点，意味着至少她大脑的这一小部分仍然完好无损。

下丘脑拥有独特的组织结构，因此可能比大脑的其他部分有更强的耐受性。下丘脑位于大脑的底部，专门有一组动脉为其提供营养。没人确切知道有多少被诊断为脑死亡的人拥有完好无损的下丘脑。但有迹象表明，这种情况并不少。

下丘脑负责的工作中有一项是管理身体的水盐平衡。为了达到这一目的，它会向血液中释放一种叫作血管升压素（vasopressin）的激素。这种激素"寿命"很短，释放后只能存在几分钟。为了保持体内盐分水平的稳定，下丘脑就必须对其进行监测，并稳定地供应升压素。如果中风或肿瘤造成下丘脑损伤，就会扰乱身体的水盐平衡，导致人患上尿崩症（diabetes insipidus），还会损害肾脏。

2016 年，一组研究人员分析了 1 800 名被诊断为脑死亡的病人的医疗记录。[39] 其中一些人患有尿崩症，这表明他们的下丘脑已经不再工作了。但有些人则没有出现这种情况。研究人员得出结论，大约一半的病人表现出下丘脑仍在调节盐分的迹象。

这项研究的作者之一是佛罗里达州立大学的生物伦理学家迈克尔·奈尔-柯林斯（Michael Nair-Collins）。[40] 他之后发表了一系列文章，抨击脑死亡的全脑标准。他认为，如果病人大脑的一部分（在这项研究中是下丘脑）仍在工作，那么这名病人就不可能是全脑衰竭。

奈尔-柯林斯指出，如果医生在检查后得出这一结论，那么问题就不在病人的大脑，而是在检查，或者也可能是在医生笃信的生死观。

我们身体的许多部分对维持身体平衡都至关重要，下丘脑就是其中之一。适当的水盐平衡很重要，适当的血压也很重要，血压是由肾脏释放的激素来调节的。[①] 人体还需要稳定的红细胞供应。当骨髓产生新的细胞时，脾脏会摧毁旧细胞。免疫系统承担着击退病原体的重要任务，同时也要与生活在我们体内的数万亿细菌建立良好关系，和平共处。进入人体的食物——无论是通过我们的嘴还是通过饲管，都必须转化为糖和其他营养物质。肝脏等器官还要把多余的糖储存起来，并在需要的时候释放，以保持血糖水平的稳定。

事实上，呼吸机之所以能发挥作用，唯一的原因就是它们能将空气输送到积极维持体内平衡的身体中。它们用泵输送到肺部的空气必须到达气管精细的分枝状末梢，在那里空气中的氧气可以被血管吸收。这些末梢的细胞会制造出一层覆盖末梢的油膜，让肺能够进行气体交换。

"呼吸机能让空气进出支气管的树枝状末梢，"奈尔-柯林斯说，"但剩下的工作必须由生物体自己来完成。"

他认为这些事实不仅适用于贾希·麦克马思，也适用于所有被诊断为脑死亡但借助呼吸机仍然可以呼吸的病人。从基本意义上来讲，上述所有情况中的病人的身体都是活着的。"这对脑死亡的影响是显而易见的，"奈尔-柯林斯说，"在机械通气的支持下，符合脑死亡标准的病人在生物学意义上都是活着的。"

在奈尔-柯林斯呼吁放弃脑死亡这一判断标准的同时，它的拥护者也在继续捍卫它的权威。达特茅斯医学院的神经病学家詹姆斯·伯纳特（James Bernat）在 1981 年发表了他的第一篇为脑死亡辩护的论文。[41]

----

① 作者此处的表述容易让人产生误解。血压并非只由肾脏分泌的激素调节，肾上腺也扮演着非常重要的角色。——译者注

33 年后，当贾希·麦克马思的案件引起全美关注时，伯纳特认为这并不是放弃这一概念的理由。问题不在于概念，而在于测试。伯纳特在 2019 年曾表示，贾希的诊断"可能是一例脑死亡的假阳性诊断"。[42]

但伯纳特指出，一次假阳性并不意味着脑死亡的整个概念是错误的。我们身体里的细胞是活的，但人的生命不是由组成它的各个部分来定义的。对人的生命来说，重要的是它的各个部分是如何整合在一起的，因为正是这种整合创造了新的复杂性水平。人的大脑整合了来自全身的信号，并发出指令来进行管理。这种整合产生了推理、自我意识，以及我们称为人的思维的所有其他东西。

伯纳特说："死亡是一种生物学上不可逆转的事件，这是所有生物的共同点。"[43] 对所有生物来说，死亡是其整体的消亡。如果一个微生物细胞内的这种整合被破坏，那么它就会死亡。伯纳特认为，对于人来说，还有更多的损失："虽然一个活的细菌细胞和一个人类个体最终都会死亡，但死亡的事件明显不同。"就人来说，生物体作为一个整体的基本功能是由大脑执行的。因此，脑死亡——永久丧失这些功能，是我们人类死亡的标准。

就在人们还在激烈争论的时候，贾希的身体状况开始恶化。[44] 三年来一直很健康的肝脏出现了衰竭，她还出现了内出血。探查手术（exploratory surgery）未能发现病源，她的身体状况继续走下坡路。贾希的医生建议再做一次手术，但奈拉·温克菲尔德认为，贾希已经承受得够多了。

奈拉后来说："我对她说：'我希望你知道，不要为我坚持。如果你想离开，那就离开吧。'"[45]

贾希于 2018 年 6 月 22 日去世，年仅 17 岁。她的母亲最后把她带回加州举行葬礼。在此之前，新泽西州一直将贾希视为还活着，所以此时又出具了一份死亡证明。以法律略偏狭隘的视角来看，贾希·麦克马思死了两次。

　　　　　　　　　　　　　　　　　　　生命的边界

第二部分

生命的特征

第3章

晚　餐[1]

　　一天下午，在塔斯卡卢萨（Tuscaloosa），我见到了海迪——一条雌性蟒蛇。3岁的海迪已经超过6英尺长，粗壮的身体比健美运动员的二头肌还要壮硕。它盘卧在一个玻璃纤维箱里，箱顶灯光照射下的鳞片犹如镶上深色钻石的手臂套筒，熠熠发光。

　　就在我深陷于海迪的魅力之中时，它的主人大卫·纳尔逊（David Nelson）扔给了它一只活老鼠。这只啮齿动物缩在箱子的角落里，一动不动。但起初，海迪似乎对它并没什么兴趣，转而凝视着纳尔逊。海迪已经两周没吃东西了，所以也许它是想看看今天的菜单上究竟有多少只老鼠。

　　纳尔逊接着去照料其他蛇了。过了一会儿，海迪懒洋洋地转向了它客人。它吐着分叉的舌头，突然向它的啮齿动物客人猛冲过去，原本懒洋洋的身体瞬间化作了一枚导弹。

　　海迪的上颚上长着一对长而弯曲的牙齿。当它的头触及老鼠的身体时，这对尖牙会插进猎物的身体。它盘起自己的身体，将老鼠裹了两圈。在海迪盘绕着的身体的上方，是粉色的小腿和一条翘在空中，没有毛的尾巴。透过盘绕的身体缝隙，可以看到老鼠白色的腹部仍有起伏，它还在呼吸。

这一幕或许会让人觉得海迪是要让这只老鼠窒息而死，但科学家们对此持怀疑态度，他们认为蟒蛇其实并不是通过这种方式杀死猎物的。它们的猎物死得太快了。科学家们猜测，蛇可能是将猎物身体中额外的血液推向它们的大脑，从而终结它们的生命的。它们的猎物经历的不是黑视（blackout），而是红视（red-out）。[2] 海迪的老鼠客人不到一分钟就静止不动了。

海迪松开盘绕的身体，慢慢爬走了，似乎已经忘了一度夹在它身体中间的那只死去的动物。过了一会，它又懒洋洋地爬了回来。它直接面朝这只死去的老鼠，再次张开了嘴。这一次，它用嘴巴两侧较小的牙齿咬住了老鼠的头。但与其说是它吞下了这只老鼠，倒不如说它自己的头像棘轮一样在沿着老鼠的身体一点一点地移动。它嘴里的腺体会分泌出唾液，让老鼠的身体变得润滑，这样它的下颌能更容易地滑过老鼠的肩膀和前腿。与此同时，它的下颌向两边伸展，进一步拓宽了食物进入的通道。海迪左右扭动着身体，将老鼠推入它的食道。就这么扭曲了几分钟后，它弓起身子，再次抬头向箱子的玻璃门望去。海迪为它的人类观众提供了与这只老鼠告别的机会，老鼠的后腿和尾巴逐渐从我的视野中消失了。

—

除了那些患有科塔尔综合征的人外，我们都很清楚自己还活着。我们的大脑也能感受和处理社交性的信息，这让我们拥有一种直觉，能够对我们人类同胞的生命做出迅速判断。对我们来说，识别其他物种的生命的难度更大，因为我们无法与它们交谈，也无法解读它们脸上闪现的笑容。但从婴儿期开始，我们就在利用思维捷径感知其他生命，比如，识别其他生命体内部产生的活动。孩子们在很小的时候就认识到，动物和人类一样，也是有生命的，但他们需要更长的时间才

生命的边界

能知道植物也有生命。这种直觉并不会在孩子们成长的过程中消失，但会被他们发展出的语言能力所掩盖。如果被问为什么蛇或者蕨类植物是有生命的，孩子们往往会提及生命的某项特征——所有生命体似乎都拥有的东西。换句话说，孩子是未长大的生物学家，而生物学家则是一群大孩子。

我之所以会遇到海迪，是因为我当时踏上了一系列的寻访之旅，拜访那些探索生命特征的大孩子。然而，当被问及生命有哪些特征时，这些生物学家往往会给出不同的答案。但有几项特征一直被反复提及：新陈代谢、信息收集、体内稳态、生殖以及演化。每项特征在不同物种中呈现出的形式可能极其丰富多样，但即便是在最极端的差异下，也有一定的统一性。

比如，我不能像海迪那样把一只老鼠整个吞下去，但我确实得吃东西才能活下去。蜂鸟要吸花蜜，长颈鹿必须得吃树梢上的嫩枝绿叶。红杉不吃其他生物，但某种程度上也要"吃"一些东西，哪怕只是空气和阳光。

这些食物随后会转化为功和身上的肉。海迪将它享用的啮齿动物大餐大部分都变成了肌肉、内脏、大脑和骨骼。红杉则把自己的食物变成了木头和树皮。这种转化被称为新陈代谢，源自希腊语 Metabolē，意思是"改变"。

我和海迪的引见人是这个世界上最了解蟒蛇新陈代谢的人——亚拉巴马大学的生物学家斯蒂芬·塞科（Stephen Secor）。我和塞科在他的实验室碰面，然后从校园驱车前往小镇东边，途经锡安希望浸礼会教堂和月亮温克斯小屋，最后到达我们今天的目的地——大卫·纳尔逊与妻子安珀的家。塞科开着他的丰田 RAV4 驶入纳尔逊家的车道时，纳尔逊正拖着一个蓝色的冷藏箱，朝改建的地下室走去。纳尔逊身型高大，有些秃顶，绿色 T 恤袖子里露出一片条纹文身。冷藏箱里装的是死老鼠，满满一箱。

我和塞科跟着纳尔逊进入地下室。地下室的混凝土地面上铺着黑色的海绵块。房间一侧的墙上挂着"美国海军陆战队""托尼·斯图尔特粉丝专属"等标识，标识前面的空地上放了一些举重器材，这些东西占了地下室一半的空间。而另一半空间里则堆满了玻璃纤维箱，这些箱子看上去就像侧翻的冰箱。每个箱子正面都有一扇玻璃门，透过这扇门，我看到了一条巨大的蛇。

纳尔逊和塞科开始把蛇从箱子里拿出来，让它们在手臂和脖子上爬行。"我的小宝贝儿怎么样了？"塞科看着这条叫蒙蒂的蟒问，"蒙蒂是条好蛇，对不对？"

"哦，是的。"纳尔逊温柔地说，听语气就好像是在说楼上他那只小博美犬。然而，对这些蛇，纳尔逊从未放松过警惕。他一直掌握着它们的动向，在他让这些蛇吐着舌头，舌头掠过他的眉毛时，他也是有把握的。"如果你放任它们，任何意外都可能要了你的命。"不知道是什么原因，纳尔逊说这番话时显得有几分开心。

塞科比纳尔逊矮几英寸，但仍然可以驾驭强壮的动物。他自小就在马场工作，原本以为自己会成为一名兽医。在大学里，他要承担的一项工作是帮助接受治疗的马匹从手术中恢复过来。

马有个不太好的习惯，会在麻醉剂还没完全失效时重新跃起，常常跌跌撞撞，然后摔断腿。塞科必须在它们能够站起来之前阻止它们跃起。他会用双腿夹住马的脖子，用胳膊压住马的头。刚开始时，麻醉剂的效果仍然比较强，马会因为头晕目眩无法反抗他的控制。之后，等它们有了足够的力量，就可以甩开他了。

"它们能把我甩开的时候，就有足够的力量站起来了。"塞科向我解释说。正是在那些与马角力的日子里，塞科改变了职业规划，决定放弃成为一名兽医，转而进了研究生院，研究蛇。

纳尔逊平日里在当地一家汽车零部件厂工作，担任产品经理。工作之余，他的身份则是一名养蛇人。纳尔逊自小就在亚拉巴马州的树林里抓蛇玩，后来有了自己的房子，他就开始在室内养蛇。他学会了如何给蟒蛇洗澡。他还掌握了一种可以快速杀死老鼠但又不会让它们遭受痛苦的方法：把醋和小苏打混合在一起，然后把产生的大量二氧化碳注入冷藏箱中。他还学会了如何给一条正在蜕皮的蛇擦洗身体，让蛇皮能光滑完整地脱落下来。除了照顾蛇，他还在图片类社交媒体Instagram上发布这些蟒和巨蚺的照片，把它们带到教会开办的圣经学校，教导孩子们不要讨厌蛇。"这就是我晚上要做的事情。"他一边说一边环视着他那蜿蜒盘旋的王国。

安珀来到地下室，看纳尔逊给蛇喂食。她有一头浅金色的头发，戴着一对镶着水钻的耳环。她告诉我，最开始时，她很不情愿做养蛇人的妻子。但有一次，纳尔逊的一条蛇生病了，她就转变了态度。身为护士的安珀帮助丈夫照护这条生病的蛇，让蛇的鼻孔保持通畅，使它能够呼吸。随着这条蛇逐渐恢复健康，当安珀在客厅里看电视时，它会心满意足地盘在她的大腿上。"我想，这可能激发出了母爱模式。"她说。

通过一位朋友的介绍，塞科结识了纳尔逊。当时，塞科养的一些蛇由于长得太大，无法再用于研究了，所以他希望能给这些蛇找到一个好的归宿。于是，纳尔逊在他的地下室里又安装了一堆新箱子，安珀则把塞科取的那些AL1、AQ6之类没有人情味的代号换成了海迪和萨姆森这样的新名字。

安珀对塞科所有的蛇都喜爱有加，只有一条除外。她给这条蛇取名路西法（Lucifer）。"你应该听过这个名字，知道它的渊源。"她说。①

在塞科和纳尔逊让蛇绕着他们的脖子爬行时，他们也对每条蛇的个性做了评价。蒙蒂和其他小伙伴相处得很好。有些蛇最喜欢待在

---

① 路西法是一个宗教和传说人物，后被广泛用于指代魔鬼和罪恶。——译者注

黑暗的角落里。还有些蛇已经知道如何滑开箱子的门了，喜欢爬到吊扇上。德莉拉是一条白化的雌蟒，已经有几个月没进食了。纳尔逊说："它每年有几段时间都会处于这个状态，之后它会猛烈攻击它的食物。"

纳尔逊又重新开始干活了，忙着喂他的蛇。今天的食物是老鼠，而在有些日子里则是兔子。"如果是兔子，时间安排上就更轻松了，"纳尔逊说，"给它们一只兔子，我的活儿就完成了。"有时，他会想办法弄到断奶的小猪仔，喂给他最大的蛇吃。在野外，蟒蛇可以轻松吃掉相当于其一半体重的猎物。据记载，它们曾吞下过整只鹿和短吻鳄。

鹿和短吻鳄等食物会被蟒蛇用来制造燃料。它们制造的燃料和我们人制造的是一样的，为安第斯山脉山顶上生长的地衣和太平洋海底爬行的螃蟹提供动力的也是同样的燃料。这种燃料含碳、氢、氧、氮、磷元素，被称为 ATP（三磷酸腺苷）。蛇和其他动物会利用食物中的糖和吸入的氧气在细胞内制造 ATP。植物则利用光合作用来制造糖，然后再用糖来制造 ATP。一些在阳光充足的海面上随海水漂浮的细菌会利用阳光来制造 ATP，而在地下深处，其他一些种类的细菌则利用储存在铁原子中的能量来制造 ATP。

一旦生命体积累了足够的 ATP，它们就可以将其用作燃料，通过使其化学键断裂，释放出其中的能量。海迪绕着它的箱子爬行时就用到了这种能量，为肌纤维的收缩提供动力。海迪通过分解 ATP 分子来驱动它的每一次心跳。它的肾脏也需要 ATP 才能将血液中的毒素排出。而它最大的一笔燃料开支则是用在了保持细胞完好无损上，这项工作需要消耗大量的 ATP。

细胞需要储备大量的钾离子以便随时取用，这是细胞进行许多必要反应所必需的。但由于细胞内积累了太多钾离子，所以会有一股强大的力量试图把这些离子"推"出细胞，使它们待在细胞的周围。然而，如果细胞一味地纵容自己的钾离子流失，细胞就会死亡。细胞使用了镶嵌在细胞表面的分子泵来解决这个问题。每个分子泵由 3 个彼此锁定的蛋白构成，细胞就用这种分子泵把更多的钾离子转移进细胞内。就像排水泵需要连接发电机一样，分子泵也需要 ATP 来提供动力。分子泵每转移进两个钾离子，就会消耗一个 ATP 分子。这些分子泵必须昼夜不停地运转，所以这一过程无疑需要消耗大量的 ATP。

海迪的钾泵与其他生物的钾泵一样，仅能使用几天，然后就开始出现磨损。在这些钾泵出现缺陷后，海迪的细胞就必须将其拆解掉，并制造出新的钾泵来取代它们，这项任务需要消耗更多的 ATP。

建造新钾泵的指令就编码并保存在海迪的 DNA 中。这种分子有个很恰当的名字——脱氧核糖核酸。它由两条盘绕在一起的长链组成，就像一个拥有数十亿级台阶的微型螺旋楼梯。蟒蛇的 DNA 中有 14 亿级这样的"台阶"，而我们人类有超过 30 亿。（如果就此得出结论，认为我们在基因上比蟒蛇优越，那么请注意，洋葱有 160 亿级这样的"台阶"。）每级"台阶"都由两部分构成，这两部分分别从两条长链上延伸出来，被称为碱基。碱基有四种，对应于 A、C、G、T 四个字母，分别是腺嘌呤、胞嘧啶、鸟嘌呤和胸腺嘧啶。建造新分子的指令就是用碱基字母的序列拼写的。

钾泵的 3 个蛋白由它们各自的 DNA 片段编码，也就是说，这些蛋白都由各自的基因进行编码。为了制造新的钾通道，蛇的细胞会将某些酶和分子移动到钾通道基因的起始处，然后一次读取一个碱基，产生一条较短的单链核酸——mRNA。细胞中漂移的"蛋白质合成工厂"很快就会结合到这种分子上，读取它的碱基，制造出相应的蛋白质。在制造钾通道的每个阶段，细胞都要消耗很多 ATP。

海迪不断制造出新的蛋白来取代旧的蛋白。不仅如此，它的身体也在不断生长。与 3 年前孵化出来时相比，海迪现在的体型已经是那时的 3 倍了，而且只要它每隔几周能吃到一次东西，它一生都会不断生长。这个过程无疑需要消耗更多的燃料。仅仅是制造一个新的DNA 拷贝，一个细胞就要分解掉数十亿个 ATP 分子。

即使是为了获取燃料，海迪也必须要燃烧燃料。向老鼠猛扑过去，让它们窒息而死会消耗它的 ATP。它还需要更多的 ATP 来制造消化酶，而这些酶自己也需要 ATP 才能将老鼠身上的分子分解掉。所有生命体都面临这样的困境：它们要以新陈代谢为代价才能继续进行新陈代谢。但像海迪这样的蛇所面临的困境是其中最极端的一种情况。蟒、蝰、响尾蛇以及许多其他种类的蛇一直都过着饥肠辘辘、偶尔饱餐一顿的生活。它们会连续几周不进食，在捕获猎物后将其整个吞下去，然后在接下来的几天里尽可能多地从猎物身上获取 ATP。

20 世纪 90 年代初，斯蒂芬·塞科对这种生命体施展的魔法产生了极大的兴趣。当时，科学家们对蛇如何消化它们的猎物知之甚少，甚至都没有人测量过蛇在这个过程中消耗了多少能量。塞科决定破解这个谜团，他在莫哈韦沙漠抓到的角响尾蛇成了他的第一种研究对象。他把这些抓到的角响尾蛇带到了加州大学洛杉矶分校，他当时在该校做博士后研究。塞科给这些蛇喂老鼠吃，然后把它们都放进一个箱子里。

塞科利用这个特殊设计的箱子来测量蛇的新陈代谢率，也就是测量它们每小时会消耗多少能量。这种测量方法的原理基于一个事实：蛇每消耗掉一些 ATP，就需要制造出同样多的 ATP。而制造 ATP 需要氧气。每当塞科箱子里的蛇吸入一口气，它周围空气的含氧量就会下降。塞科不时地打开箱子侧面的旋塞，插入注射器，抽出一些空气。使用注射器中空气的含氧量，就能计算出箱子里的蛇在此期间消耗了多少 ATP。

塞科告诉我："两天里，我得到了一些数据，但这些数据完全说不通。"

在我们吃完饭消化食物的过程中，我们的新陈代谢率会攀升至

生命的边界

50%。大多数其他哺乳动物也差不多是这样。但塞科的响尾蛇的新陈代谢率跃升了大约 7 倍。这一结果打破了动物消化过程中新陈代谢率保持了很久的记录。然而，当他把响尾蛇换成蟒蛇时，这一刚刚创下的记录又迅速被打破了。当他给蟒蛇喂食的老鼠的总重量达到蟒蛇自身体重的四分之一时，它的新陈代谢率上升了 10 倍。塞科继续给他的蟒蛇喂老鼠，直到它们吃下的老鼠的总重量达到其自身的体重。这时，它们的新陈代谢率飙升了 45 倍。相比之下，当一匹马从静止状态转为全速奔跑时，它的新陈代谢大约会增加 35 倍。但马不可能一直全速奔跑，疾驰一段时间之后它就会精疲力竭。而当一条蟒蛇消化一餐吃下的食物时，它可以像一匹赛马一样，在长达两周的时间里一直燃烧燃料。

现在，摆在塞科面前的是一个更大的谜团：这些蛇能够如此显著地加速自己的新陈代谢，它们是怎么做到的？它们到底在用这些能量做什么？谜底要从胃开始揭晓，因为胃会制造胃酸（盐酸），从而开始分解食物。由于我们人已经养成了规律饮食的习惯，所以我们的胃每天都会分泌几次胃酸。但处于禁食状态的蟒蛇根本不会分泌胃酸。蟒蛇胃里的液体这时是中性的，就像水一样。在我见到海迪的那天，就在它刚吞下它的第一只老鼠后不久，它的胃立刻就收到了信号，开始分泌大量新鲜的酸液。当老鼠的头到达它的食道末端时，它的胃已经准备好开始溶解食物了。

分泌大量酸液只是海迪在吞下老鼠后经历的诸多变化之一。它全身的器官也开始生长，以便应对这顿大餐带来的冲击。塞科发现，蟒蛇的小肠在一夜之间质量翻了一番，其细胞上指状突起的长度延长了 6 倍。当被消化掉一部分的老鼠到达肠道时，它们已经准备好吸收葡萄糖、氨基酸和其他营养物质，并将这些营养物质输送到血液中了。肝脏和肾脏也会提前为自己的工作做好准备，在开始储存营养物质和排出废物之前，它们的重量也会增加一倍。心脏增长了 40%，以便将多余的糖和其他营养物质送至身体各处。

这些发现无疑让塞科更加困惑了。对于蛇是如何让自己的身体发生如此剧烈的变化的，塞科无法给出一个好的答案。从基本的解剖学和生物化学的角度来看，蛇与其他脊椎动物没什么不同。它们的肝脏、胃和心脏的运作方式与我们人类非常相似。它们与我们拥有许多相同类型的细胞，都有神经元，都有杀死病原体的免疫细胞。它们的许多基因与我们的基因也几乎一样，这些基因编码同样的激素、神经递质和酶。塞科猜测，蛇之所以能够让自己发生如此剧烈的变化，不是因为它们拥有不寻常的基因，而是因为它们以不寻常的方式使用了自己的基因。它们的基因乐团和我们的基因乐团使用的乐器是一样的，但它们读的是另外一份乐谱。

当细胞必须执行某项任务时——无论是对抗病毒还是分泌骨基质——它们就开始读取某些基因，并根据这些基因的序列来制造蛋白质。其中一些基因编码的蛋白起到了主开关的作用：它们结合到其他一些基因上，将其打开。这些基因中的某一些又编码了更多的主开关。一个这样的调节蛋白最终可能会触发数百个基因，这些基因会制造出很多种类的蛋白，共同执行一些复杂的任务。塞科提出了一种假说，认为蛇是以一种特殊的方式使用它们的调节蛋白的。要验证这一假说，他必须追踪蛇的基因的活性。在 21 世纪头几年，当塞科开始四处寻求帮助时，遗传学家们告诉他，他是在做傻事。

"我问他们：'要研究这个问题该怎么做？'"塞科回忆说，"他们会说：'你做不到。这非常耗时，需要花很多很多年，你必须得把它们一个一个地提取出来研究，还要搞清楚它们具体是哪一个基因。'"

2010 年，塞科终于找到了一个没给他泼冷水的人：遗传学家托德·卡斯托（Todd Castoe）。当时，卡斯托正在科罗拉多大学医学院对爬行动物的一小段 DNA 进行测序。塞科和卡斯托合作组建了一支研究团队，对缅甸蟒的整个基因组进行了测序。完成这项工作后，他们就有了指导整个研究项目的"目录"和"地图"。现在，他们可以在蟒蛇为了消化食物而"变身"时追踪其基因活性了。

卡斯托和塞科开始从蟒蛇身上采集肌肉等组织的样本，"钓"出细胞正在制造的mRNA。使用这个"目录"，他们找到了蟒蛇基因组中与这些mRNA相对应的基因。塞科和他的学生们比较了蛇在进食前后的基因活性，寻找它们进行新陈代谢引起的变化。这些研究人员预计，可能会有二三十个基因被激活。但实际上，蛇的身体所发生的变化远远超出了研究人员的预期。

这些科学家发现，在吞下一只老鼠后的12小时里，蟒蛇开启了全身器官中的数千个基因。许多基因都是一些在演化上非常古老的信号通路的一员。这些信号通路并非蟒蛇所特有，也存在于其他许多动物物种中。在蛇进食后活跃起来的这些信号通路中，有一些被许多其他动物用来让自己长身体，有一些被用来应对应激反应，还有一些则被用来制造能够修复受损DNA所需的蛋白质。

生长的信号通路基因会让蛇的器官增大，为代谢一餐吃下的大量食物做准备，但在几个小时内制造数十亿个新细胞也可能会对蛇造成伤害。它们的细胞生长得太快，所以也会产生一些形态异常的蛋白，从而产生应激压力。在细胞内四处移动的带电蛋白分子可能会损害细胞的DNA。蛇必须修复这种损伤，这项任务又进一步增加了消化的代谢成本。

海迪会在接下来的一两个星期里消化今天这一餐。总的来说，仅为消化这只老鼠，海迪就要消耗掉老鼠体内约三分之一的能量。短时间内燃烧大量的燃料会让海迪的体温升高。用红外夜视仪观察，这时的海迪看上去就像是活老鼠一样的温血动物。但这并不是在浪费能量，因为它的新陈代谢之火仍然把老鼠三分之二的能量留给了自己。它涌动的血液中含有大量脂肪酸，浓度高到足以致人死亡的程度。它全身的细胞会吸收它从猎物身上获取的钙、氨基酸和糖。它会长出更多肌肉，让骨骼生长，储存新的脂肪。

在大卫·纳尔逊投喂另一只老鼠之前，为了活下去，海迪会复原它为消化食物而迅速制造出的所有肉质设备，也就是那些增大的器官。它借用的那些奇怪的基因网络将会关闭。它的器官也会缩回原来的大小。它肠道里的细胞会收回它们的"触手"。在海迪进入另一个漫长的禁食期时，它会把老鼠剩下的所有东西都排泄出来——仅仅是一团毛发。这种极端的周期循环中蕴含着一个简单的逻辑，但从我们自身的经验来看，这样的逻辑是难以想象的，甚至对接受过系统科学训练的科学家来说也显得很奇怪。塞科有时会将处于禁食期的蛇的肠道照片拿给病理学家看。塞科会指着肠道中收缩的"手指"询问他们的看法，想知道他们是怎么看待这条蛇此刻正在发生的变化的。

"你的动物病了。它们快死了。寄生虫正在侵害它们的肠道。"他们会说。

"不，它们很健康。"塞科会坚持说。

塞科会告诉这些病理学家，他和同事只是在研究一种很与众不同的新陈代谢，但这样的解释显然无法说服他们。"他们只是摇了摇头，就把我打发走了。"塞科说。

就在我和塞科准备告辞时，海迪已经静止不动了，就像一根用生物原料制成的绳索，松散地盘绕在一起，闪闪发亮。我几乎看不出海迪吞下的老鼠这时在什么地方，它的身体上并没有明显的凸起，但此刻，那些老鼠只能接受自己会被消化殆尽的命运。很难想象它在新陈代谢上堪比一匹赛马。几天后，当海迪吸收完它们的营养物质后，它的新陈代谢率又会下降。它仍然需要燃烧一些燃料来维持心跳，用泵将带电离子送进和送出细胞，这样它才能长得更长一点。它的基础代谢率永远不会降到零，但会非常接近于零。

第4章

黏菌数学家[1]

苏巴什·雷（Subash Ray）拉开抽屉，拿出一张污迹斑斑的纸。看上去就好像是他把咖啡洒在了一张便利贴上，然后把它扔进了抽屉——而不是垃圾桶——几天没管它。现在，雷要对它施展魔法了。

"我们将把它送进生命之春。"他说。

雷长着一张圆脸，戴着方框眼镜。他穿着牛仔裤，搭配了一件带有一只小小黑鹰标志的马球衫。他讲话轻声细语，有时我甚至听不太清他的解释，不得不让他再说一遍他在做什么。拜访雷和他的同事就是我此次纽瓦克之行的目的，雷在位于纽瓦克市的新泽西理工学院攻读博士学位，研究这些污点以及它们会变成什么。

雷伸手从高高的架子上取下一罐干燥的藻类提取物——琼脂。他把这罐琼脂放在实验室的椅子上，就像在超市里购物一样，这把椅子就是他的购物车。他把那张污迹斑斑的纸也放在了椅子上，但为了能妥善保存，雷已经把这张纸放进了一个透明的玻璃杯中。他还找了两个烧杯和一个家用搅拌器。

椅子装得满满当当，雷把它推到实验室的另一个房间里。我和雷的导师西蒙·加尼耶（Simon Garnier）一起跟在他后面。这位留着红胡子的生物学家是法国人，穿着连帽衫，平时喜欢打欧洲手球——

"就像陆地上的水球"，他徒劳地向我这个困惑的美国人解释说。

雷走到一个水槽前，给一个电热水壶加满水，打开开关。他把烧杯放在实验台上，等水烧热后倒进去，加满。在他搅拌琼脂时，他的搅拌器不断地碰到烧杯壁，叮当作响。搅拌好之后，他把混合物倒入了一个空的培养皿中。

等到琼脂冷却，凝固成一层牢固的黏性物质后，雷拿起一把镊子，从玻璃杯中取出那张污迹斑斑的纸，将它放入培养皿中的琼脂上，用镊子压实，然后在上面喷了点水。

雷随后把水槽旁的那把椅子移到了一个没有窗户的房间里，房间里非常闷热而且很潮湿——这是许多生命体都喜欢的生长环境。房间靠墙的位置摆着几张桌子，上面有几个很大的白色箱子。雷转动一个箱子上的旋钮，向上打开了它的门。我看到箱子里有两条并列的金属轨道，轨道上安装了三台配有闪光灯的相机，镜头朝下。雷把装有那张纸和黏性物质的培养皿放在了其中一台相机的下方。

加尼耶坐在一台笔记本电脑前，开始输入命令。过了一会儿，箱子里泛起了一片白光。接着，相机的闪光灯闪了一下。当箱子再次暗下来时，我们离开了房间。房间里的相机会继续执行加尼耶输入的命令，每隔 5 分钟为培养皿拍一张新照片。

那天晚上，加尼耶带我和他的几位生物学家同事一起出去吃晚饭。我们沿着雷蒙德大道往前走，街上随处可见一种生命——人，以及他们的建造物，建造物的种类多种多样：小美甲店和大型仓库，空荡荡的待出租装饰艺术风格建筑，还有挤满了等车乘客的公交车站。我们来到当地一家精品小餐厅，围坐在一张木桌旁，在嘈杂喧闹声中大声讨论着生命体这个话题。当时在场的所有生物学家的研究工作都是基于这一主题展开的。他们谈到了只有逗号大小的线虫的神经系统，还谈到了斑马鱼透明的身体。与此同时，加尼耶实验室里的相机整个晚上每隔 5 分钟就会闪一次光。

　　　　　　　　　　　　　　　生命的边界

第二天一早，我又来到了位于中央国王大楼的实验室。我们再次进入闷热潮湿的照相室，观察镜头下的培养皿。污迹消失了，取而代之的是一个银币大小、柠檬色的斑点。斑点的"触手"已经伸到了纸的边缘，爬满了整个培养皿。看到这样的变化，加尼耶笑了。

"嗯，它们还活着，"他说，"它们没怎么动，但还活着。"

在仔细观察这个小点时，我发现它本身其实就是一团小小的"触手"，从培养皿的中心向外伸展时，这些"触手"一次又一次地分叉。就在我低头看着这堆"触手"时，它们依旧在分叉，但分叉的速度很慢，而我的观察时间又很短，所以我根本察觉不到。

雷施展魔法，赋予生机的生物叫多头绒泡菌（*Physarum Polycephalum*），又被称为多头黏菌（multiheaded slime mold）。在纽瓦克的大街上是找不到黏菌的，但在城外几英里处的森林保护区里——鹰岩自然保护区和大沼泽国家野生动物保护区——可以寻觅到它们的身影。在温度适宜的潮湿夏日，你可以在保护区内腐烂的树木上，或者蘑菇的伞盖上，发现它们织就的金丝网。在地球上任何一片有森林生长的地方，你几乎都可以找到黏菌——绒泡菌或者数百种黏菌中的其他某一种。它们奇特的外表激发了人们的直观感受，一些黏菌获得了诸如"狼奶""狗的呕吐物"这样直白的名字。

经过一个夏天的生长，绒泡菌开始产生孢子，为越冬做准备。除孢子外，黏菌的其他部分在冬天会变成无生命的黑色空壳，只有孢子能够在寒冷的环境中生存，等春天来到，它们又会开始生长。但如果这一循环被灾难打破——比如发生干旱或者树木倒塌使森林的地面暴露在强烈的阳光下，绒泡菌就会采取紧急措施。它的整个身体会完全脱水，变成一种毫无生气的易碎形态，称为菌核。菌核脱落成小碎片，随风飘扬。如果其中一块小碎片落在了潮湿的土地上，它就会复活。黏菌研究人员只需在一张滤纸上放一小块活的绒泡菌，然后让它完全变干，就可以得到菌核。他们可以将菌核储存几周甚至几个月。

一旦他们把菌核放入装有琼脂的培养皿中，他们就可以让黏菌再次焕发活力，迎来生命的春天。

相机的闪光灯划破夜的黑暗，以雷的黏菌为主角，拍摄了一部定格电影。为了让人们了解这个过程，这部电影以倍速展示了污迹如何变成金色，然后不断膨胀，离开纸的边缘，在琼脂上散布开来。当天晚些时候，纸的背面也出现了黏菌不断伸展的"触手"。现在，黏菌爬满了整个培养皿。

它的运动不是重力作用于被动物质的结果。黏菌并不是像水滴一样扩散开来的。它正在展示的是生命的一项特征：它正在使用自己储存的燃料、自己的蛋白质、自己的基因中编码的逻辑——所有生命体中都有的组合，来决定下一步要做什么。它有专门的决策中心。它在狩猎。

与加尼耶一起工作的研究生和博士后团队是一支兼收并蓄的队伍。有些成员到纳米比亚给狒狒戴上项圈，追踪它们的行动，记录它们的叫声。他们正在研究狒狒是如何通过交换彼此的位置信息来维系群体联系的。还有一名学生在巴拿马研究行军蚁，想弄清楚数以百万计的行军蚁如何利用它们的身体建造出一个活的巢穴，其中还包括为它们的女王打造的房间。说到决策，人们一般会想到人类的大脑。人类的大脑丰满、复杂，还可以用文字来表述对未来的看法。我们人类的大脑比蚂蚁的脑大几万倍，而蚂蚁可以用它们自己的身体共同建造一座房子。压根就没有大脑的黏菌更是提炼出了生命决策的精髓。"我真正喜欢的是，它回到了智力的起源。"加尼耶告诉我。

在森林里，黏菌搜寻的目标是细菌和真菌的孢子。它将"触手"伸向原木和土壤，直到找到猎物。当黏菌爬过猎物的身体时，它会分泌出一种能够切割细胞的酶，然后将切割的细胞碎片"一饮而尽"。"这是一个移动的胃。"加尼耶说。

当雷为了向我展示而让他的黏菌复活时，它开始寻找食物，但雷并没有给它提供食物让它寻找。为了让我看看黏菌是怎么发现它的下一顿饭的，雷做了一个新实验。他把三块煮熟的燕麦放在琼脂上，摆成三角形。

雷说："如果你会煮燕麦粥，你就能把黏菌养大。"我抬头看了一眼，注意到实验室架子上摆着一排排桂格燕麦片的罐子。罐子上的白发老人低头看着这些科学家，脸上挂着殖民地时期的微笑。

"它们喜欢传统燕麦片。"加尼耶说——**它们**是指黏菌。更准确地说，它们喜欢生长在传统燕麦片上的细菌。看来，早餐都不是无菌的。

雷在培养皿中间放了一团活的绒泡菌。它无法看到燕麦片在哪里。但它可以尝到糖和其他分子的味道，这些从食物中释放出的分子通过琼脂进一步扩散。当黏菌的"触手"从中心向外伸展时，这些"触手"表面的蛋白就会接收这些信号。然后，它利用一套简单的规则来寻找食物。

每只"触手"移动时，它会比较其路径上各个点的分子浓度。如果浓度下降，黏菌就会停止向那个方向伸展"触手"。如果浓度上升，它就会继续探索。雷把黏菌放到培养皿中间几个小时后，它的"触手"已经伸到了放着燕麦片的三个地方。当它们渗入燕麦片时，燕麦从灰白色变成了金色。

由于黏菌没有大脑发出指令，所以科学家们通过黏菌可以了解到一个非常关键的信息——生命的决策能力是如何从生物化学中显现出来的。科学家们发现了黏菌使用的一整套简单又巧妙的生存规则。为了让我见识一下黏菌诸多高超技艺中的一项，雷又做了一个实验，这是加尼耶之前的一名学生于 2012 年首次做的实验。他为黏菌建造了一个死胡同。

这个死胡同建造起来很简单。雷用剪刀把一张醋酸纤维素膜剪成这样的形状：⌴。他把剪好的醋酸纤维素膜放在培养皿中。黏菌只能在潮湿的表面爬行，所以干燥的醋酸纤维素膜对它们来说就像一堵高高的砖墙一样，难以逾越。

然后，雷在死胡同的开口处放了一勺绒泡菌。在开口处对应的另一侧，他滴了一滴糖水。死胡同的墙就位于这两者之间，但糖可以偷偷地从它下面溜出来，通过琼脂扩散，用它的香味挑逗黏菌，引诱黏菌进入陷阱。

第二天，当我们回来查看黏菌的情况时，它已经逃出了死胡同。在看这部通宵拍摄的关于黏菌出逃的电影时，我感觉自己就像是一个正在调查越狱的警卫。黏菌循着糖的踪迹进入死胡同，撞上了醋酸纤维素膜的墙。但它没有放弃，继续搜寻。它向两边都伸出了"触手"。左边的分支最终触到了墙角，之后开始折返，离开了陷阱。然后，它们转过来，沿着墙的外侧，朝着糖爬去。

黏菌利用一种没有大脑的记忆实现了这样的逃逸。它们不断伸出探测"触手"，如果"触手"没有探测到关于食物浓度的递增信号，它们就会回缩。这些"触手"在回缩时，会留下一层黏糊糊的物质。绒泡菌能够觉察到自己的踪迹，然后引导自己的新"触手"绕开它们。这种外部记忆可以让黏菌克制自己对糖的迷恋。所以它可以走出死胡同，探索新的路径来寻找食物，而不是将自己多头的脑袋撞到醋酸纤维素膜的墙上。我们需要用大脑来记忆，但绒泡菌没有这样的器官。虽然没有大脑，但绒泡菌储存了它在外部世界种种经历的记录。

黏菌已经解决了远比这更复杂的问题。例如，日本科学家中垣俊之发现，黏菌可以找到通过迷宫的最短路径。他将一块塑料板切割成许多通路，然后把切割好的塑料板放在一层琼脂上，黏菌的迷宫就搭建好了。中垣俊之和他的同事在迷宫的一个开口处放了一片覆盖着黏菌的燕麦片，在另一个开口处放了更多的燕麦片。黏菌在迷宫中不断伸出新的"触手"，探寻每一条可能的路径。当黏菌在迷宫的另一个开口处找到燕麦片时，它就开始同时享用这两处食物，并缩回那些走

生命的边界

入死胡同的分支。最终，黏菌精简了伸出的"触手"，仅剩一只"触手"的黏菌绘制出了一条穿越迷宫的路线。在中垣俊之设计的这个迷宫中，黏菌寻找食物的可行路线一共有四条。中垣俊之发现，黏菌最终总会找到那条最短的路线。

一些科学家还给黏菌出了另外一些难题，这些难题与它们在森林地面上的生活更加息息相关。在自然界中，黏菌不是在迷宫的两端找到食物的，它们可能会遇到散布在原木上的成片的食物。如果黏菌能一次性吃掉所有食物，它们就会长得更快。但是，为了能接触到所有食物，它们必须付出建造"触手"的新陈代谢成本。如果建造过多的"触手"，它们消耗的能量将超过它们从食物中获取的能量。

事实证明，黏菌非常擅长找到这一问题的有效解决方案：它们能找出同时通往几处食物的最短路径。中垣俊之和其他黏菌专家做了许多实验，想了解黏菌究竟是如何做出这些复杂选择的。他们把燕麦洒在培养皿上，观察绒泡菌如何找出解决方案。它并没有形成单一的之字形通路，而是构建起一个网络，以最短的可行路线将所有燕麦连接起来。在一项实验中，科学家们制作了一张美国地图，用燕麦片代表那些最大的城市。黏菌这次的作品看起来非常像美国州际高速公路系统。此外，黏菌交出的作品还包括东京地铁线路和加拿大交通网络的近似图。让数学家们感到不安的是，黏菌能在几天内解决这类问题，而他们为此忙活了几个世纪。

还有一个问题难倒了一代又一代的数学家，那就是背包问题。假设你正在为徒步旅行做准备，你必须决定要在背包里装什么。有许多在旅行中基本都用得上的物品可供选择，但你也得注意所选物品的重量，因为你的背包不可能装下无限多的东西。你可以在背包里塞一副扑克牌，这样如果在山上遇到下雨的早晨，你就可以用扑克牌来打发时间。但你肯定不会仅仅为了不让自己感到无聊，就把一副 40 磅重、用皂石雕刻的国际象棋塞进背包。数学家们对这一选择问题加以提炼，概括成了一种纯粹的抽象形式。你拥有一组物品，其中每件物品都有自己的价值和重量。现在，你必须找出限定重量范围内价值最高的物品组合。

许多企业都面临着现实版的背包问题。航空公司要解决的现实问题是，飞机应该如何装载才能用最少的燃料运输一批总价值最高的货物。金融公司在面对具有不同回报潜力的项目时，则致力于寻找其中的最佳投资组合。然而，仅凭一个简单的方程式是无法解决背包问题的。对此，研究人员著书立说，提出了许多策略，旨在让我们更接近最佳解决方案。

黏菌可能不会写书，但它们可以解决背包问题。法国图卢兹保罗·萨巴蒂尔大学的科学家奥黛丽·杜苏图尔（Audrey Dussutour）和她的同事将这个问题翻译成了对黏菌很重要的术语——食物，让它们得以施展自己的才华。为了尽可能长得更快一些，绒泡菌需要蛋白质和碳水化合物。结果显示，绒泡菌所需蛋白质和碳水化合物的最佳配比是 2:1。

杜苏图尔让绒泡菌在两小块食物之间做选择，这两小块食物都很不理想。其中一块食物的蛋白质和碳水化合物比例是 9:1，另一块是1:3。如果黏菌触到第一块食物，只吃这一块，那它就无法摄取足够的碳水化合物。反过来，如果只吃第二块食物，它又会缺乏蛋白质。

面对杜苏图尔提供的这两个糟糕选择，黏菌找到了解决办法，将其变成了一个不错的选择。它长出"触手"，不断搜索，找到这两小块食物。最终，黏菌构建的网络瓦解，形成一条连接两小块食物的高速公路。但只是将这两块食物等比例混合在一起并不能给黏菌提供理想的饮食。因此，比起富含碳水化合物的那块食物，黏菌吃了更多富含蛋白质的食物。通过这种方式，黏菌使自己摄取的蛋白质和碳水化合物接近 2:1 的理想比例。杜苏图尔还做了其他一些相关实验，为黏菌精心搭配了多种食物，而黏菌总能找到平衡这些食物比例的办法。

换句话说，它们知道如何在自己的背包里装上恰当的补给搭配。

随着黏菌研究人员进行更多这样的实验，绒泡菌在森林里蓬勃生长的秘密逐渐被揭开。黏菌接收它所触及的所有东西的信息，如果遇到细菌和孢子丰富的地方，它会朝着这些盛宴移动。如果爬到了阳光下，它会缩回到阴凉处。它可以不断调整自己的网络，精确程度就如同数学家们计算出来的一样，以便能够花费最低的成本享用最丰盛的食物。这一策略非常奏效。如果条件适宜，黏菌可以长得像地毯一样大。

我好奇地问加尼耶，黏菌究竟是怎么解决这些问题的。他耸了耸肩，说道："欢迎来到黏菌的美丽世界，一个神秘的未知世界。"

但他的一名研究生——阿比德·哈克（Abid Haque）——愿意向我展示他和加尼耶怀疑隐藏着某些答案的地方：黏菌金色的"触手"。

来到纽瓦克之前，哈克一直在印度理工学院古瓦哈蒂分校学习机械工程。一个夏季的研究项目让他对绒泡菌产生了极大的兴趣，现在，他在加尼耶的实验室攻读博士学位。我们见面的那天，他穿了件黑色的 T 恤，上面印着维多利亚时代风格的黏菌版画图案：金丝装饰的孢子笼、蝌蚪状的性细胞，以及看起来非常有弹性的树状绒泡菌网络。

哈克小心翼翼地剪下一英寸长的黏菌"触手"，把它带到一个光线昏暗的显微镜室。他静静地旋转着显微镜上的旋钮，几秒钟后，他感叹道："哦，太棒了。"

在我低头看向载玻片时，我的眼睛花了好一会儿才适应，我的大脑也花了好一会儿才弄清楚我看到的是什么。然后，在一瞬间，我看到了一条正在流淌的绿色河流，水流中还夹杂着一些深深浅浅的颗粒。过了一会儿，河水的流速慢了下来。水流中的颗粒也缓缓地滑行，最终停了下来。片刻宁静之后，河水开始倒流，将颗粒推向与之前相反的方向。

颜色较浅的颗粒含有黏菌用来分解食物的酶。而颜色较深的颗粒是它的细胞核，也就是黏菌保存基因的微囊。我们人类的细胞中也有细胞核，但通常每个细胞只有一个细胞核。当细胞一分为二时，它会产生一个新的细胞核，这样每个新的细胞就会继承它自己的一套DNA。黏菌也可以制造新的细胞核，但它们不会费心将它们的细胞一分为二。所以，每个黏菌——无论是在培养皿中的还是在森林地面上铺展开来的——都是一个巨大的细胞。

加尼耶说："整体上看，它只是一个细胞，这让人难以置信。"

绒泡菌（*Physarum*）这个名字源自希腊语，意思是"小风箱"。博物学家们可能是用肉眼观察到了黏菌金色织网中的脉动，才给它取了这个名字。早期研究黏菌的科学家们无法确定它们产生脉动的原因。直到 1900 年代，生物学家才一睹构成黏菌的分子。

每只"触手"都被微小的丝状骨架包裹着，但"触手"并不是像埃菲尔铁塔那样的刚性桁架。黏菌不断地建造新骨架，拆除旧骨架。它会将骨架组建成一个紧密的网络，这个网络可以夹紧"触手"，推动里面的液体移动。如果网络松开，"触手"壁就会松弛，液体就会回流。

不断地挤压和松弛让黏菌看上去就像是一个跳动的网状心脏。脉动推动颗粒形成波浪，这些波浪又会在整个网络中产生涟漪，它们相互碰撞，使黏菌形成更加复杂的图案。

哈克和加尼耶有一种猜想，他们认为这些波浪可能是单细胞黏菌的信息中继，让它能够了解周围的环境，并将其接收的信息整合到基于波的大量计算中，这样黏菌就可以决定下一步该做什么了。

为了破译这种波浪语言，哈克先做了一个简单的实验。他将几英寸长的黏菌"触手"放在培养皿中。每条"触手"中都有波浪来回涌动。哈克在培养皿两端、黏菌够不到的地方分别放了一小块食物。一块食物富含燕麦，另一块的燕麦含量则相对较少——因此比较不理想。黏菌发现了食物，开始向两个方向伸展触角。哈克发现，当它探寻到这两处食物时，它的波动发生了变化。

哈克和他的同事们发现，波浪更加频繁地涌向美味的食物，不理想的食物则受到冷落。随着波浪的改变，黏菌本身也发生了变化。享用美食的那部分"触手"末端的骨架脱落了，引起黏菌膨胀。一些研究人员提出的理论认为，在黏菌膨胀的同时，吃到不理想食物的"触手"末端的管壁会逐渐硬化。结果就是，黏菌从不理想的食物里面爬出来，吞噬美味的食物。

"这就像你到了一个好地方，你的肌肉就会逐渐减少，"加尼耶告诉我说，"但没关系，因为你在一个好地方。"

加尼耶觉得，如果你到了一个好地方，让你的肌肉减少是一种智慧。他认为，智慧不是智商测试的结果，也不是学习荷兰语的能力。智慧是生命的一项特征：以一种有助于维持有机体存活的方式对不断变化的环境做出反应的能力。

加尼耶解释说："如果将有机体的表现与随机的情况做个比较，你就会发现，有机体表现得更出色。"我们需要一个充盈的大脑帮助我们取得比随机更好的表现，但也许在"触手"构成的网络中涌动的细胞波浪就足以做到这一点。

"黏菌，"加尼耶说，"将这一原则发挥到了极致。"

第 5 章

保持生命的稳定状态[1]

　　一个下着雪的早晨，蜿蜒矗立的阿迪朗达克山脉正在迎接风雪的洗礼。我跟在生物学家卡尔·赫尔佐格（Carl Herzog）和凯特琳·里茨科（Katelyn Ritzko）身后，爬上一座山坡，来到一处废弃的石墨矿。他们在一条冰冷溪水旁的矿井前停了下来。

　　赫尔佐格和里茨科开始换衣服，为进入矿井做准备，我也尽力学着他们的样子照做。我一只一只地脱下登山靴，努力把脚伸进下水裤的靴子里，同时还要确保自己不会被绊倒，否则就会栽到旁边的雪堆里。我们戴上带头灯的头盔，脱下穿在外面的法兰绒和羊毛外套。因为接下来，我们的防御重点不再是寒冬里的风雪，而是冰冷的水和尖锐的岩石。赫尔佐格列举了我们在矿井内可能会遇到的各种危险。"被绊倒和跌倒是面临的最大威胁，"他说，"你肯定不想碰到洞顶。"

　　就在赫尔佐格讲话的时候，里茨科正把铅笔和笔记本放进她下水裤的口袋里，检查各种设备中的电池。

　　"准备好了吗？"赫尔佐格问她。

　　"呔嗬！"① 她吆喝了一声。我们踏入冰冷的水流中，涉水进入

---

① "呔嗬"（Tally-ho）是猎人发现猎物时发出的喊声。——译者注

矿井。

我们蹚着水往里走，溅起阵阵水花，雪映出的光亮逐渐暗了下来。矿井的岩壁是倾斜的，凸凹不平。在下过一夜大雨又下了一早上大雪之后，水从悬垂的山坡上倾泻而下。流入矿井的水结成了冰，看上去就像钟乳石和石笋一样。我们越往里走，光线越昏暗，溪水结成了厚厚的冰盖，犹如窗户一般清澈透明。

里茨科手脚并用地从溪流中爬出来，沿着紧贴右侧墙壁的松散岩石小径往前走。但赫尔佐格想仔细看看洞穴左边的情况。他踩在透明的冰面上，紧张地一点一点挪着步子。

"就算我掉下去，我穿的下水裤一直到我的胸部，所以这本来没什么好担心的，"他一边蹒跚前行一边说，"但这竟然会这么让人焦虑，还挺不可思议的。"

赫尔佐格手电筒的光束扫过岩壁，但他什么也没发现。他小心翼翼地从冰面横穿过来，回到我们身边，之后我们继续朝着黑暗走去。

我不得不提醒自己，此刻我并不是在一个天然洞穴里，这是一个巨大的人造洞穴。19 世纪中期，乔治湖周围的伐木工在他们拖运原木的工具上发现了黑色矿物的痕迹。这些黑色物质后来被确认是石墨。伐木工们转行成了矿工，在山坡上挖矿开采石墨。这些石墨最后被制成铅笔和坩埚。我们现在进入的矿井位于乔治湖畔的黑格（Hague）镇附近，随着时间的推移，这个矿井逐渐形成了一个由岩壁粗糙的隧道、狭窄的通道和侧室组成的网络。矿工们把石墨岩运出去时，有时也会带回高大的木材支撑洞顶，在地下创造了一个不死树木的小树林。

在马达加斯加等国家开发更大、更便宜的石墨矿之前，纽约的石墨热潮持续了几十年。20 世纪初，矿工们曾尝试从黑格的石墨矿中拖出一些木材出售，之后就完全放弃了。一个多世纪过去了，现在我只能依稀看到他们留下的一些痕迹。附近的树林里散布着一些石堆，由从矿井里拖拽出来的岩石堆砌而成。一根绳子延伸至隧道深处，也许是为那些迷失在黑暗中的人提供向导，让他们能顺利找到来时的路。

在人们废弃这个矿场后，大自然慢慢将其收回。水为凿开的岩壁披上了一件光滑的流石外衣，用被称为"培根岩"（cave bacon）的条纹彩带装饰洞顶。矿工们没运出去的一些木材后来掉进了小溪里。赫尔佐格指给我看，部分洞顶和岩壁已经坍塌，上面掉下来的未风化的岩石堆成一堆，堵住了通道。

赫尔佐格说："我们在洞里的时候应该不会发生这种事。"但同时他也警告我，不要触碰这些木材。"不然可能会碰掉一些东西。"

赫尔佐格和里茨科的手电筒光束划过岩壁和洞顶，照进高处的壁凹，深入裂缝。这个冰冷的岩石迷宫就像是一个没有生命存在的地方。但在洞穴里进行了一个小时的探险之后，里茨科的手电筒光束不再移动。我踩着松动的岩石，来到她站立的地方，循着她的目光望去。在前方齐眼的高度，我看到有个东西悬吊在陡峭的石头上，看上去像一个毛茸茸的梨。

"这是一只北方长耳蝠。"里茨科低声说。

这只蝙蝠把脸贴在冰冷的矿壁上。我大致能辨认出它头上伸出的两只楔形小耳朵，它的小脚像锚一样张开。

"它是怎么挂在上面的？"我小声问。

"它们的脚踝构造能让它们固定在高处，"里茨科说，"它挂在那儿几乎不消耗什么能量。"

"它还有呼吸吗？"我很好奇。

"它**在**呼吸，"里茨科压低声音说，"但非常非常慢。"

这只蝙蝠是四五个月前飞进这个矿井的。它在石壁上找了个地方，然后就一直挂在那儿，没吃一丁点东西，就这样挨过整个冬天。几周后，它又会从矿井飞出来，享受几个月的明媚春光，度过闷热潮

　　　　　　　　　　　　　　生命的边界

湿的夏日。即使是在最炎热的日子里，它也要努力求生，避免丧命。它可能会被细菌感染，必须努力将其击退。它可能会经历糟糕的狩猎之夜，必须设法让自己不被饿死。在它追捕猎物时，它跳动的心脏不能让过多的血液涌向大脑，避免出现脑出血致死的情况。等秋天来临时，它又会回到这样的矿井里，挨过另一个漫长的冬天。在我和里茨科仔细观察这只吊挂在我们面前的北方长耳蝠时，我对这种动物竟然拥有这样的生存本领而惊叹不已：它们能够在长达 18 年甚至更长的时间里经受住这些不可预测的考验，还能安然挺过种种巨大危机。蝙蝠和它冬眠的矿井有着天壤之别。毫无生机的矿井正逐渐坍塌。用不了几十年，季节的侵蚀力量就可能将其完全抹去。但在这个破败矿井里的小小蝙蝠却不可思议地保持着一种稳定状态。

"生命机制可能多种多样，但它们都只有一个目的，就是让生命的内部环境保持恒定状态。"法国生物学家克劳德·贝尔纳（Claude Bernard）在 1865 年的著作中写道。贝尔纳认为，我们人类的内部环境主要就是水。当我们身体的水供应开始出现短缺时，我们就会感到口渴，需要补充水分。1926 年，哈佛大学生理学家沃尔特·坎农（Walter B. Cannon）更新了贝尔纳提出的这个概念，还给它起了一个现代的名字：稳态（homeostasis）。

稳态不是一种可称重或可探测的物质。它不是像形成 DNA 或蛋白质分子那样的特定原子组合。它是一种存在于整个生命世界中的原则，同时作用于多个层面。在蝙蝠体内，稳态存在于细胞内、器官中，甚至在蝙蝠飞行过程中也有稳态在发挥作用。

可能很少有人见过蝙蝠在洞穴中冬眠，但很多人在温暖的夜晚见过它们在沉沉暮色中捕食蜉蝣或蚊子。夜幕降临，蝙蝠会继续飞行，虽然在黑暗中观察不到，它们一夜能飞行数百英里。由于飞行方面的稳态发挥作用，它们才能一直在空中飞行。

为了飞行，蝙蝠挥动着它们带着皮膜的巨大翼手。它们向下挥动时，周围的空气形成了围绕着翼手循环的漩涡，而每向上挥动一次，它们又会将身后的空气排出去一些，形成不断旋转的空气圆环。这些漩涡的物理学原理非常复杂，科学家们到现在也几乎没弄明白其中的基本原理。但结果很明确：翼手上方的压力下降，下方的压力增加，从而产生了一个向上的力。

通过诸多方式，蝙蝠可以精确地抵消重力：调整挥动翼手的时机；张开或闭合其细杆状的长手指；收缩翼手的部分肌肉，同时让另一些肌肉放松；打造尾随其后的无形空气圆环。蝙蝠能够在空中盘旋。如果一只正在盘旋的蝙蝠倾斜翼手，它可以将部分升力转化为推力，从而推动蝙蝠向前移动。北方长耳蝠和其他以昆虫为食的蝙蝠通过尖叫和倾听回声来追捕猎物。蝙蝠狩猎的许多物种已经演化出能够听到它们回声定位的能力，所以这些猎物有时会尝试突然转弯，以躲避追踪。蝙蝠也可以效仿此举，收折一只翼手，来一个急转弯。

蝙蝠在飞行时一直面临着一种风险——空气漩涡可能会将它的翼手从身上剥离下来，导致它像鹅卵石一样从空中坠落。飞行方面的稳态能让它一直在空中飞行。这种稳定性有个秘密，那就是蝙蝠原本无毛的翼手上长着许多细小的毛。这些毛会随着周围气流的流动而摆动，毛的摆动会转化为电信号，传递到蝙蝠的大脑。蝙蝠可以感觉到空气漩涡将剥离翼手的警示信号，继而调整翼手的形状和弯曲程度，这样它们就能继续用翼手裹紧自己的身体了。

蝙蝠经常会受到突如其来的阵风的冲击。每当它们在夜晚成群结队地冲出洞穴时，彼此相撞是常有的事。因为蝙蝠实在是太小了——一只北方长耳蝠的重量和一个空信封差不多，这些干扰很容易让它们失去平衡。它们可能会因此"失速"并从空中坠落。

生物学家莎伦·斯沃茨（Sharon Swartz）产生了一个疑问：为什么蝙蝠不会从天上掉下来？在布朗大学的实验室里，她和她的学生们拍摄了一些蝙蝠飞行的影片，每秒 100 帧。为了研究蝙蝠如何应对阵风，他们安装了一根管子，向飞过的蝙蝠喷射气流。气流会击中它们的一只翼手，在这股力量的冲击下，它们的身体会倾斜约四分之一周。

斯沃茨发现，在不到 0.1 秒的时间里，蝙蝠就会将身体的姿态纠正过来。仔细看一下拍摄的影片就会发现它们的诀窍。如果在一股气流的冲击下，蝙蝠向左翻转，那么它就会伸展右翼，迫使身体翻转过来。当蝙蝠的身体恢复水平时，它的两只翼手的旋转力就完全相互抵消了，蝙蝠就又恢复了平衡。

对于这个策略，工程师们再熟悉不过了。比如，巡航控制系统中用到的就是这样的策略。当驾驶员开启巡航控制系统时，车辆不是简单地每秒钟按照固定次数旋转引擎。它会根据自己感受到的加速情况不断调整速度。下坡时，车辆的传感器会让车子减速。一旦车辆行驶低于设定的速度，它又会缓慢加速。工程师们把这种设计称为负反馈回路。它们会在每次系统受到干扰时将其拉回到设定点，以此来保持系统的稳定。

蝙蝠不仅使用负反馈回路来保持飞行姿态，也利用它来维持体内的化学平衡。无论是饱餐一顿昆虫宴，在飞行中燃烧燃料，还是在睡眠期间禁食，蝙蝠血液中的糖一直都处于微妙的稳定状态。当蝙蝠感觉到血糖水平上升时，它们会分泌一些胰岛素，促使细胞将多余的糖储存起来。如果血糖水平有所下降，细胞就会释放一些储存的糖，使血糖水平回升的同时又确保其不会过量。

蝙蝠也有针对它们体内的盐、钾和酸度的负反馈回路。像人和其他脊椎动物一样，蝙蝠的循环系统由跳动的心脏提供动力，而跳动的心脏必须有稳定的压力才能正常工作。为了让自己一直处于这个设定点的状态，蝙蝠利用负反馈来使它们的血管收缩和舒张。[①] 蝙蝠也会

---

① 不同于其他许多动物，蝙蝠能主动收缩血管。——译者注

让自己的体温保持恒定。如果体温过高，它们会将更多的血液输送到皮肤，释放多余的热量。在体温过低时，它们会通过燃烧脂肪来点燃新陈代谢之火。

蝙蝠可能是在6 000万年前演化出来的，那时候地球上非常温暖，甚至南极洲都长着森林。今天，现存的1 300种蝙蝠中的大部分都生活在热带地区。但有些蝙蝠——比如我们在黑格的矿井中看到的蝙蝠——已经适应了更靠近极地的生活。在这样的地方，它们必须忍受不能捕捉昆虫、不能啜饮花蜜也不能啃食水果的漫漫冬日。更糟糕的是，在冬季较低的气温下，它们需要消耗更多能量才能让身体保持温暖。

为了适应这些不友好的环境，蝙蝠演化出了一种非凡的策略——黑熊和地松鼠（ground squirrel）等动物也采用了这一策略：冬眠。换句话说，蝙蝠围绕着一个新的设定点，重置了自己的稳态。

在忙碌的狩猎季节过后，北方长耳蝠会在秋天访问新的洞穴或矿井并寻找配偶。每当夜晚来临，它们又会飞到黑暗中去寻觅更多的食物，将其转化为能量储存在身体中，为过冬做准备。一只6克重的北方长耳蝠可能会多长出2克的脂肪。想象一下，靠半茶匙黄油熬过5个月的饥荒。蝙蝠会选择在访问的最后一个洞穴或矿井里过冬，这里就是它们的冬眠场所（hibernaculum）。它们把脚固定在墙上，倒挂着，放慢呼吸。不到1小时，它们的体温就会骤降，身体变得和周围的空气一样冷。

里茨科和我仔细查看面前的这只北方长耳蝠时，她在笔记本上草草记下了些什么。做完笔记后，她将手电筒的光束投向洞穴深处，很快就有了更多新发现。我没再跟着她，而是手脚并用地爬到了赫尔佐格身边，他自己也在寻找蝙蝠。这个矿井不仅是北方长耳蝠的家园，也居住着其他种类的蝙蝠：莹鼠耳蝠、大棕蝠、小脚蝠，甚至还有罕见的三色蝠。

在我看来，它们都长得差不多，但赫尔佐格指出了它们之间的一些微妙差别，包括耳朵的形状，其中一些蝙蝠用脚趾抓住石头的方式，以及它们的脚。在向我解释了几次之后，他让我自己试着辨认一只。我耸了耸肩，因为猜错了。

赫尔佐格表示，这没什么大不了的。如果一段时间不观察这些蝙蝠，他也会搞不清楚。"坦率地说，想一直拥有这项技能不太容易。"他说。

我们在这个矿井里发现的蝙蝠的数量足以让我们观察到一些模式。这个矿井为蝙蝠提供了各式各样的稳态设定点。某些种类的蝙蝠显然更喜欢在靠近洞口的地方冬眠，洞口处因为有更多外部空气流入，所以干燥且寒冷。而在矿井深处，凝滞的空气凉爽而潮湿，我的眼镜还因此蒙上了一层雾。选择将此处作为设定点的一只莹鼠耳蝠进入了我们的视线，挂在它棕色皮毛上的水珠已经凝结，就像是披了一件白色外套。

几个月前，当这些蝙蝠开始冬眠时，由于处于蛰伏状态，它们便从保持恒温的繁重工作中解脱出来了。它们不再需要维持较高的体温，而是让自己的体温与周围空气的温度相同。如果此时它们是挂在外边的一棵树上，那么这样的策略无异于自杀。冬季的严寒会将它们冻成硬块，摧毁它们的细胞。但在洞穴内，由于岩石和悬垂土壤的隔离作用，它们周围环境的温度虽然阴冷但能保持恒定。实际上，它们可以借用矿井自身的稳态。

在春天到来之前，蝙蝠不会进行狩猎，所以也不需要消耗燃料用于飞行。在秋天交配的雌性蝙蝠还没有受孕。这些雌性蝙蝠会将精子储存起来，等到再次被春天唤醒后才让自己的卵子受精，并用新鲜的食物滋养饥饿的胚胎。

尽管如此，在这里冬眠的蝙蝠仍然展现出了生命的活力。它们继续吸入氧气来燃烧体内的 ATP 分子。它们还需要呼出二氧化碳以防止血液变得过酸。每次呼气时，它们也会呼出少量的水。从翼手上蒸发掉的水分则更多。它们在一天内失去的水分不足以对其造成威胁，但两三周后，蝙蝠就会感觉到稳态岌岌可危。

一旦蝙蝠感觉到体内缺水已经到了危险的程度，它们就会给冬眠按下暂停键。只需要短短几分钟，它们就能将体温恢复至夏天时的水平。变暖的身体让它们能够在冬眠场所附近飞来飞去找水喝。在水分补充完毕后，它们又可以回到寒冷的栖息处再冬眠几个星期。

每次醒来时，它们都会燃烧掉更多本就在不断减少的燃料。到了春天，如果一切顺利，它们将从冬眠中苏醒过来，它们的稳态账本上记录着当前所处的亏损状态。然而，当我蹲在矿井里观察这些蝙蝠时，我很难想象它们将来会复活。它们有些怪异地吊在那里，一动不动。有的是单独一只，有的是一对，还有的是一堆吊在一起，总共 11 只。

随着我们发现的蝙蝠数量越来越多，这个矿井越来越像一个拥挤的动物园。但事实上，与早些年我探访这里时见到的情形相比，这个矿井现在更像一座鬼城。16 年前，也就是 2004 年，生物学家在考察这个矿井时发现了 1 102 只莹鼠耳蝠。两年后，情况发生了变化。生物学家们在奥尔巴尼附近的冬眠场所发现了许多死去的蝙蝠，蝙蝠尸体散落在冬眠场所的入口处，有一些被浣熊吃掉了，有一些扎进了雪堆里，还有一些鼻子里长满了真菌。很快，纽约附近的其他蝙蝠种群也数量锐减。紧接着，其他州也出现了同样的骤减趋势。科学家们最终发现，造成蝙蝠死亡的原因是感染了一种来自欧洲的真菌——锈腐假裸囊子菌（*Pseudogymnoascus destructans*）。肆虐的真菌让这种疾病得名"白鼻综合征"（white-nose syndrome）。

这种新疾病完全占据了赫尔佐格的生活。他告诉我说："这种疾病一出现就立刻登上榜首，把其他致死性疾病远远甩在了后面。"赫尔佐格目睹了某些种类的蝙蝠数量在几年内骤减 90%，还有些甚至减少了 99%。赫尔佐格等生物学家对纽约地区的蝙蝠已经做了数十年的记录，所以他们对白鼻综合征造成的破坏程度最有发言权。赫尔佐格说："如果这种疾病是传播到其他地方——而不是纽约地区——我们就不会那么快知道。"与其说是吹嘘，不如说他其实对此感到痛心。"我不知道用'偶然性'这个词来形容是否合适。"

在欧洲，这种真菌对蝙蝠是无害的，只会引起轻微的感染。那里的蝙蝠利用自身的免疫系统就能轻易将其控制住。这种真菌通过某种途径被从欧洲带到了北美——很可能是被带到了奥尔巴尼附近的某处洞穴或矿井。不知什么原因，这种真菌对这里的蝙蝠会造成致命的伤害。

起初，人们并不知道这种真菌是如何导致北美蝙蝠死亡的。研究死亡动物的病理学家并没有发现致命性真菌感染通常会造成的那种极其严重的伤害。赫尔佐格说："他们在一团迷雾中研究这种疾病。"

研究者逐渐认识到，白鼻综合征是一种有关稳态的疾病。在夏末和秋季，蝙蝠在探访洞穴或矿井时沾染上了这种真菌的孢子。在蝙蝠开始冬眠且体温下降之前，这种嗜寒的真菌会一直待在蝙蝠身上，处于休眠的状态。一旦蝙蝠的体温降至 20 摄氏度以下，孢子就会萌发，菌丝就会进入蝙蝠的皮肤和肌肉中。

赫尔佐格和他的同事们发现，患病蝙蝠会比健康蝙蝠更频繁地从冬眠中苏醒过来。这可能是因为它们翼手上的溃烂伤口让它们失去了过多的水分。为了维持体内的稳态，它们不得不多喝水。还有一种可能的情况，那就是为了对抗真菌，蝙蝠会更加频繁地让自己体温升高，唤醒免疫系统，在短时间内与敌人进行殊死搏斗。

一些被感染的蝙蝠在春天到来之前一直维持着体内的稳态，坚持到春天，它们就可以再次让身体暖和起来，抵御真菌的侵袭。而其他一些蝙蝠则没能做到这一点，最终耗尽了为越冬储备的能量。一些蝙蝠变得如此绝望，甚至在白天飞出了冬眠场所，在一片白雪皑皑之中徒劳地寻找食物。许多蝙蝠还因此成了鹰的猎物。

我们趟过齐臀深的水去寻找更多的蝙蝠，仔细记录下它们的数量，然后爬上一堆松散的岩石和砂砾，朝着远处的一丝光亮走去。不知不觉间，我们已经悄然走出了矿井。暴风雪已经向东转移，雪后初霁，一片湛蓝晴空。里茨科和赫尔佐格比对了他们得到的数字。回到奥尔巴尼的办公室后，他们会将这些数字正式记录下来。

结果显示，大棕蝠的数量最多，总共有 54 只。这些数字 30 年来没有变化，甚至在白鼻综合征出现之后也没有变。出于某些原因，大棕蝠是纽约地区为数不多的似乎没有受到锈腐假裸囊子菌伤害的蝙蝠种类之一，这可能是由于它们更喜欢洞穴中相对更冷一些的地方，而这些地方不适合真菌生长。另一方面，莹鼠耳蝠更喜欢温暖的栖息之处。"它们身处的微气候是最差的。"赫尔佐格说。因此，莹鼠耳蝠是受影响最严重的蝙蝠种类之一。在赫尔佐格和里茨科 2020 年进行的考察中，他们只发现了 6 只莹鼠耳蝠。

令人费解的是，莹鼠耳蝠的数量已经急剧减少到了这种程度，但它们又避免了被彻底遗忘。赫尔佐格和同事正在对那些幸存的极少数莹鼠耳蝠开展基因方面的研究，想知道它们是否携带着某些保护性的基因。它们的 DNA 可能发生突变，使它们在冬天的行为发生变化——比如，可能变得更喜欢冷一些的栖息之处——从而得以抵御真菌的感染。

对于蝙蝠种群遭遇的这场危机，赫尔佐格和里茨科目前基本只能作为旁观者，看着这一切在眼前发生。他们无法通过将几个矿井里的真菌清除干净——为蝙蝠打造一些避难所——来拯救它们。因为蝙蝠自己会把真菌从它们到访过的其他地方带进这些避难所，从而再次造成污染。这些科学家所能做的是观察蝙蝠的稳态究竟是继续失效，还是会转换到一个安全的新设定点。

"我们基本上没想出什么可行的办法，"当我们驱车离开树林时，赫尔佐格承认，"蝙蝠们得自己想解决办法。"

第6章

生殖的艺术[1]

初春的一天，我驱车前往康涅狄格州的新伦敦市，去那里看一棵树，看它如何准备"造出"更多的树。我来到城市最北边的威廉姆斯大街，穿过街上的一扇大门，进入一片树林。这里生长着许多新英格兰地区的本土树木和灌木丛，面积有20英亩[①]。它的正式名称是康涅狄格大学植物园（Connecticut College Arboretum），熟悉它的人都叫它"阿尔博"（Arbo）。蕾切尔·斯派塞（Rachel Spicer）正在阿尔博植物园门口等我，这位植物学家的背包上还挂着一个小钻头，晃来晃去。每次和树待在一起时，她都会带上它，万一遇到她想钻孔的东西，小钻头就能派上用场了。"这是我最喜欢做的事情，没有之一。"她说。

我们漫步在月桂大道上，路上遇到了一位正在尽全力准备考试的树木医生。他抬头盯着一棵华盛顿山楂树的树冠看了一会，又核实了手机上物种识别应用程序显示的结果，然后望向我们，无奈地摇了摇头。我们沿着铺满碎木屑的小路朝着植物园深处走去，一路上还看到了美国山毛榉和加拿大唐棣。

---

① 1英亩≈4 047平方米。——译者注

"有时候，我觉得自己注定是要研究树木的。"斯派塞说。斯派塞就在马萨诸塞州长大，她的父亲从小就教她如何识别当地森林里的各类植物。后来她进入研究生院学习植物学，研究新英格兰的红枫和俄勒冈州的花旗松。2010 年，斯派塞成为康涅狄格大学的助理教授，建立了自己的实验室。在实验室里，她可以更深入地研究树木。比如，在培养皿中培养一小块杨树组织，研究杨树细胞中基因开启和关闭的情况。这项工作很有意思，但斯派塞有时会对她实验室里的研究过于狂热。不过当我问她能不能见个面时，她立刻抓住这个机会，匆忙中找了一个钻头，穿过威廉姆斯大街，花一个下午的时间和树木待在一起。

我们沿着花园的斜坡往下走，来到一片低洼的沼泽地，然后在一棵红枫前停了下来。这棵树看上去就像一根弯曲的电话线杆，几十年来一直与临近的树木争夺光线，所以它的树冠长得又高又窄。几根树枝恣意地从树干靠下的部分冒出来，扭曲着，伸向地面。树枝光秃秃的，这样的状态已经持续了 6 个月，现在很难判断这棵树是否还活着。我开始努力想象这棵枫树去年夏天生机勃勃的样子：叶子中富含的叶绿素捕捉着阳光，为制造燃料的分子机器提供动力。接着，我将脑海中的日历翻到秋天，这个时候，树叶中的叶绿素开始分解，绿色逐渐被红色取代。

"不仅仅是因为叶绿素'老了'，或者天气变冷了，它才被分解的，"斯派塞说，"它是**特地**被分解掉的，因为它很珍贵。"

斯派塞解释说，每个叶绿素分子都含有 4 个氮原子。如果阿尔博的这棵枫树在秋天只是落叶，那么它将不得不在春天付出巨大的努力，从土壤中收集新的氮，并将它们从根部运送到树枝。枫树并没有这么做。一整个秋天，它都在小心翼翼地分解叶绿素，得到构成叶绿素的分子组件，然后通过一根根小的管道将它们从叶子转移到树枝。叶绿素的分子组件将在那里安全地过冬并做好准备，等到来年的春天，它们会迅速地转移到新的叶子上，组装成新的叶绿素。

这是一个很机智的策略，但也有些棘手。在夏天，枫叶中厚厚的叶绿素层有两个作用：制造食物和防晒。它能保护蛋白质和基因免受肆意照射的高能光子造成的伤害。当秋天到来，树叶开始分解它们的叶绿素时，蛋白质和基因就会失去保护，容易受到阳光的伤害。

枫树选择了一种最美的方式来保护自己：它的叶子中会产生一种红色的色素——花青素。这种秋天的色素会在接下来的几周里保护树叶免受阳光的伤害，而在这段时间里，枫树会抓紧时间把叶绿素的分子组件转移到冬季的储藏室里。完成这项工作后，枫树才会切断与叶子的联系，让它们落地。

现在正值早春时节，在我看来，树枝似乎都是死的。但这棵树的未来正在树枝里悄然展开。斯派塞抓住其中一根低矮的大树枝，把它压弯，以便我近距离观察。

她指着这根树枝上凸起的略带红色的球茎。秋天落叶后，树枝上便长出了这些芽鳞，每个芽鳞都有富含花青素的坚固外壳，可以抵挡冬日的阳光。芽鳞构建了这些防御物来保护内部脆弱的新细胞。这些细胞都充满了潜力：它们可以长成这棵树在春天创造的任何结构。斯派塞用指甲划开了一个芽鳞。我看到里面有一些弯曲的细条纹，其中一些条纹可能最终会给这棵枫树提供一个能够永久存世的机会。

"里面有一些预先形成的花。"斯派塞说。

从阿尔博开车回家时，我看着高速公路两旁绵延数公里的枫树。之前的几年里，我并没有在 3 月的时候花太多心思关注它们。但现在，我敏锐地察觉到，它们的树冠上有一抹淡淡的红色：那是成千上万的芽鳞，包裹着等待绽放的花朵。这些枫树看上去就像笼罩在一层血色雾霭之下，每一棵都是几十年前笼罩在另一棵树上的红色雾霭形成的。它们都有祖先，就像我们所有人以及地球上的其他生命一样。

作为生命的一项特征，生殖就如同产妇分娩时的尖叫声一样，让人无法忽视。人造人，枫树造枫树，"狗的呕吐物"黏菌造"狗的呕吐物"黏菌。对于所有物种来说，生殖的核心是相同的：产生携带其祖先基因副本的新生物个体。人类生殖的具体过程是我们最熟悉的情况，我们知道细胞在分裂时如何复制它们的 DNA，卵子和精子如何最终只剩下一半 DNA，它们在受精时如何结合，以及胚胎在子宫中如何发育等等。但仅根据人类自身的情况就概括出结论，这是错误的。

的确，在生殖方面，对人类来说正确的结论也完全适用于其他哺乳动物。比方说，也适用于北方长耳蝠。这两个物种都有子宫，都会产下吮吸乳汁的幼崽。但这些对我们来说正确的结论就不适用于蟒蛇，因为蟒蛇是从卵孵化出来的。而对多头绒泡菌来说，这样的结论就更不适用了。[2]

黏菌有一种生殖方式是产生孢子。这些孢子会随风飘走，也会被水流带走。如果绒泡菌的孢子落在一处理想的位置，它们会撕裂外壳，里面的细胞就会爬出来。黏菌专家将这种细胞称为阿米巴。就像我们的卵子和精子一样，每只阿米巴只有半套染色体。尽管染色体短缺，它们仍然可以独立生活。它们在森林地面上爬行，破坏并吃掉它们遇到的细菌。如果它们碰巧遇到另一个绒泡菌细胞，两者就会融合到一起，演绎地下版的受精过程，创造出黏菌版的"胚胎"。

黏菌阿米巴既不是雄性细胞，也不是雌性细胞，但它们确实有自己奇特的性行为。当两只阿米巴相遇时，它们会检查对方表面的蛋白。根据黏菌继承的这些不同版本的蛋白，它们可能属于数百种不同的交配型之一。只要两只阿米巴不属于同一种交配型，它们就可以融合，两者的染色体就组成了一套完整的染色体，融合后的细胞就变成了一种黏菌的"胚胎"。它现在开始长出"触手"，并且制造新的染色体副本，填充在这个巨大的细胞中。

绒泡菌还有更奇怪的生殖方式。例如，它们可以跳过有性生殖，直接脱水，形成菌核。如果这些菌核被风吹走，开始在其他地方生长，这个单一的网络可能会变成许多新的网络。你可以把这些新的黏菌看作继承了相同基因的后代，也可以认为它们是一个巨大的网络，但这个网络中分布着一些很大的缺口。但黏菌并不在乎这些文字游戏，它们只是不停地寻找食物。

　　黏菌这种奇特的"性生活"方式鲜有人知，只有致力于研究此类事情的科学家们才能破译。与此相对的是，枫树则在空中"交配"。跟随斯派塞参观完阿尔博植物园后，我在接下来的几周里一直在仔细观察我周围的枫树。在我家后院的远角处，隐约可见一棵红枫树的大致轮廓，院子里还零星长着几棵较小的挪威枫和银枫。在我居住的小镇边上的盐沼里，在马路边，在山腰上，在空地处，枫树都像志愿者一样在不断付出。整个春天，我看着一种又一种枫树裂开花蕾，开出各式各样的花朵，有些是浅绿色的，有些呈深红色。这些树在长叶之前就开花了，而这些花完全由去年秋天储存在树枝中的原料制造而成。

　　和许多其他植物一样，枫树会开出雄花和雌花。然而，这些贴在枫树上的标签并不是那么牢靠，因为植物的生殖与我们人类的生殖很不一样。一棵红枫可能会在某一年开雄花，第二年又换成开雌花，然后在下一年同时开雄花和雌花。植物学家之所以把枫树的某一类花称为雄花或雌花，是因为这两类花产生的生殖细胞分别遵循卵子和精子所遵循的一些法则。就像男性产生小的精子而女性产生卵子一样，雄花会产生小的花粉粒而雌花产生胚珠——胚珠在授粉后会变成种子。

　　人类生殖细胞的结合是通过在一起发生性行为，而枫树则需要风把它们的生殖细胞结合到一起。枫树可以抵御飓风，但若要带走它们的花粉，只需微风轻拂。大多数花粉粒都会落到地上，或找错树。即便花粉落到另一棵红枫上，它也很可能落在树皮或树枝上。只有极少数花粉粒能够幸运地找到雌花。

雌花黏性的丝状物会粘住花粉粒，一条通道随即形成，从表面直通核心深处。花粉通过这条通道到达雌花的胚珠。在花粉与胚珠融合后，[①]一个新的基因组产生了，这个基因组会储存在新的种子中。

我无法亲眼看到这些不可见的授粉过程，但我可以看到结果：雌性枫树花掉落，留下一种红色的肉质结构，看起来像一对黑斑羚的角。这些生长物被称为翅果（samara），它们的底部有一对种子。这些角先长得很长，然后变得扁平，呈弧形叶片状，表面类似硬纸。当它们与枫树分离，从茎上掉下来的时候，它们不会自然下落，更像是在飞。

整体上看，翅果的叶片具有与翅膀相同的几何形状，也用于达成相同的目的：操纵周围的空气，实现飞行。蝙蝠长出翅膀（翼手）是为了捕捉猎物和寻找冬眠场所，而枫树长出翅膀则是为了传播它们的种子。翅果底部的种子很重，可以快速下落，从而产生一股气流。气流会沿着纸样的叶片向上流动，使翅果像直升机一样旋转起来，产生升力。最终，翅果会在空中滑翔很远一段距离，把种子带到离母树数百英尺远的地方才落到地面上。

我家院子里每棵枫树上长出的翅果都只用了几天的时间就掉光了。在丰年里，一场种子雨可能会让一棵树落下近10万个翅果。一英亩枫树林落下的翅果数量可能会达到800万个。在生殖方面，这是一项非凡的成就，但同时也是一种惊人的浪费。一棵枫树上有多达一半的翅果是空的，它们缺少一粒种子。而在剩下的翅果中，有相当一部分种子会"自杀"。科学家们还不清楚这些种子死亡和缺少种子的翅果背后的演化逻辑。树木可能会将空心的翅果用作诱饵，诱使松鼠和鸟类浪费时间，从而给它们的种子提供更好的发芽机会。如果种子碰巧携带了不好的基因组合，造成它们不太可能长成健康的树木，那

---

① 作者此处的表述不够严谨，融合的事实上是精子和卵细胞。——译者注

　　　　　　　　　　　　　　　　生命的边界

么种子可能会"自杀"。

在枫树下起的种子雨中，最终只有一小部分翅果能够发芽。但即便种子遭此劫难，大批死亡，这些枫树留下的后代的数量仍然是惊人的。有时，树下 1 平方码[①]的土地上就散落着几十个可存活的种子。只需要少量的阳光和极少的土地，它们就能生根发芽。

随着春天的到来，草地上落满了翅果，铺了厚厚一层。此时，我就像住在半英亩长满草的粉色花岗岩上，中间还分布着一些古老的火山岩凸起形成的斑块。枫树"志愿者"们长出了指甲大小的叶子。我爬上梯子，又从天沟里清理出一大把翅果，有些甚至已经长出了幼苗，就好像它们能够在这里形成一片空中森林似的。

夏日里，我和妻子会开车到小镇周围的森林远足。有一天，我们穿过一片枫林，枫林的地面上长着许多 1 英尺高的树苗，看上去就像一大片绿色的浅水湖。几棵细杆状的枫树比"浅水湖"高出一截，再往上是几棵向阳生长的成熟枫树，数量更少。数量最少的则是长得最高的参天古树，它们伸展着枝丫，形成树冠。

在这里，我们可以看到一棵枫树的生命要成功，可能性有多么小。作为生命的一项特征，生殖并不像其他特征那么简单。每个生命体都要代谢食物，做出适应性决策，并保持自己的体内稳态，否则就会面临死亡。每个生命体都是生殖的结果，但其自身不一定能够生殖。如果一棵枫树能活到整个生命周期结束（比如，有些树种可以活一个多世纪，还有一些可以活三个世纪），那么可能会有数百万后代从这棵树上飘落下来，但其中只有极少数后代能够长到与它比肩而立。这种无意识的竞争世代相传。一棵枫树可能成功地将自己的基因传给了几个后代，而它们却最终会死于了根腐病。

今天，下起翅果雨的枫树其实有一本非常古老的家谱。大约 6

---

① 1 码 ≈0.91 米，1 平方码 ≈0.84 平方米。——译者注

000多万年前，也就是在一颗小行星撞上地球，使巨大的恐龙灭绝后不久，枫树出现了。枫树起源于东亚，那里至今仍生长着日本枫和二柱枫这样古老的树种。到了大约3 000万年前，枫树已将它们的翅果传播到北美。它们产生了更多新种，变得更加多样化。今天，我家后院里并排生长的红枫和银枫其实是远亲，它们在1 000万年前从同一个祖先那里分化出来。这些赫然耸立的树木来自极少数能够成功延续下来的谱系，这些谱系穿过遍地失败者的竞技场，最终走到了今天。

事实上，正是由于枫树生殖的失败与成功相互交织，它们才有了出色的适应能力，比如，它们对季节的敏感性、它们的"防晒霜"，以及它们活的"直升机"。这也是它们种类如此丰富的原因——共产生了152种枫树。在生命自我复制的成功与失败中，生命最显著的特征显现了出来，那就是演化。

第 7 章

达尔文之肺

实验室里高高堆起的培养皿看起来就像一根立柱。最上层的培养皿里的培养基就像披着天蓝色的外衣，类似日落后天空的颜色。下层培养皿的培养基也是蓝色的，但越往下看，颜色就越浅。当我的目光落到最底层时，我发现它们已经变成透明的了。

我是在耶鲁大学奥斯本纪念实验室（Osborn Memorial Laboratories）一睹这座塑料纪念碑的。在走进这座城堡般的建筑后，我见到了堆叠这些培养皿的研究者——伊莎贝尔·奥特（Isabel Ott）。奥特留着乌黑的短发，戴着圆盘形的耳环，耳环有杯垫大小，上面还装饰着完整的月相图案。她去年从佐治亚大学毕业，主要研究人类和动物所患的各种疾病。之后，她来到纽黑文，为演化生物学家保罗·特纳（Paul Turner）工作。对奥特来说，堆叠这些培养皿并不是在玩实验室版的叠叠乐。这是一天工作的开始，而这项工作最终可能会拯救某个人的生命。

奥特向我解释说，是培养皿中生长的细菌让培养基变成蓝色的。这些细菌来自患有严重肺部疾病的人，他们已毫无治愈的希望。其中一些病人还在寄送给奥特的细菌样本上随附了纸条，写下了他们的困境，恳求她救救他们。"他们和我差不多大，"奥特说，"我只能回答：

'对不起。我在尽一切努力想办法。'"

给特纳和奥特提供这些细菌样本的病人有一个共同点：他们的同一个基因出了问题。在正常情况下，肺的细胞会利用这个基因制造一种叫作囊性纤维化跨膜传导调节因子（cystic fibrosis transmembrane conductance regulator，简称CFTR）的蛋白，这种蛋白有助于使呼吸道保持通畅。但CFTR基因的突变会使这种蛋白无法发挥正常的功能。遗传了这种基因突变的人的肺部会被一层厚厚的黏液阻塞。

这种疾病被称为囊性纤维化，它最严重的一个危害是患者的肺部会成为某些细菌的温床。铜绿假单胞菌（*Pseudomonas aeruginosa*）是其中造成危害最大的一种细菌。[1]铜绿假单胞菌一般生活在植物的叶子上或土壤团块中。如果健康人碰巧吸入了一点铜绿假单胞菌，他们的免疫系统会迅速将其消灭。但囊性纤维化造成的呼吸道阻塞为这种细菌提供了庇护所，让它们有机会在这里站稳脚跟。半数囊性纤维化的患者在三岁前就会感染铜绿假单胞菌，而70%的成年患者则会发展为慢性感染。虽然抗生素有时能杀死这种细菌，但更多的时候并不会。随着时间的推移，细菌感染会引起炎症，呼吸道中会形成瘢痕，使呼吸变得更加困难。

奥特参与的这项实验有望为攻击铜绿假单胞菌提供一种新的方法。奥特和同事正在利用志愿者提供的细菌样本对这种方法进行测试。为了评估他们攻击细菌的效果，参与者每隔一段时间会将黏液咳到试管中，再将试管寄送给这些科学家。现在，他们黏液中的细菌正在奥特的培养皿中生长。

如果这个方法被证明有效，那么这些科学家也许就能将这种细菌从潜在的杀手转变为无害的滋扰。为了施展这一魔法，他们正在利用生命永无止境的演化力量。

地球上的每一种生命都是演化的产物，这个过程已经持续了大约40亿年。细菌和其他微生物是最早一批演化出来的物种。大约20亿年前，地球上又出现了一种新的生命形式。类似阿米巴的单细胞生物开始捕食微生物。它们的细胞要大得多，而且它们的 DNA 保存在一个叫作细胞核的囊中。这些新的生命形式被称为真核生物。

今天，黏菌等单细胞真核生物在地球上仍然生机盎然。但有一些真核生物谱系演化出了多细胞的身体结构。大约 5 亿年前，绿藻迁徙上岸，变成了苔藓和蕨类植物，数亿年后，开花植物首次出现。动物在大约 7 亿年前从海洋中的单细胞真核生物演化而来，它们的一些后代后来爬上了岸，先是演化出了马陆①、原始的蝎子和其他无脊椎动物，然后是四条腿的蝾螈样生物。一些四足动物后来失去了四肢，演化成了蛇，还有一些则改造了腿，开始飞行，成为鸟和蝙蝠。大约 700 万年前，一种灵长动物开始直立行走。他们走出了非洲的稀树草原，最终遍布整个地球。他们回顾过去，第一次认识到演化深厚历史的大致轮廓。

今天，生命依然没有停下演化的脚步。就像潮湿离不开水一样，生命也无法逃避演化的命运。当一棵枫树向大地洒下翅果雨时，它传播了自己的基因副本。但每棵新树苗都不是亲代的完美复制品。它继承的是亲代染色体经过"洗牌"后的样本，而且它的基因中还会包含新的变异。带电离子和高能光子的轰击可能会改变基因的序列。在酶复制新的 DNA 时，它们有时会错误地把一个 G 放在本该是 C 的位置，有时还会错误地多复制出一段数千个碱基的序列。

细胞有特殊的酶来纠正这些错误，但还是会有一些错误遗漏。赋予你生命的那颗卵子和那个精子携带着一些你父母出生时原本没有的突变。新的突变与旧的突变一起代代相传，遗传多样性就是这样一点一点建立起来的。

很多突变并不会产生任何影响。但有一些是破坏性的，会引发致

---

① 也被俗称为千足虫。——译者注

命的疾病或者导致畸形。也有一些突变是有益的，有助于生物的生存和繁衍。在被遗传给后代的过程中，有一些突变会变得更加常见，另一些则会越发罕见。尽管一些随机的因素会影响它们的命运，但如果某个突变会严重影响一个生物体后代的数量，那么它就可以更快地迎来相应的命运。随着谱系中有益突变的积累，生物体会表现出新的适应能力。

演化背后的基本逻辑非常简单，简单到查尔斯·达尔文早在19世纪中期就已经把它弄清楚了。这比科学家们发现基因——更别说基因是由什么组成的——早了好几十年。达尔文的观察发现，动植物在每一代中都有变异，而且其中一些变异是可以遗传的。这些发现足以帮助他提出一项假说。这一假说认为，他称为自然选择的过程将更加青睐那些有助于存活和繁育后代的变异。

虽然达尔文可以在活的物种身上看到演化的结果，但他认为生命的演化类似山脉的形成，会历时数百万年，因此其规模是人无法感知的。

达尔文曾经指出："在时间的指针跨过一段漫长的距离之前，我们无法看出这些正在发生的缓慢变化。我们对那些久远地质时代的了解还远不够充分，因此我们能看到的，不过是现在的生命类型较之前有所不同罢了。"[2]

达尔文错了，不过情有可原。他自然是无法认识到微生物可以在几周内就展现出演化的力量。1988年2月15日上午，在加利福尼亚的尔湾市，它们首次开始揭示演化的秘密。微生物学家理查德·伦斯基（Richard Lenski）启动了一项持续数十年的细菌实验。

细菌可以在短短20分钟内完成分裂，这意味着一个细菌可以在一夜之间产生一个拥有数十亿个体的种群。其中一些子代将携带一些新的突变，这些突变有可能影响细菌的生长和分裂速度。10亿只鸟需要一块大陆，10亿个细菌只需要一个烧瓶。

伦斯基设计了一个实验，他希望这项实验能展示出演化引发的变化，并且这种变化是可以测量的。他的实验始于一个大肠杆菌。大肠杆菌是一种肠道细菌，已经成为微生物学实验室中的重要研究工具。伦斯基首先用最初的这个细菌培养出一个菌落，然后将这些子代分装到 12 个烧瓶里。每个烧瓶中所含的糖只够这些细菌存活几个小时。营养耗尽后，它们必须撑到第二天早上。伦斯基和他的学生随后会从每个烧瓶中取出少量液体，加到新的烧瓶中。成功撑过来的那些细菌就可以尽情享用培养液中的糖并再次增殖了。

为了追踪这些细菌的历史，伦斯基建立了一个记录"档案馆"，他喜欢把这些记录称为"冻存化石记录"。每隔 500 代，他的团队就会从每个烧瓶中取出一些液体，放入冰柜中冻存起来。一段时间后，他可以把这些冻存的细菌复苏过来，与其后代进行比较，看看出现了哪些变化。1991 年，伦斯基接受了密歇根州立大学的一份工作，把他的烧瓶和冰柜搬到了那里。此时，他的 12 个细菌群落已经被扩增了数千轮，而且演化出了很明显的新特征。

12 个烧瓶中的细菌都发生了一些突变，这些突变有助于它们在新的环境中生长和迅速摄取营养，并且在每天的禁食生存挑战中撑下来。它们能够在更短的时间内长到足够大，然后一分为二。随着这些细菌获得越来越多的有益突变，它们的生长速度也越来越快，最终比它们先辈的生长速度快了 75%。在这一过程中，细菌的大小也在不断增加，演化成了它们先辈的两倍大，伦斯基和他的学生们还没有弄清楚其中的原因。在后来的几年里，他们鉴定出了每个谱系中发生的许多突变，这些突变会引发各不相同的变化，但自然选择将所有的 12 个谱系都推向了同一个大方向。

多年来，有数十名研究生在伦斯基的实验室参与了这项研究。[3]他们照料着伦斯基的细菌，最终成了实验演化学家，并在美国各地建立起自己的实验室。保罗·特纳就是其中之一。生物学家沃恩·库珀

（Vaughn Cooper）也是伦斯基的学生。2019 年，在新罕布什尔州举行的一次科学会议上，我聆听了库珀的发言。库珀身材瘦削，充满激情，讲述了如何让高中生也能看到正在发生的演化。库珀和他在匹兹堡大学的同事设计了一个实验试剂盒（kit）。利用这个试剂盒，青少年可以开展为期一周的实验。[4] 据库珀说，已经有数千名学生使用这个试剂盒做过实验。我想，一个五十多岁的作家自然也能追随他们的脚步。

库珀答应给我寄一个试剂盒。一天，一个纸盒出现在了我家门口。我拆开上面的胶带，查看里面都装了些什么。我发现了培养皿、密封的试管、几瓶透明液体和一个袋子，袋子里装着黑色和白色的珠子。培养皿上布满了诡异的条纹和划痕。它们释放出一种甜味，但不太好闻，就像是野餐桌上被遗忘了几天的一罐苹果酒散发出的那种气味。培养皿中是另一种假单胞菌——荧光假单胞菌（*Pseudomonas fluorescens*），这种细菌也生长在植物叶片上和土壤中，但不会攻击囊性纤维化患者的肺部。[5] 高中生们可以安全地使用这种细菌进行实验操作。

我用胶带把盒子重新封好，放进冰箱里，希望细菌的气味不会渗入旁边的食物中。我还需要一位老师为我提供操作方面的指导。我家就在耶鲁大学附近——我在那里教写作课——特纳和奥特欣然同意帮我这个忙，完成这项实验。

一天，我把我的试剂盒带到特纳的高顶实验室。一群研究生正在对试管中的溶液进行离心操作，将微生物涂布在培养皿中，然后给培养皿的盖子贴上标签。奥特在她实验台的旁边腾出了一块地方，我把我的试剂盒放了上面。她让我戴上灰色手套，穿上白大褂。当我们把培养皿从盒子里拿出来时，那股气味也随即冲了出来。

"假单胞菌。"奥特嘟囔着说，就像遇到了一名老对手。"如果在用假单胞菌做实验的时候站在不恰当的位置，那么它会近乎让我出现

生命的边界

偏头痛。我就得去沙发上坐几分钟，喝杯茶，让我的大脑适应过来。"

在来实验室之前，我还参加了一个线上课程，学习了实验室中的一些基本安全操作，比如在发生意外时如何冲洗眼睛、如何清理溅出的液体等等。但现在，和奥特一起工作，我感觉自己就像置身于卫生新兵训练营里一样。奥特指导我用酒精把我的实验台彻底擦干净，然后点燃我的本生灯[①]。她把手放在本生灯的火焰周围，就像捧着一个地球仪。

"这是你的无菌区。"她说。

许多肉眼看不见的生命可能会破坏我的实验，但只要我在这个无菌区内进行操作，就不会受到任何影响。飘浮在空气中的细菌和真菌孢子可能会落入我的试管和培养皿，并在生存竞争中战胜我的假单胞菌。但在这个无菌区里，这一切还没来得及发生，它们就早已被本生灯的火焰杀灭了。

我用字母和数字给一组塑料试管编好号，然后拿起移液枪，向试管中加入一些液体，这些液体中含有假单胞菌生长所需的营养物质。当我不小心让移液枪的枪头碰到操作台时，奥特会让我停下来，换一个新枪头。因为原来的那个枪头可能会沾染上消毒后这段时间落在台面上的微生物，而一旦沾染上微生物，它们就可能在我的试管里肆意生长。

"在偏执狂这个谱系里，"奥特说，"我属于最极端的那种。"

在向所有试管加入培养液后，奥特让我先把镊子浸到酒精里，然后把它伸到本生灯的火焰中。酒精燃烧产生的蓝色火焰很快就消失了。之后，我把无菌的镊子伸入那个装有珠子的袋子里，每次夹出一颗珠子，扔进试管里。

现在，该向试管中添加细菌了。奥特递给我一个接种环——一

---

① 类似于酒精灯，用于无菌操作。——译者注

根又长又硬的金属丝，末端带有一个几乎看不见的小小圆环。我先把它放在火焰上灼烧，然后掀开其中一个培养皿的盖子，挖起一团大头针针头大小的细菌。现在，我的接种环上有数百万个具有相同基因组的细菌。这个菌株叫荧光假单胞菌SBW25，最初是科学家从一个英国农场种植的甜菜中分离出来的。

我把细菌浸入一根装有培养液的试管中，再次灼烧接种环，然后向另一根试管中接种细菌。这项工作完成后，奥特把这些试管放到一个托盘里，并把托盘放在一个冰箱大小的培养箱的平台上。她打开开关，平台开始摇晃，试管里的液体也随之开始晃动。

第二天，试管中原本清澈的溶液变得浑浊了，因为在一夜之间，试管中长出了数十亿个细菌。更令人振奋的是试管中珠子的变化：假单胞菌给它们披上了一件黏糊糊的外衣。

对微生物学家们来说，这些黏液无异于一项建筑奇迹。当假单胞菌落在一个物体的表面时，它们细胞膜上的蛋白会感应到这一点。这之后，假单胞菌会改变自己的形状，而这种改变又会改变细胞内游离的蛋白。这种分子级联反应最终会让假单胞菌开启一些基因。它们会制造出这些基因编码的蛋白，将它们转运到细胞膜附近并最终释放出来。这些被释放出的蛋白交织在一起，形成一种黏稠的基质。假单胞菌随后会紧贴在这层黏稠的基质上，把自己固定在其表面。固定下来之后，它们就能以一旁经过的蛋白质碎片为食了。在假单胞菌生长和分裂时，它们的子细胞也会分泌黏液。这些黏液交汇融合，不断蔓延。每一种假单胞菌都会创建生物膜，借此在物体表面大量增殖。这些表面可以是一片叶子、一粒土壤、一只蚱蜢的肠道，也可能是一名囊性纤维化患者的肺。

我把黏糊糊的珠子转移到新的试管中，在这里，它们将遇到新的伙伴——我已经提前在试管里放了一些新珠子。第二天，我发现新珠子上也长满了细菌，变得黏糊糊的，于是我又把这些新珠子转移

　　　　　　　　　　　　　　　生命的边界

到新的试管中。每移动一次珠子，我都扮演了一次自然选择的角色。

假单胞菌每分裂一次大约有一千分之一的概率出错，从而在子细胞中留下突变。由于每个细胞能在一天内产生 10 亿个子代，所以我的试管里会产生数百万个突变。通过将珠子从一根试管转移到另一根试管，我事实上在选择那些善于在珠子表面形成生物膜的突变。当我和奥特给旧试管消毒时，培养液中漂浮的所有细菌都注定要被毁灭。

一周后，我再次走进实验室，想看看是否有生命在我的注视下发生了演化。奥特拿起两个培养皿，举过头顶看了看。

"基本上，这就是正常情况。"她一边说，一边将一个培养皿往前移了移。"这就是你的小家伙，"她指着另一个培养皿说，"如果你愿意戴上手套拿着它，我可以给你和你的演化突变体拍张照。"

我戴上手套，拿起培养皿，对着手机摄像头露出微笑。我一只手拿的是普通的"小家伙"，培养皿里是很普通的荧光假单胞菌，它们在常规条件下自由生长了一周。在奥特把这些细菌涂布到培养皿上后，它们会长成粉刺大小的菌落，就像它们的先辈一样。

而我的另一只手拿的是我的"小家伙"：我演化出的各种突变体。在一遍遍将黏糊糊的珠子从一根试管转移到另一根试管一周后，我把最后一根试管放在振荡器上，将珠子上的生物膜摇晃下来。我把细菌涂布到新的培养皿上，让它们长成菌落。奥特发现了一些奇形怪状的菌落，于是她挑了一个，在一个新的培养皿上单独培养。在这个培养皿里，突变细菌长成了几十个边缘有些模糊的大斑点，看上去像一朵花上诡异的花瓣。

之后，奥特把我的这些突变体的一部分送去了匹兹堡，让库珀和他的同事亲眼看一看。他们对一些细菌做了 DNA 测序，寻找导致它们异常生长的变化。

库珀后来告诉我："这是一个我们之前没有见过的新突变体。"荧光假单胞菌的基因组有 670 万个碱基对，如果把它们全都打印出来，将会有整套《哈利·波特》那么长。在这个突变体的 DNA 上，库珀和同事发现了两个基因"错别字"。他们推测，其中一个突变（C 突变成了 T）是导致这些细菌形成奇异花状菌落的原因。这个突变改变了一个基因，在正常情况下，这个基因会帮助每个细菌给自己织就一层棉花糖一样的糖衣。我的细菌中的这个突变很可能使这些覆盖物变得更具有黏性，从而使细菌更能黏附到珠子上，或者更加牢固地彼此粘连到一起。

几个月来，库珀和他的研究生一直在开展我这个实验的加强版，不断将黏糊糊的珠子从一根试管转移到另一根试管。通过让演化对他们的微生物在更长时间里发挥作用，他们已经创造出一个令人印象深刻的突变大观园。一些细菌形成的菌落看上去犹如泼墨一般。还有一些菌落看起来像金橘片，有的呈橘红色，有的呈血色。这些颜色和形状可能只是那些让细菌在生物膜中生长得更好的突变产生的副作用。库珀团队创造出了各种颜色和形状的菌落，这可能反映了生物膜中的生命拥有像茂密丛林般的复杂性，在生物膜中，演化可以用许多不同的突变体来填充许多不同的生态位。

我在实验室总共待了一个星期，奥特在我旁边做她自己的实验。我看到她的实验需要用到大量的试管、烧瓶和培养皿，但我也有自己的事情要忙。我专心致志地用小镊子夹取黏糊糊的珠子，避免它们飞出去，所以也顾不上问她太多。在我成功培养出一种突变体之后，我让奥特多跟我讲讲天蓝色的培养皿之塔的事情。

奥特的实验是一个大的研究项目的一部分，这个项目希望研究清楚铜绿假单胞菌在肺部是如何演化的。人体与树叶或池塘有根本性的差异，这意味着当细菌刚进入宿主体内时，面对这个新家，它们会不太适应，所以会分裂得很慢。当突变出现时，其中一些突变会让细菌更适应人的肺部环境，因而使细菌生得更快。就这样，一个突变接着一个突变，不断发生，不断累积，铜绿假单胞菌会制造出非常适合呼吸道的生物膜。如果医生给感染者使用抗生素，这些肺部的细菌可能会产生新突变，对药物产生抗性。对于这些细菌来说，人的肺和伦斯基的烧瓶没什么区别。

奥特参与的这项研究的目标是找到一种方法来控制这种演化。这些研究人员并没有试图杀死这些细菌，而是想让它们变得无害。他们会通过我刚刚完成的这个实验所采取的方式来做到这一点。他们要改变细菌的环境，将自然选择推向一个新的方向。

奥特培养皿中的蓝色来自细菌产生的一种色素。这种叫作绿脓菌素（pyocyanin）的色素是铜绿假单胞菌感染的标志。事实上，当医生们在 19 世纪末首次从患者身上分离出这种细菌时，他们将这种微生物称为"蓝脓细菌"。[6]

几十年后，科学家们才开始了解绿脓菌素的实际作用。例如，它似乎可以抵御免疫细胞，使细菌免受免疫细胞的攻击。它还会引发炎症，这些炎症会对囊性纤维化患者的肺部造成巨大的伤害。如果铜绿假单胞菌停止产生绿脓菌素，仅凭这一点，它们带来的威胁就会小很多。在特纳的实验室，一位名叫陈家明的研究人员发现了一种可能推动铜绿假单胞菌朝着这个方向演化的工具：一种病毒。

感染细菌的病毒被称为噬菌体。每种噬菌体上都有一些"分子钩"，可以抓住细菌表面的某种特定蛋白。一旦噬菌体抓住相应的蛋白，它们就可以侵入细菌，并在其细胞内制造出新的噬菌体。

细菌已经演化出了许多对抗噬菌体的防御措施，当它们遇到新的敌人时，它们还可以演化出新的防御措施。对细菌来说，保护自己免受噬菌体侵袭的最简单的方法之一是丢弃噬菌体能够捕获的那些蛋白。如果说噬菌体可以用一把钥匙打开进入细菌的通道，那么细菌可以直接把门拆掉。当然，细菌在其表面安置蛋白也是有原因的。它们用其中的一些蛋白来吸收养分，用一些蛋白向其他细菌伙伴发送信号，用另外一些蛋白充当感受器，告诉它们周围环境的情况。但失去其中一种蛋白所付出的代价可能比防御噬菌体带来的好处要小，所以对细菌来说，这很划算。

在寻找新的噬菌体毒株时，陈家明发现了几十种能够感染铜绿假单胞菌的噬菌体。当他和同事用其中一种噬菌体感染铜绿假单胞菌时，那些不再制造噬菌体侵入细菌所需蛋白的突变体会更有选择优势。但这种突变还产生了另一种影响：突变的铜绿假单胞菌产生的绿脓菌素变少了。这种突变可能关闭了细菌 DNA 上的某个基因开关，而这个开关同时控制着表面蛋白和绿脓菌素的制造过程。

陈家明和同事想用他们新发现的噬菌体来帮助囊性纤维化患者，但不知这是否行得通。如果这些患者吸入这种噬菌体，噬菌体不太可能对患者造成伤害，因为它们只感染细菌，不会感染人的细胞。细菌可能会演化出对噬菌体的抗性，但在这个过程中，它们会牺牲自己制造危险的绿脓菌素的能力。

在一项临床试验中，医生将陈家明的噬菌体喷到囊性纤维化患者的呼吸道中。当噬菌体开始攻击患者呼吸道中的铜绿假单胞菌时，被试每隔一段时间会把痰咳到试管中。这些试管会被送到奥特手里，她会将其中的铜绿假单胞菌分离出来，在培养皿上培养。等到细菌长成一块微生物草坪后，奥特会把培养皿堆叠起来，建起一座塑料的高塔。顶部的蓝色培养皿中培养的是患者接受噬菌体治疗前采集的样本，而下面的培养皿中培养的则是患者接受治疗后每周采集的样本。随着塔的下方蓝色逐渐消失，奥特和同事可以确信，他们有关演化的预感是正确的。铜绿假单胞菌正在稳步地放弃绿脓菌素，它们也许会成为人的肺部的安全居民。

"蓝色越少，炎症就越少，"奥特说，"这是好事。"

奥特和同事需要进一步研究这些细菌——开展更多次的实验——才能确定他们的噬菌体是否能安全有效地驯服铜绿假单胞菌。对于将病毒注入病人体内的策略，政府监管部门会持怎样的态度目前还不得而知。但只要不断演化，这种活体药物迟早会有效。演化赋予它们的效力令人难以抗拒。

一

生物学拓展了我们观察生命的视野，让我们可以了解我们自己生命体验之外的世界。它开启了一个时光隧道，使我们可以回望生命数十亿年的历史，还让我们可以深入细胞的微观世界，一探生命的奥秘。但每一名生物学家都面临着艰难的取舍，没人能了解所有生命的所有信息。哪怕只是研究一种生命，可能也会耗尽一名研究者的整个职业生涯。如果我让伊莎贝尔·奥特讲一些致病细菌的故事，她会讲得绘声绘色。但如果我问她一些关于蟒蛇的问题，她可能就什么也答不出来了。我曾经和斯蒂芬·塞科一边品尝着塔斯卡卢萨最好的微酿啤酒，一边谈论着蟒蛇，而且一聊就是几个小时，但我肯定不会去找他了解枫树的生殖生物学。

然而，一些共同的特征将枫树、蛇、假单胞菌、黏菌和蝙蝠联系在了一起。它们都会生殖和演化，都会做出决策，都会将食物转化为能量并维持内部平衡。在生物学诞生之前，人们对其中一些特征知之甚少。人们知道树会结出种子，种子会长成更多的树。人们也知道蝙蝠能以某种方式熬过严冬和酷暑。而现在，人们更加了解的是为什么会这样。人们发现，从根本上说，适用于一个物种的情况也适用于其他物种。研究人员时常会好奇，这些不同的特征统一到一起究竟创造出了什么。如果所有生命体都有某些共同特征，它们能告诉我们生命是什么吗？"生命是什么？"似乎是生物学家们要回答的第一个问题，而且也是最重要的问题。然而，这个问题至今仍然没有答案，或许永远也无法回答。

第三部分

难解之谜

第 8 章

不可思议的增殖

海浪翻涌，拍打着沙滩，卷来一波又一波新沙。沙滩隆起，形成连绵起伏的沙丘，就像陆地上涌起的波浪。背风一侧，沙丘让位给了生命塑造的有序景观：造型树、花圃和橘园。这座宏伟的庄园被称为索格弗里特（Sorghvliet），是荷兰威廉·本廷克伯爵（William Bentinck）的消夏之所。在 18 世纪，索格弗里特颇受赞誉，被认为是欧洲最宜人的庭园之一。如今，庭园昔日的辉煌已几乎不复存在：迷宫环绕的巨型假山难觅踪影；那一座座"树叶之屋"——用砍下的树枝做成门窗的大树——也消失不见了。

然而对生物学家们来说，索格弗里特仍然是一处圣地。在他们看来，为索格弗里特带来荣耀的并不是昔日壮丽锦绣的庭园，而是其鱼塘和沟渠中潜藏的一种微小动物。1740 年夏天，这种微小的动物走进了人们的视野。当时，欧洲各地的许多学者都在颇为自信地发表自己的见解，阐释何谓"活着"，而这种神秘的小动物则揭示出他们对生命的看法实属浅见薄识。

发现这种小动物的人名叫亚伯拉罕·特伦布利（Abraham Trem-bley）。[1] 这个四处漂泊的年轻人接受了伯爵提供的一份正式工作，来到索格弗里特担任伯爵两个幼子的家庭教师。但很快，他就开始代行两个孩子父母的职责了。他们的母亲搬到了德国，与她的情人生活在一起，而他们的父亲大部分时间都住在海牙，要么忙于国家事务，要么处理离婚事宜。留在索格弗里特的两个孩子孤零零的，但特伦布利更是如此。他出生在瑞士，曾因准备加入教会而接受了数学和神学方面的培训。但由于卷入政治纷争，他不得不离开瑞士，之后来到荷兰。在得到这份稳定工作之前的几年里，他一直靠教授私人课程糊口度日。

特伦布利是一名对世界充满好奇心的老师，同时也非常虔诚，他确定了自己在索格弗里特要完成的使命——通过教孩子们观察大自然的杰作，让他们认识到上帝的无所不能。特伦布利并没有花太多时间教授常规的课程，也没有照本宣科地讲授亚里士多德的大量著作。在特伦布利成长的那个年代，欧洲正处于科学革命时期，科学革命带来了解释生命的新理论，他想亲眼看看这些理论究竟能多么恰当地解释自然。

"自然必须由自然来解释，"特伦布利后来说，"而不是由我们自己的观点。"[2]

在索格弗里特，大自然很乐意帮这个忙。特伦布利和孩子们在庭院中漫步，观察这里的动物和植物。他们捞出池塘里的浮萍，舀起沟渠中的昆虫，然后将这些收获的东西带回特伦布利的书房。特伦布利和孩子们在书房里一起研究这些标本精细的解剖结构。他们有时用放大镜观察，有时用伯爵给他们配备的一个定制显微镜。显微镜的透镜固定在一个关节臂的末端，因此可以灵活移动。

特伦布利仔细地绘制出他和孩子们在这个微观世界里观察到的一切。很多时候，他们观察到的东西都是人们前所未见的。特伦布利写信给欧洲各地的学者，向他们讲述自己观察到的东西——毛毛虫、蜜蜂和蚜虫非同寻常的复杂结构。那些收到信件的学者们很快就意识到，这位在荷兰海岸踽踽独行的教师也是他们中的一员。

生命的边界

索格弗里特的动物们很快就让特伦布利卷入了一场关于生命本质的辩论。这场辩论在欧洲掀起了不小的波澜，已经持续了近一个世纪。辩论的一方是 17 世纪的哲学家勒内·笛卡儿的追随者。[3] 笛卡儿反对"自然界有目的"——比如认为重力会将物体带到地球的中心，就好像重力知道地球中心在哪里一样——这一传统观念。他提出了有关物体运动的观点。起初，笛卡儿认为只有钟摆和行星等无生命的物体才是运动的，但后来也开始将生命体纳入这一范畴。笛卡儿认为，生命体由协同工作的各个部分组成，如同钟表一样。钟表的各个部分由弹簧和重物提供动力运转。与此类似，动物身体的各个部分由其神经内的微小爆破提供动力，借此运转。笛卡儿希望，有朝一日，物理学家们能像描述岩石落地或者月球绕地球旋转一样，也能对生命给予恰当的描述。

笛卡儿的观点启发了一代又一代追随者，他们循着笛卡儿的脚步，将以机器为中心的生命观从动物扩展到了人。他们认为，除了我们理性的灵魂，我们的身体也很像机器。将笛卡儿的观点奉为圭臬的医生们认为，自己与钟表匠是同行。德国医生弗里德里希·霍夫曼（Friedrich Hoffmann）就曾于 1695 年公开表示："就像整个自然界一样，医学也必然是机械性的。"[4]

与此同时，笛卡儿的观点也激起了一波又一波反对的浪潮。笛卡儿对这个世界的解释似乎根本不需要上帝的存在，这让一些人大为震惊。还有一些人则无法将笛卡儿的观点与他们自己对自然的理解协调统一起来。这些反对笛卡儿的人越是仔细地观察生命，生命在解剖学和行为学上的复杂性就越发明显。[5] 他们认为，这种复杂性还有更重大的目的：使生命体得以生存和繁衍。任何机械哲学观都不足以解释这种复杂性，也无法解释其目的。反对笛卡儿的人坚信，正是这种目的让无机物与有机体之间产生了关键性的差异。

医生格奥尔格·恩斯特·施塔尔（Georg Ernst Stahl）曾发表言

论称，科学的使命就是了解其中的差异——了解究竟是什么让生命如此与众不同。他在 1708 年说："因此，归根结底，最重要的一点是要知道生命是什么。"[6]

对于这个问题，施塔尔也给出了自己的答案，这个关于生命的定义在之后的几个世纪里一直备受推崇。施塔尔认为，生命"不是关于身体的问题——解剖学、化学和各种液体的'混合'——而是它们之间如何相互依存的问题"。他认为，生命的相互依存能使其经受住凶险世界的攻击，抵抗腐朽的力量。而要维持这种相互依存，生命就必须拥有一种内在的力量——施塔尔认为这种力量来自灵魂。[7]

生殖是生命最显著的特征之一，但博物学家们在解释生命是如何完成这一壮举的这个问题上存在严重分歧。一些学者主张，生命体的各个部分在卵子和精子中就已经存在了。他们认为，在一粒能够发芽的树的种子中，包含着那棵将会长大的树未来会结出的种子，而这些种子又包含了它们自己的种子。其他学者则认为，想象生命存在于类似箱子套箱子的无限循环中是很荒谬的。他们辩称，在生命体本身存在之前，生命体的各个部分并不存在。动植物复杂的解剖结构必须通过一个神秘的发育过程逐渐形成。

1740 年，特伦布利开始与其他博物学家通信，通过这些信件，他得知了一个关于生命繁衍的惊人发现。查尔斯·邦纳（Charles Bonnet）在从日内瓦寄来的信中写到，他观察到雌性蚜虫在未经交配的情况下繁殖出了后代。在往来的信件中，无论是邦纳还是他的导师——身居巴黎的法国博物学家勒内·安托万·费尔绍·德·列奥米尔（René Antoine Ferchault de Réaumur）——都向特伦布利表达了自己的惊讶之情。为了一探究竟，特伦布利决定亲自研究这个异乎寻常的现象。他和孩子们在索格弗里特养了一些雌性蚜虫。正如列奥米尔和邦纳所言，这些雌性蚜虫开始产卵了。

如果雌性蚜虫无须交配就能正常产下后代，那它们的卵中就一定含有预先形成的蚜虫。也就是说，与人们能想象到的神创机械可以提供的自主性相比，动物拥有的自主性更多。特伦布利猜测，当时的学者们言之凿凿的那些自然规律或许只是一些猜想。他的观察结果让他在研究中更加谦虚审慎。能够通过观察来了解自然，他觉得十分满足，并没打算要宣告发现了什么上帝的法则。

正是这种谦逊让特伦布利注意到了被人们忽视的一些东西。1740年6月的一天，在观察一株从沟渠中采集的浮萍时，他注意到浮萍的侧面粘着一根小小的绿色枝干。小小的枝干还戴着一顶奇特的"王冠"，好似一缕缕丝线。之后，他又仔细观察了其他浮萍，发现了更多这样的小枝干。

特伦布利不知道这些小枝干究竟是什么，但事实上，博物学家们早在40年前就已经发现了这种奇特的生命形式。他们认为这是一种植物，特伦布利也持同样的看法。他在索格弗里特向来访者展示它们时，这些人也表示认同。在其中一些人看来，特伦布利观察到的是一小片草叶，或者蒲公英的冠毛。

但特伦布利觉察到了异样：它们的"王冠"在动，但并非只是随着罐子里的水流自然地摆动。"王冠"上的"丝线"似乎是在有意地移动。

特伦布利后来回忆说："我越是关注这些'王冠'上'丝线'的移动，就越觉得它是内部原因引起的。"[8]

他抓起其中一个装着小枝干的罐子，轻轻晃了晃。接着，奇怪的事情发生了，这些"丝线"突然缩进了小枝干里。当罐子稳定下来后，"丝线"又从小枝干中冒了出来，蜿蜒伸展。特伦布利说，在观察这些行为时，"我的脑海中浮现出了鲜明的动物形象"[9]。

一天，特伦布利发现这些戴着"王冠"的小动物贴在罐子的一侧，但它们之前从未在这里出现过。他意识到它们是自己移动到这里的：它们离开浮萍，在水中像尺蠖一样爬到了这里。这些小动物有个明确的目标：追逐阳光。当特伦布利转动水罐，让这些小动物位于阴暗的一侧时，过一段时间，它们又会爬到阳光下。这些小动物也吃东西。特伦布利曾看到它们用"丝线"手臂抓住虫子，再将这些猎物塞到王冠中心位置的嘴巴里。他观察到，它们吃水蚤，有时甚至吃小鱼。

特伦布利之前从未见过如此神奇的动物，甚至闻所未闻。为了更深入地了解它们，他接连设计并开展了许多实验。他将其中一个小生物切成两半，但这一分为二的两部分并没有死亡，而是重新长成了两个完整的个体，分别拥有完整的躯干、头和触手。它们甚至又开始移动了。特伦布利向列奥米尔坦言："我完全不知道这究竟是怎么回事。"

列奥米尔也不知道。在特伦布利寄来的信中，关于这些生物的描述越来越奇幻。列奥米尔将特伦布利描述的情况告诉了其他人，但人们根本不相信会有这样的生物存在。列奥米尔希望特伦布利能将这些小生物寄给他一些，他想亲眼看一看。

特伦布利将50个这种生物装在一根玻璃管里，管口用西班牙蜡封住。但当远在法国的列奥米尔收到这根玻璃管时，里面的动物已经死了，封口的蜡使它们全部窒息而死。特伦布利又试着寄了一批，这一次他用软木塞塞住管口。1741年3月的一天，列奥米尔收到了这批小动物，它们还活着。他将这些动物切成若干部分，就像特伦布利在信中所描述的那样，结果它们分别再次长成了完整的个体。列奥米尔坦言："即便已经目睹了这一事实，即便已经目睹了上百次，我还是觉得难以置信。"

如果特伦布利的小动物是一台精致的机器，那么将其一分为二必然会导致每个部分都无法继续工作。但如果这些动物是从某种预先形成的种子发育而来的，那么在被一分为二之后，它们也不可能再生出完整的新个体。如果每种动物都拥有不可分割的动物灵魂，那么在没有上帝的预见和规划的情况下，把动物个体切成碎片会使其创造出新的灵魂吗？

"灵魂可以分割吗？"列奥米尔很是疑惑。

列奥米尔建议特伦布利给这种小动物取个名字。他提议借用拉丁语中"章鱼"（octopus）这个词，稍加改动，就叫"水螅"（polyp）。今天，它们在分类学上被分在水螅属（Hydra），基因研究表明它们与水母和珊瑚有亲缘关系。列奥米尔向法国科学院展示了特伦布利的水螅，引得同事们惊叹连连，就像他最初看到水螅时的反应一样。这次展示的正式报告听起来不像一篇科学论文，更像马戏团招揽观众的夸张言辞："凤凰涅槃固然传奇，但我们将要讲述的发现更加不可思议。"

得益于列奥米尔的宣传，水螅在欧洲声名鹊起。博物学家们纷纷联系特伦布利，恳切希望能一睹水螅的"真容"。特伦布利不禁抱怨："我一直忙着往各个地方寄送水螅。"[10] 他将第一批水螅寄送到伦敦时，不下两百人聚集在皇家学会，争相通过显微镜观察这些小动物。亨利·贝克得到了皇家学会的水螅，通过观察，绘制出了这些动物的神奇技艺。他匆匆挥笔写了本书，题为《水螅的自然史初探》（An Attempt Towards a Natural History of the Polype）。当特伦布利在索格弗里特闷声不响地做实验时，贝克满足了公众的好奇心。

贝克解释说，关于水螅的传闻"似乎非同寻常，与自然界的普遍规律和我们对动物生命的看法背道而驰，因此许多人将其视作荒谬的突发奇想和天方夜谭"[11]。贝克尽展抒情笔法，描绘了水螅如何移动，如何捕捉猎物，又如何吞噬它们。不过，他也知道，将水螅视为一种动物的想法显得过于奇幻，一定会遭到怀疑论者的嘲笑，因为这"在原则上与他们有关生命的假说不相容"。

其中最不相容的部分就是水螅的再生。贝克说："他们问，如果'动物灵魂'或者'生命'在本质上是不可分割的——整体上不可分，各部分也不可分——那么为什么这个动物在被分割四五十次后仍然能继续生存和充满活力呢？"

就在贝克为水螅唱赞歌的时候，特伦布利在它们身上发现了更多神奇之处。它们的身体被一种蛋清一样的黏性物质固定在一起，当他要将水螅分割成若干部分时，他必须克服这些黏性物质的顽强抵抗。特伦布利猜测，自己可能发现了生命的基础——这种胶状物质不仅将他的小动物们聚合在一起，还赋予了它们移动的力量。[12] 这是第一次有人构想出这样一种赋予生命的物质——一个世纪后，科学家们将其称为原生质。

特伦布利还做了许多其他实验：他将单个水螅变成数十个个体；他切掉水螅的一小部分，让它们长成畸形的怪物；他还将两个水螅个体融合在一起，发现它们仍然能像单个水螅一样悠然自得。一天，他将一只水螅置于掌心的水滴中，用另一只手把一根猪鬃毛伸进它的躯体里，然后再抽出。这时，水螅的身体完全翻转了过来，就像冬日里夜幕降临时迅速脱下的一只手套。这只水螅身体的内部此时翻到了外面，但它仍然活着。当特伦布利报告水螅的这一壮举时，许多博物学家根本不相信。为此，他不得不召集一批著名专家，聚在索格弗里特，见证他将水螅的身体内外翻转。

1744 年，特伦布利终于出版了自己的专著。这两卷本专著论述了他关于水螅的所有研究工作。但特伦布利并没有就此成为动物学家并开启自己新的职业生涯，这部专著反而为他的科学研究画上了句号。伯爵的两个孩子已经长大了，不再需要家庭教师。特伦布利在索格弗里特任职期间，人脉甚广的伯爵曾将他介绍给自己的一些熟人，特伦布利的聪明才智给他们留下了深刻的印象。之后，他前往法国，参与执行了一项秘密外交任务，处理奥地利王位继承战争涉及的问题。完成这项任务后，特伦布利又得到了一份与教育相关的工作，指导一名年轻的英国公爵的教育。他和他的这名学生在欧洲大陆游历了很多年。这两个职位让特伦布利获得了丰厚的养老金，他用这笔钱在日内瓦购置了一处宅邸，在这里抚养自己的五个孩子，还写了一系列关于教学的书。

特伦布利最重要的学生就是他自己。在短短四年的时间里，他通过自学掌握了如何在动物身上开展严格的实验。在他研究水螅的过程中，他也开创了实验动物学。在他完成工作并离开索格弗里特之后很久，他从水螅身上获得的发现依然萦绕在博物学家和哲学家的脑海中，让他们难以忘怀。这种生物——有些人误认为它们是一种昆虫——表明，生命与之前人们对它的理解非常不同。

"一种可怜的昆虫刚刚出现在世人面前，改变了我们一直以来都认为不可改变的自然秩序，"博物学家吉勒·巴赞（Gilles Bazin）宣称，"哲学家们被吓坏了，一位诗人告诉我们，死亡本身已变得苍白。"[13]

第9章

另一种运动

当特伦布利和本廷克伯爵的孩子们在沟渠中溅起阵阵水花时，一名年轻的医生在德国小城哥廷根为自己赢得了传统意义上的名望。阿尔布雷希特·冯·哈勒（Albrecht von Haller）受当地一位男爵的盛情邀请，于1736年搬到了这里。[1] 当时，这位男爵正在筹建一所大学，希望邀请欧洲最好的解剖学家加入。虽然只有28岁，但哈勒无疑是最佳的人选。男爵竭力邀请他加入。为了表示诚意，他为哈勒建了一座宅邸和一个植物园，甚至还修建了一座加尔文宗的教堂，供他做礼拜。这些还不是男爵愿意提供给哈勒的全部。"对我来说，受邀前往哥廷根，最重要的是要有一间解剖学教室，"哈勒后来写道，"还要有可供解剖的尸体。"[2]

与特伦布利一样，哈勒也是瑞士人，同样漂泊在外。他出生于伯尔尼附近一个不太寻常的家庭，传言这个家庭的成员都神经兮兮、神神秘秘，还十分古怪。五岁时，小哈勒曾坐在厨房的炉灶上，为家里的仆人讲解《圣经》。到九岁时，他可以毫无障碍地阅读希腊文，还为上千位名人写了传记。渐渐地，他开始好奇身体内部究竟是什么样子，并通过解剖动物来满足这种好奇心。他后来离开瑞士，前往医学院求学，先是去了德国，后来又去了荷兰。在进入医学院后，他开始解剖人体。

在医学院就读时，一些同窗觉得哈勒有点讨人厌。他会把不同的意见视为对他的人身攻击。他的一名传记作者写道："他无法对别人的错误保持缄默。"当时，一位知名教授宣布自己发现了一条新的涎腺导管。为了亲眼一见，十几岁的哈勒自己做了个实验。最终，哈勒证明这位教授发现的不过是一条普通的血管，就此让他颜面扫地。

从医学院毕业后，哈勒前往伦敦和巴黎继续深造。在旁观了一场可怕的膀胱修复手术之后，他决定再也不给活人做手术了。如今，他将更多的时间用于与尸体打交道。他观察得越仔细，发现就越多。哈勒后来说："要想纵览一切并全面了解人体的所有区域，就像要详尽描述广袤的地区、河流、山谷和山丘一样，是一件十分困难的事情，几乎无法实现。"[3]

完成学业后，哈勒回到伯尔尼，成了一名家庭医生，主要为母亲和孩子做放血治疗。对哈勒来说，这是一份相当轻松的工作，让他有了很多空闲时间。在大部分闲暇时间里，哈勒都在阿尔卑斯山漫步游荡。此时的哈勒仍然只有 20 岁出头，但已经凭借他在高山植物学方面取得的成就远近闻名。在伦敦时，他还对英语诗歌产生了浓厚的兴趣。如今，他创作了一首题为《阿尔卑斯山》的浪漫长诗，向群山致敬。这首长诗大受欢迎，使哈勒成了当时作品流传度最广的德国诗人，阿尔卑斯山也由此成为 18 世纪的一处旅游胜地。

当哈勒不为病人做放血治疗，也不从事写作或徒步旅行时，他会解剖尸体——大部分都是罪犯和穷人的尸体。他发现了新的肌肉、关节和血管。1735 年，哈勒首次对连体婴儿进行了细致的解剖。这对婴儿出生后不久便死亡了，两个婴儿各自拥有一个大脑，但共用一个心脏。哈勒据此得出结论，认为灵魂不可能在血液中移动，因为如果灵魂在血液中移动，那么这对婴儿拥有的两个不同的灵魂就必然会融合到一起。但在哈勒看来，这对连体的婴儿并非出现了畸形。恰恰相反，他认为这种巧妙融合的解剖结构进一步证明了上帝的精妙设计和无所不能。

哈勒在伯尔尼建立了声誉，这让他获得了加入哥廷根大学的邀请。加入这所新成立的大学后，哈勒立即全身心地投入工作。尽管在短短几年的时间里有两任妻子和两个孩子相继去世，但他还是努力完成了许多工作，出版了几本植物学和解剖学的著作。在解剖学教室里，哈勒领导着一支解剖学家的团队，团队中还有一些艺术家，用笔触勾勒出解剖学家们在尸体上发现的一切。

逝者的身体让哈勒了解了生者的身体。他乐于将自己创建的这种科学称为"运动解剖学"（anatomy in action）。在解剖学教室的第一层，哈勒用人的尸体做实验。而在第二层，他开展了一些更可怕的研究：他和学生们用活的动物来做实验，包括狗、兔子等等。仅仅观察拱形的横膈膜是如何连在死人胸部的肋骨上是不够的，哈勒需要看到正在运动的横膈膜。

特伦布利也做过一些可怕的实验，他用的是活的水螅，但对于这些他切成两半的小生物所经受的痛苦，人们并不是特别关心。但哈勒就不同了，在哥廷根一带，人们都知道哈勒会让他的动物遭受痛苦，所以他的名声一直不太好。哈勒抱怨说："我们需要大量的狗和兔子，但在一个无论做点什么都会招来异样目光的小城，这很困难。"[4]

哈勒给他的动物造成的痛苦也让他自己付出了很大的代价。对于自己的研究，哈勒曾表示："这是一种残忍的行为，我也不愿意这么做，只有想到这一切都是为了造福人类才能让我克服心理上的抗拒并坚持下去。另一个让我坚持下去的原因是，为了每天能大肆食用这些人畜无害的动物的肉，那些最仁慈的人也在杀戮这些动物。"[5]

刚开始的时候，哈勒设计的每一个实验都是为了研究一个器官。但渐渐地，他开始将横膈膜、心脏和身体所有其他部分视为整个系统的一部分。哈勒开始关注生命更基本的问题。对哈勒来说，最重要的问题是"生命体如何运动?"。当我们在散步或者眨眼睛时,我们可以察觉到一些生命的运动。但哈勒很清楚,尽管我们看不到,我们身体的内部也同样在不断运动。我们的心脏在怦怦跳动,我们的胆囊会分泌胆汁,我们的肠子也会像波浪起伏般蠕动。

哈勒认为,运动的形式有限,仅有几种。一些运动是从我们的意志中产生的。而在其他情况下,我们会自动对感觉做出反应。哈勒推断,引起这类运动的必定是神经,尽管具体是通过什么方式引起的还不清楚。根据当时的学者对神经的认识,哈勒认为,神经也必然能感觉到其引起运动的身体部位发生的情况。

为了验证这一推断是否属实,哈勒和他的学生用刀、热和有烧灼感的化学物质探查了数百只活体动物的身体内部。动物们的尖叫和用力挣扎揭示出了哪些身体部位是敏感的。正如预想的那样,皮肤非常敏感。但肺、心脏和肌腱则不然。哈勒尽其所能地探查了这些部位,却没发现任何反应。

哈勒还认识到,身体运动并不总是需要神经的参与。在将动物的心脏摘除后,这些器官即便与原来的神经系统分离了很长一段时间,有时仍可以继续跳动。等心脏不再跳动后,哈勒有时还能通过某些方式——比如用刀触碰,或者让它们接触某些化学物质——让它们在短时间内恢复活力。

对生命的这第二种运动——在 18 世纪被称为应激性(irritability)——哈勒产生了更浓厚的兴趣。他开始开展另一组实验,以绘制全身有关这一运动的图解。他和学生探查了各个器官和组织,看看它们是否会因受到刺激而收缩。其中一些器官和组织没有什么反应,另一些则有微弱的反应。但探查每一块肌肉时,它们都表现出了强烈的反应,而心脏——哈勒总结道——是"反应最强烈的器官"[6]。

哈勒想知道究竟是什么引起了身体的敏感性和应激性。在 18 世纪,医生们普遍认为神经中含有一种神秘物质,叫作动物精气(animal spirit）。根据某些说法，这些精气会创造化学爆炸，从而引起肌肉运动。但应激性并不依赖于神经，所以驱动它的力量必定来自别处。哈勒断定，这种驱动力就来自肌肉纤维内部，应激性是在这里产生的，而且与灵魂无关。

随着哈勒对应激性的思考越发深入，这个概念也变得越发深奥。他认定应激性就是生命的特征。这意味着死亡有了一个明确的定义：心脏失去其应激性的那一刻。在哈勒看来，应激性作为一种力，与重力一样意义深远，但也同样神秘莫测——即便轻轻戳一下肌肉，也会引起巨大的反应，这似乎有悖标准的物理学原理。

1752 年，哈勒发表了一系列演讲，向人们介绍他的实验，并在第二年将演讲结集成书出版。哈勒的演讲发表于特伦布利对水螅的研究之后不久，他的这些研究同样唤起了各界的极大兴趣。在特伦布利的研究为人所知后，人们想亲眼见证水螅再生。而现在，整个欧洲的解剖学家都想亲自实践，重复哈勒的实验。1755 年，一名来到佛罗伦萨的游客写道："各个角落都能看到一瘸一拐的狗，人们在这些狗身上做了关于肌腱无敏感性的实验。"[7]

然而，只有一部分实验印证了哈勒的观点，另一些则失败了。哈勒还遭到了一些人的猛烈抨击，理由是他声称身体的许多部分不依赖于灵魂，创造了自己的力。哈勒的一名学生写道："哈勒先生的反对者无处不在，而且人数众多。"[8]但就科学成果而言，批评者中没有一人能在这方面与他相提并论。哈勒单凭实验数量就能压倒对手。一名法国医生只是耸耸肩并认输，他问道："对 1 200 项实验还有什么好说的呢？"[9]

研究成果发表后不久，哈勒就离开了哥廷根。他放弃了他的宅邸、教堂和花园，也放弃了他的解剖学教室。时年 45 岁的哈勒回到瑞士，试图谋求政治权力，但他误判了形势，最终只找到了一份经营盐场的工作。这份相对清闲的工作让他有了大量时间写作。利用这些业余时间，哈勒撰写了许多医学和植物学论文，还发表了9 000篇书评。哈勒再也不会去拆解尸体或者剥掉兔子的皮了。现在，在哈勒的生活中，与这类研究最相关的事情就是他开始在自己身上做实验。

回到瑞士时，哈勒早已不再如年少时那般身强体健，无法再像以前一样翻山越岭。现在，发烧、消化不良、失眠和痛风不断折磨着他。敏感性开始向他复仇。怀着强烈的好奇心，哈勒开始借助切身体验来研究它。当他的痛风发作时，他会弯曲大脚趾的肌腱，并记录下他的感觉。他从未感到过不适，或者说，至少在他的脚趾弯曲到扯到脚趾的皮肤之前，他都没有感觉到不适。而在描述扯到皮肤那一刻时，他后来写道："在那一刻，疼痛变得如此强烈，简直难以忍受。"[10]对哈勒来说，他无法忍受的疼痛是一项个人证据，证明皮肤是敏感的，但关节不敏感——因此关节中必然没有神经。

步入花甲之年后，哈勒的膀胱开始出现慢性感染，这迫使他开始使用鸦片。对于这种药物，他再熟悉不过了。在哥廷根时，他就在自己的植物园里种植罂粟，从罂粟中提取鸦片，然后喂给动物，观察效果。哈勒注意到，鸦片会降低动物的敏感性。如果一只狗被喂食了大剂量的鸦片，那么将一支点燃的蜡烛靠近它的眼睛时它的瞳孔也不会有任何反应。但当哈勒检查这些动物的应激性时，他发现鸦片产生的效果要弱得多。鸦片只会让肠子的应激性略微降低，但心脏却仍然可以正常跳动。哈勒认为，这些结果进一步证明了敏感性与应激性完全不同。

苏格兰医生罗伯特·怀特（Robert Whytt）在看到哈勒发表的这些研究成果后指出，哈勒错了。怀特自己也做了实验，他发现鸦片让受试动物的脉搏有所减缓。怀特说，哈勒的"坦率和对真理的热爱"应该会让他"一旦发现错误，就立刻欣然承认"。[11]然而，这只是怀特自己的想法。哈勒并不认可怀特的研究，他觉得怀特的科学水平不高。

哈勒的疼痛加重了。他晚上睡得更少，而且由于关节炎，他的关节也开始疼痛。尽管他对鸦片很熟悉，但他自己不愿意服用。他曾听说过一些东方王国的传闻，在这些王国，滥用这种药物导致了"可怕的精神虚弱"[12]。对于"理性时代"的领军人物来说，没有什么比非理性更可怕的了。

在与老朋友英国医生约翰·普林格尔（John Pringle）的通信中，哈勒诉说了自己的担忧。普林格尔是英国最顶尖的医生之一——后来成为国王乔治三世的私人医生——他用医学权威来抚慰哈勒的忧虑。普林格尔在1773年向哈勒保证："衡量剂量并不是用滴数或粒数，而是用多少量能让你在夜间不受疼痛的困扰，多少量能让你不用因刺激而频繁排尿。"

开始服用鸦片后，哈勒的痛苦立即得到了缓解，他告诉普林格尔："狂风不再呜咽，咆哮的大海也随之平静下来。"[13] 除了诗歌，哈勒还从科学的角度记录了这段经历，定时测量脉搏，关注出汗情况和睡眠质量。每次服用鸦片前后，他都会测量自己的脉搏。他会认真记录每一次排尿的情况，留心每一次放屁的情况。几周过去了，他对鸦片越来越上瘾，鸦片也不再那么有效了。哈勒将他的使用剂量增加到50滴，然后是60滴、70滴，最后是130滴。鸦片让哈勒开始拥有幸福时光，根据他的记述，这段时间"很快乐，对活动产生了前所未见的热情"。幸福过后，崩溃总是如约而至。

"当鸦片的作用逐渐消退时，原本已经很虚弱的身体会变得更加疲惫不堪，"他写道，"我注意到，鸦片透过皮肤散发出一股非常恶心的气味，这种气味就像有什么东西烧焦了似的，让鼻子感觉很不舒服。"

到1777年时，哈勒已经不方便出门了。他身体肥胖，而且失去了部分视力。但他仍然坚持接待络绎不绝的访客。来访者中还有皇帝约瑟夫二世，他问哈勒是否还在写诗。据说，哈勒当时回答："确实不写了。"他还表示,"这是我年轻时的罪过"。

然而,由于鸦片供应稳定,哈勒一直笔耕不辍,坚持写作,还写了一份介绍自己吸食鸦片经历的报告。直到最后,他还在寻找证据,想要证明自己是对的,而怀特错了。哈勒发现,当鸦片减轻他的疼痛时,他的脉搏会加快,而当药物逐渐失效时,脉搏会减慢。哈勒利用他的毒瘾梳理出了应激性和敏感性的本质。

哈勒关于鸦片的报告在一次公开演讲中被公之于众,此后不久,他就去世了。哈勒有很多传记作者,他们都喜欢讲述他生命最后一刻的故事。以下这个故事出自一本 1915 年出版的传记,虽然明显是假的,但非常贴切:

> 他将一只手的手指搭在另一只手上,感受那渐趋微弱的脉搏。最后,他平静地说:"它不再跳动了 —— 我死了。"[14]

第10章

轰然倒塌的隔离墙

哈勒和特伦布利最关心的是观察生命。他们并不打算对观察到的一切做出全面解释。哈勒认为，他永远都不可能真正了解应激性，因为应激性的真正本质"隐藏在手术刀和显微镜的研究之外"。超出这一范围，哈勒不愿冒险。他写道："依本人拙见，试图引导他人走上无望之路——走上我们发觉自己仍处于黑暗之中的道路——这种虚荣心展现出的是极度的傲慢与无知。"[1] 上帝以某种玄妙的方式让肌肉拥有了应激性，就像上帝让地球和月球拥有重力一样。

但其他博物学家敢于解释自己所理解的生命。当时著名的博物学家乔治-路易·勒克莱尔（Georges-Louis Leclerc）——布丰伯爵认为，生命与无生命物质的区别在化学方面，因为生命是由他所称的"有机分子"组成的。[2] 布丰根本不知道分子由什么组成，更谈不上了解如何区分有机分子。但他确信，所有生命体——无论是水螅还是人——都通过同样的方式生殖：将有机分子组装成自身的副本。

水螅和人都有生命，因为它们都由这些有机分子组成，并且可以通过组合，把这些分子精确地组装起来，完成自我增殖。水螅和人之所以不同，是因为每个活着的物种都有一种独特的——按布丰喜欢的说法——"内部模式"。一种模式会引入某种特定类型的有机分子，从而创造出一种独特的身体结构。

哈勒和特伦布利并不喜欢看到别人用他们的研究成果来充实自己的理论。当特伦布利读到布丰的主张时，他十分震惊。"坦白地说，我只能认为他的系统是一个危险的假说，"他在寄给本廷克伯爵的信中写道，"他提出这一假说所依据的事实过于单薄了。"[3]

理论家们对哈勒关于应激性的研究提出了许多一概而论的主张，这也令哈勒大为惊讶。"支持应激性理论的人正在逐渐发展成一个派别，"他抱怨道，"这不是我的错。"[4]

这个派别由哲学家、博物学家和医生组成，他们相信生命拥有某种"活力"。尽管笛卡儿的机械论在十八世纪取得了节节胜利，但这些活力论者仍在继续与笛卡儿的思想做斗争。发明家制造出了蒸汽船、空气压缩机和动力织布机等设备，从而为工业革命奠定了基础。将自然视为"运动中的物质"的天文学家也有了自己的新发现，比如天王星。但活力论者展开了反击，他们认为生命与行星和汽船有着本质的区别：活力让物质能够做自我导向的运动，并拥有产生新复合体的能力。活力论者认为生命充满了目的：眼睛是为了看东西，翅膀是为了飞翔，身体则是为了繁殖。对他们来说，哈勒提出的应激性和特伦布利提出的再生都是有力的证据，恰好说明了活力能够做什么——这也是机械自然观永远无法解释的。

哈勒去世后，活力论者甚至拥有了更大的影响力。1781 年，德国博物学家约翰·弗里德里希·布鲁门巴赫（Johann Friedrich Blumenbach）宣称，所有生命"都有一种特殊的、与生俱来的有效驱动力，这种力终身活跃，最初是为了推断生命的确切形式，之后便是为了保护它，并在它受到伤害时，在可能的情况下再造它"[5]。有些人还提出了一种猜想，认为这种力会代代相传，并随着时间的推移发生改变，从而产生不同的形式。

一位名叫伊拉斯谟·达尔文（Erasmus Darwin）的英国医生是第

一个向公众介绍这一个人看法——后来被称为演化论——的人。今天，伊拉斯谟最为人所熟知的身份是查尔斯·达尔文的祖父，但在18世纪末，他本人也是一位杰出和著名的人物。他著有一套两卷本的书，对当时已知的每一种疾病做了分类。虽然科学只是伊拉斯谟的业余爱好，但他在这方面取得的成就也不容小觑。比如，对于植物如何利用阳光和空气生长这一问题，伊拉斯谟给出了第一个合理的解释。

伊拉斯谟·达尔文认为，他所有的想法都凝汇于一个统一的生命观中。他希望全世界都能了解它，但他也知道，大部分人不会去翻阅厚重的专著。因此，他创造了一个属于自己的流派：科学诗歌。他用广受欢迎的诗句来介绍植物学的精要。在华兹华斯、拜伦和雪莱的时代，伊拉斯谟·达尔文是18世纪90年代英国最著名的诗人。诗人塞缪尔·泰勒·柯勒律治（Samuel Taylor Coleridge）称赞他是"最有创意的人"。

伊拉斯谟·达尔文于1802年去世，就在去世前不久，他写了一首题为《自然之殿》（The Temple of Nature）的诗。在这首诗中，他追寻着生命的足迹，从最初诞生，直至现在。

无边海浪下的有机生命

在珍珠般的洞穴中诞生并受到滋养；

最初的形态极其微小，用球面镜片都观察不到，

在泥土中蠕动，或穿透水团；

这些生命不断繁衍，

获得新的力量，拥有更大的肢体；

从这里涌现出无数植被，

以及拥有鳍、脚和翅膀的会呼吸的生命。

伊拉斯谟·达尔文去世一年后，这首诗才为世人所知。虔诚的读者们大为震惊。他们发现，伊拉斯谟·达尔文拒绝接受"上帝让物种以其当前形式存在"的观点。《自然之殿》受到了猛烈的抨击。一位未具名的评论家讥讽他的观点是"不真实和难以理解的哲学"。在读到这首诗时，这名评论家大为震惊，他扔掉自己的鹅毛笔说："我们充满了恐惧，不会再写下去了。"[6]

然而，对像珀西·雪莱这样的浪漫主义作家来说，伊拉斯谟·达尔文的诗歌点燃了文学的火焰。1816 年夏天，雪莱和他 18 岁的情人玛丽·沃斯通克拉夫特·戈德温（不久后成了他的妻子，也就是人们熟知的玛丽·雪莱）到访瑞士，在拜伦勋爵家住了一段时间。那年夏天阴雨连绵，潮湿阴冷，所以有时他们一连几天都不得不待在室内。为了打发时间，有人提议，每人写一篇鬼故事。

"想好写什么故事了吗？每天早上都有人问我这个问题，每天早上我都不得不羞愧地给出否定的答案。"玛丽·雪莱后来写道。

她后来回忆说，有一天晚上，他们聚在一起聊天，聊了许多话题，最后谈到了"生命原理的本质"。她在一旁听着未婚夫与拜伦讨论伊拉斯谟·达尔文的主张——简单的生命形式起源于有机物质。他们想知道这是否意味着尸体可以复活。玛丽·雪莱写道："或许生物的组成部分可以被制造出来，被组装在一起，并被赋予生命的温度。"

聚会在深夜结束，大家各自散去。在睡梦中，玛丽·雪莱的脑海里浮现出各种画面。她看到一名男子跪在一具拼接缝合的尸体旁。他用"某种强大的发动机"——用她的话说——让尸体起死回生，让它以一种"不协调的、僵硬的动作"缓缓移动。这名男子随后上床睡觉，希望尸体中"微弱的生命火花"能够熄灭。但随后，他被惊醒了。"看到那个可怕的东西就站在他的床边，拉开床帷，用一双水汪汪的黄眼睛好奇地望着他。"玛丽·雪莱写道。

玛丽·雪莱自己也醒了。"我知道我要写什么了！我害怕的东西，别人也会害怕。"她写道。最终，玛丽·雪莱从她的鬼故事中汲取灵感，创作出一部完整的小说，并于1818年匿名出版。她给这部小说取名《弗兰肯斯坦》（*Frankenstein*）[①]。

小说的主人公是一名年轻的科学家，名叫维克多·弗兰肯斯坦（Victor Frankenstein）。他痴迷于研究一个问题——"我经常问自己，生命的原理究竟源自何处？"这个问题与活力论者的表述相呼应。他还效仿格扎维埃·比沙的做法，通过研究死亡来理解生命。他说："解剖室和屠宰场为我提供了许多材料。"

没过多久，弗兰肯斯坦就解开了这个谜题。"经过一番艰苦卓绝的努力之后，我终于找到了再生和生命的原因，更重要的是，我已经能够为无生命的物质赋予生机。"玛丽·雪莱对他的成功描述得很隐晦，但她暗示这多少涉及电。19世纪初，电与生命相关这一点非常明确——电击能让死青蛙的腿抽搐。但它仍然非常神秘，甚至可以代表生命所拥有的活力。

伊拉斯谟·达尔文用抒情的笔法让这种活力跃然纸上，将它描述为犹如绽放的宇宙之花。但玛丽·雪莱在科学对生命的痴迷中看到了某种怪诞的东西，似乎更像是一种意欲控制和利用的冲动。弗兰肯斯坦说："当我发现自己手中掌握着如此惊人的力量时，我迟疑了许久，不知该如何运用它。"他决定将取自不同人的尸体的各个部分拼装起来，创造出一个有生命的东西。"我从周围收集生命的元件，为我脚下无生命的东西注入生命的活力。"他创造的东西或许可以被称为生命，但却是一种可怕的生命。

—

---

① 又译为《科学怪人》。——译者注

除了用电来做实验，弗兰肯斯坦还用到了"化学仪器"。玛丽·雪莱从未确切描述过他做的是哪种化学实验，但一提到化学，这部小说就有了令人振奋的现代感。19世纪伊始，化学家们正逐渐揭开炼金术的神秘面纱。玄妙的炼金术正在淡出舞台，元素和原子正在阔步登场。

如果想了解这一变化多么具有颠覆性，我们不妨以水为例。在16世纪，炼金术士曾试图根据水的特性来为其下定义，比如根据水的透明度、溶解物质的能力等等，但这一尝试最终以混乱收场。[7]他们的研究发现了很多不同种类的水，而且有一些水还具有某些共性。与普通水不同，强水（浓硝酸）能溶解大部分金属。但只有高贵的水（王水）才能溶解黄金和铂这两种贵金属。

18世纪末，法国化学家安托万·拉瓦锡（Antoine Lavoisier）证明了水分子由两个氢原子和一个氧原子组成。事实证明，强水根本不是水，而是氮、氢和氧三种元素组成的化合物。今天，它被称为硝酸。而王水则完全是另外一种东西：硝酸和盐酸的混合物。

生命体同样可以被分解成元素。但人们发现，这些元素在生命体中结合成的分子仅存于生命体中，在无生命的物质中很难找到这些分子。许多化学家开始认为，有机物和无机物之间存在活力的鸿沟。1827年的一本化学教科书中写道："在有生命的自然界中，元素遵循的规律与它们在无生命的物质中遵循的规律似乎完全不同。"[8]

一名化学家很快就证明教科书上的内容错了。他用自己的尿液证明了这一点，这个人就是弗里德里希·维勒（Friedrich Wöhler）。维勒的实验使用了一种叫氰酸的有毒酸。他把氰酸与氨混合在一起，最终得到了由碳、氮、氢和氧组成的白色晶体。在维勒制造出的这种奇特晶体中，这四种元素的比例与一种叫尿素的分子的元素比例相同，这种现象在尿液中还是首次被发现。

我们的肾脏通过制造尿素将血液中多余的氮收集起来，并排出体外。化学家们在 18 世纪首次发现了这种化合物：他们让尿液蒸发，最终得到了这种晶体。为了鉴定他制造的人造晶体，维勒收集了自己的尿液并从中分离出尿素。他将自己从尿液中分离出的天然尿素晶体与自己用氨和氰酸制造出的人造晶体进行了比较。在化学性质上，二者完全相同。

"我再也不需要靠憋尿来制造尿素了，"维勒宣称，"我要大声说，我不需要肾脏——无论是人的还是狗的——就能制造出尿素。"[9]

维勒没有创造出弗兰肯斯坦的那种怪物，但他创造出了一种有机分子，而且是在完全不依赖生命所拥有的活力的情况下创造出来的。1828 年，维勒发表了他的实验成果，但许多化学家完全不认可维勒取得的成就。他们认为，创造出尿素没那么重要，因为尿素只是生命产生的废物之一。他们仍然坚持认为，只有活力才能创造出生命的有机分子。

但有一些研究者在维勒所做实验的基础上设计并开展了自己的实验。德国化学家赫尔曼·科尔贝（Hermann Kolbe）研究了醋酸，当时人们还只能从发酵水果酿成的醋中提取醋酸。科尔贝在他的实验室里发现了制造醋酸的方法，其中用到的化学物质是二硫化碳，这是煤产生的一种无机分子。1854 年，科尔贝回顾了维勒的实验并将维勒奉为科学先知。科尔贝宣称："分隔有机化合物与无机化合物的天然隔离墙已经轰然倒塌。"[10]生命依赖于普通的化学物质和化学反应，但却能以某种方式将其用于非凡的目的。

第 11 章

充满活力的泥浆

1873 年 8 月 14 日晚，乔治·格兰维尔·坎贝尔（George Gran-ville Campbell）勋爵站在一艘大船上，眺望远方。海面上此时泛起一片"火光"，每一波海浪都闪耀着光芒。当坎贝尔走到"挑战者号"的船尾，低头看着在大西洋中劈波斩浪的龙骨时，他看到了一条蓝绿相间的发光带，后面紧跟着升腾的黄色闪光。当他走到船头时，海里射出的光线将周围照亮，甚至可以在这里借光读书。[1]

坎贝尔后来回忆说，那情形就好似银河"落于海上，而我们正在其中穿行"[2]。但事实证明，构成这个"星系"的并不是星星，而是生命。

当时，坎贝尔是皇家海军的一名中尉，正在"挑战者号"上执行为期三年的远航科考任务。"挑战者号"原本为军事目的建造，此时已做了改造，便于开展科学研究。皇家海军在船上安装了一百英里长的绳索，以及拖网、捞网和测深装置。他们拆除了原本安装在船上的大炮，将货舱改建成了实验室。船员的科考任务是了解全世界海洋的化学和生物学性质。几千年来，水手们时常会在海上看到这样的光亮，但现在，"挑战者号"上的研究人员将对这一现象展开科学研究。他们先是在佛得角群岛附近发现了光亮，随即抛出网眼细密的捞网，想看看究竟是什么东西在发出这样的光亮。他们打捞出各种在夜间活动的海洋生物，并将其带到船上的实验室开展研究。

"挑战者号"继续航行，遇到的光亮也越来越多。科考人员发现，这些光有时是由微型的藻类产生的，当这些藻类周围的水被搅动时，它们就会发光。这些光有时还来自管水母，这种胶质动物组成的巨大群落甚至可以绵延60英尺。在一个蜷缩在水桶里的标本上，随船的博物学家亨利·莫塞莱（Henry Moseley）用手指按压它使其发光，写出了自己的名字。他后来说："几秒钟后，一个个燃烧的字母就显示出了我的名字。"[3]

"挑战者号"上的科考人员发现，不仅海洋表面存在生命的光亮，在数千英尺的水下，也有生命体在发光。这艘科考船上还装配了探测深海的新技术设备，而在此之前，海洋深处是一个完全未知的世界。当"挑战者号"的引擎让其在海风中也能处于一个相对固定的位置时，科考人员每隔一段时间就会将系好的黄铜管投入深海。这些铜管最终会落到两英里深的海底，测量海底的温度——通常略高于冰点，有时还会铲起一些泥浆带回来。科考人员有时会将张着口的捞网扔到海底，然后拖行一段距离，看看能有什么收获。之后，捞网被拽上船，收获的东西被倾倒在甲板上，科考人员就在一堆来自深海的零碎物件中挑来拣去。有时，他们会从中发现古老的火山岩。有时，他们会找到从太空坠落并最终落到海床上的陨石尘埃。有时，他们还会遇到会发光的生命体：发光的鱼、珊瑚和海星。"挑战者号"的科考人员写了许多长信，讲述他们的冒险经历，这些信件历时几个月，几经辗转，最终到达英国。信件到达英国后，英国当地以及国外的一些报纸都会转载。对维多利亚时代的读者来说，这些内容奇妙无比，读起来就像"阿波罗计划"的宇航员向地球发回的消息。

对"挑战者号"的科考人员来说，打捞上来的最令人兴奋的东西是一些灰白色的泥浆。虽然这些泥看似平淡无奇，但科考人员们可不会将它们从甲板上冲走。他们会小心翼翼地将这些泥铲入过滤器，经过滤后保存在密封的瓶子里。在这些泥中，科考人员正在寻找一种他们称为"深水生物质"（*Bathybius*）的原始生物。许多生物学家深信，几乎整个地球的海底都覆盖着一层"深水生物质"。它不是一种动物或真菌，而是一种原始凝胶——与构成我们自己细胞的物质是一样的。在早年的航行中，已有博物学家隐隐察觉到了这种神秘生命形式的迹象，但"挑战者号"最终具备了揭示"深水生物质"全部奥秘的客观条件。

最期待"挑战者号"能找到"深水生物质"的人莫过于托马斯·赫胥黎（Thomas Huxley），"深水生物质"这个名字就是这名英国科学家取的。[4]

到"挑战者号"在海洋中乘风破浪时，赫胥黎已经拥有极高的声誉，是当时世界上最杰出的科学家之一。尽管童年生活在肮脏、贫穷和偶尔忍饥挨饿的环境中，赫胥黎依然取得了相当辉煌的成就。艰难的处境并没有让他的天分就此被埋没。小时候，他自学了德语、数学、工程学和生物学。他梦想着将来有一天能加入一支探险队，去探寻新的生命形式。后来，凭借一笔奖学金，赫胥黎得以进入医学院学习，并很快在解剖学方面崭露头角。在青少年时期，他还对头发开展了深入的研究，发现每根头发的鞘中都潜藏着一个由细胞组成的套管。这个套管现在被称为赫胥黎层。

由于背负着巨额债务，赫胥黎不得不离开医学院，并在 21 岁时应征入伍，成为皇家海军的一名助理外科医生。令他高兴的是，他被派驻到了"响尾蛇号"上。这是一艘早年建成的护卫舰，将驶往澳大利亚和新几内亚海岸，目的是要在那里寻找安全的航道。"响尾蛇号"的船长欧文·斯坦利（Owen Stanley）希望找到一名具有相关专业知识的医生，或者至少要有好奇心，可以对他们沿途遇到的动植物进行科学研究。赫胥黎后来回忆说："在接受这项任务时，别提我有多高兴了。"

"响尾蛇号"于1846年12月驶离英国。在南大西洋，赫胥黎发现船体附近漂浮着一只僧帽水母，亮蓝色的浮囊就像船帆一样，可以借助风力使其在海水中漂移。由于担心被它蜇到会造成致命的后果，赫胥黎小心翼翼地将其从水中捞出，带进船上的海图室。他把水母放在桌子上，仔细查看它脆弱又有毒的身体，直到热带的高温使其腐败得不成样子。这只水母的解剖结构令他眼花缭乱，它与像我们人类这样的脊椎动物的解剖结构很不一样。之前曾有几位博物学家研究过僧帽水母，但赫胥黎意识到，他们对这种解剖结构的认识错得离谱。

在"响尾蛇号"驶往澳大利亚的途中，赫胥黎捕获了更多僧帽水母并进行了细致的研究。他对其他胶状生物也越发好奇，比如海月水母和帆水母。他在仔细查看这些胶状生物柔软的身体时发现，它们存在惊人的相似之处。比如，它们都使用相同的微型"鱼叉"来放刺。赫胥黎能做的只是尽可能准确地描述这些动物，并将这些说明文字寄回英国，给他在伦敦的朋友。他希望人们能了解这些情况。

1850年，赫胥黎终于回到了英国。此时，这个25岁的年轻人已经不再籍籍无名，早前寄回伦敦的那些书信为他带来了极高的声誉。几年后，赫胥黎成为皇家矿业学院教授，也是当时最具公众影响力的科学传播者之一。他为杂志撰稿，为"打工人们"做讲座。赫胥黎还抽时间继续研究生命，钻研他之前在"响尾蛇号"上时收集的资料和样本。虽然赫胥黎自己的探险时代已经落幕，但他现在完全可以凭借自己的影响力，从那些乘船四处考察的英国博物学家手中获得新的样本。最初，赫胥黎致力于搜寻海洋表面那些奇特的生命形式，并由此开启了自己的研究生涯，但在19世纪50年代末，他将目光投向了海洋深处。

当时，一支小型船队正在勘测海底，准备铺设一条连接英国与欧洲大陆的电报电缆，这条电缆后来还连接到了美国，成为首条横跨大西洋的电报电缆。这项工程引起了生物学家们的注意，他们想知道海底是否存在生命，赫胥黎当然也不例外。他委托勘测人员保存一些从海底打捞上来的泥浆，装在盛有酒精的罐子里封好。这样一来，万一其中含有生物的软组织，也不至于在返回的途中腐烂掉。

赫胥黎陆续收到了一些泥浆样本，其中一些来自水深测量船"独眼巨人号"。1857年6月，"独眼巨人号"从爱尔兰的瓦伦西亚岛启航，按计划前往纽芬兰，沿途经过了一片特殊的海域。这片海域的海底呈巨大的隆起状，被人们形象地称为"电报高原"。船长约瑟夫·戴曼（Joseph Dayman）估计这是一片凸起的花岗岩。但有些出乎意料的是，船员们从海底打捞上来了一种"柔软的粉状物质，但我也没想出更合适的名字，所以就先叫它'软泥'"[5]。

当这份"软泥"样本被送到伦敦时，赫胥黎发现里面有一些不同寻常的东西，看上去像是一些微小的纽扣。每个"纽扣"上都有好多同心层，围绕着中心孔叠在一起。

赫胥黎无法确定它们究竟来自哪里，是来自生活在"软泥"中的动物呢，还是从海里更高的地方掉下来，最终落到了"电报高原"这处安息地。尽管如此，它们也需要有个名字，于是赫胥黎给它们取名"颗石"（coccolith）。他向海军提交了一份简报，并将"软泥"放在了一个架子上，而这一放就是十年。对赫胥黎来说，这是非常忙碌的十年，在他的积极推动下，一种新的生命理论就此登上了历史舞台。

一

1850年，在从"响尾蛇号"探险归来后，赫胥黎结交了许多新朋友，查尔斯·达尔文便是其中最重要的一位。时年41岁的达尔文当时最为人所知的事迹是曾搭乘"小猎犬号"环游世界。从那时起，他就一直忙着研究藤壶，这件事也人尽皆知。达尔文和赫胥黎虽然都是英国人，但出身背景却迥然不同：赫胥黎出身贫寒，达尔文则来自富裕之家，无须为生计发愁。即便背景不同，但两人都痴迷于研究生命惊人的多样性，因此一见如故。他们都迫切希望能找到一种原则，对这一切做出合理的解释。

1856 年，达尔文邀请赫胥黎到他的乡间别墅度周末。在那里，他向赫胥黎透露了一个巨大的秘密：和祖父伊拉斯谟一样，查尔斯·达尔文也坚定地认为生命是演化而来的。但达尔文并没有将这个想法创作成诗，而是构建了一个详细的理论。根据达尔文对这个理论的解释，自然选择将旧物种变成了新物种，变成了新的生命形式。达尔文认为，每个物种都只是生命之树上的一个分支。

在此之前，赫胥黎一直对演化持怀疑态度。但在听了达尔文的论述之后，他对这一理论的态度发生了转变，因为他认识到，达尔文成功地解决了之前人们一直无法解决的问题。在达尔文躲在乡间别墅那段时间里，赫胥黎通过巡回演讲和为杂志撰文来捍卫他的理论。赫胥黎还呼吁他的生物学家同行们进一步推进达尔文的计划，将生命之树的所有分支连在一起。如果能更好地了解演化树，他们就能继续深入，摸索到树的根基——生命最初诞生时的历史阶段。赫胥黎宣称："如果演化论这个假说是正确的，那么生命就一定源自无生命的物质。"[6]

根据赫胥黎的判断，能够证明这一转变的证据最有可能藏在"软泥"中。

赫胥黎的猜想并非凭空臆想，它有着深厚的历史渊源，最早可追溯到一个多世纪前亚伯拉罕·特伦布利对水螅的研究。特伦布利在这些动物身上发现了一种似乎具有活力的凝胶状物质。阿尔布雷希特·冯·哈勒在他解剖的动物身上也发现了这种物质，并推测正是这种物质引起了应激性。追随特伦布利和哈勒的活力论者更进一步指出，这种黏性物质是生命的基础，在所有物种中都可以找到这种物质。

德国生物学家洛伦兹·奥肯（Lorenz Oken）甚至还给这种胶状物质取了一个名字："原始黏液"。[7]奥肯设想，原始黏液是一种分布广泛且一直存在的物质，在早期地球上自发形成，之后分化成具有生命的微观小球，这些小球继而又演化成我们所了解的那些复杂生命。奥肯还认为，即便是在他身处的时代，原始黏液仍然在所有生命体内经历创造与毁灭的循环。

奥肯坚信原始黏液的存在，但这个极富浪漫主义色彩的猜想并没有实验证据支持。然而，那些更加冷静客观的生物学家们也逐渐开始认同类似的观点，认为生命是由一种普遍存在的黏性物质构成的。19世纪30年代，法国动物学家费利克斯·迪雅尔丹（Félix Dujardin）在单细胞微生物中发现了一种"活的凝胶"。对动植物组织进行的显微研究提供了更多的证据，表明这些组织都是成团的细胞。19世纪的生物学家们在观察细胞内部时，总能发现同样的"活凝胶"。[8]历史学家丹尼尔·刘（Daniel Liu）写道："细胞的定义此时变得以一团起泡的黏液为中心。"[9]

这种黏液能移动，会颤动，并从内部推动细胞。德国生物学家胡戈·冯·莫尔（Hugo von Mohl）在1846年公开表示："对于这一运动的原因，我断然不敢提出任何猜测。"[10]几年后，科学家们普遍同意将这种神秘的起泡黏液称为"原生质"。不久，有人果敢地提出了一种猜想，认为原生质不仅拥有重要的运动能力，还可能会进行某些重要的化学反应，从而产生有机分子。原生质可能会组织细胞的内部结构，可能将细胞一分为二，并驱使细胞发育成复杂的胚胎。原生质似乎无所不能。

赫胥黎本人虽然不是细胞生物学家，也不是化学家，但他一直密切关注着原生质的研究。他注意到，有越来越多的证据表明原生质就是生命的基础。他认识到，如果演化是一条流经时间的长河，那么原生质就是河中流淌的水。正是原生质从一代传到下一代，并通过某种方式产生了演化的新形式。赫胥黎写道：“如果所有生命都是从先前已存在的生命形式演化而来的，那么地球上只要曾经出现过一粒有生命的原生质就足够了。”

19世纪60年代初，加拿大的研究人员发现了看起来像是原生质化石的东西。科学家们从当时已知的一些最古老的岩石中发现了一种斑点大小的带壳生物化石。生物学家威廉·卡彭特（William Carpenter）在显微镜下细致地观察了这种生物，将其描述为“由明显同质化的凝胶物质构成的小颗粒”[11]。

卡彭特将这个新物种称为“始生物”（*Eozoön*），或“初始动物”（dawn animal）。[12]达尔文在了解到这一情况后更新了1866年版的《物种起源》，将这一发现作为演化论的进一步证据。他宣称：“根据卡彭特博士对这一非同寻常的化石的描述，它具有有机性质这一点是毋庸置疑的。”

地质学家们找到了更多的“始生物”，他们在加拿大及更远的地方发现了大量“始生物”化石。这些化石分布于多个地质层中，跨越多个地质年代，由此来看，“始生物”似乎在地球上持续存在了很长一段时间。事实上，卡彭特在伦敦的一次地质学会议上就曾公开表示，“即使在今天的深海挖掘中发现了像‘始生物’这样的生命组织”，他也“不会感到惊讶”。[13]

1868年，就在卡彭特发表关于“始生物”的研究后不久，赫胥黎做了件奇怪的事情：他把“独眼巨人号”带回的那罐“软泥”从架子上取了下来。在尘封了十年之后，这罐“软泥”得以重见天日。没人确切知道赫胥黎究竟是出于什么原因，决定为“软泥”解除十年的尘封魔咒。或许，他认为“始生物”至今仍生活在海底。或许，他认为“软泥”中含有奥肯预言的那种原始黏液。又或许，他只是想试试新买的几台显微镜，想了解一下新产品的强大功能。

不管是出于什么原因，十年之后，赫胥黎再次看到了他的"软泥"，而"软泥"给了他一个意外的见面礼。在显微镜下，赫胥黎看到了之前没有看到过的东西："成团的透明胶状物质。"在赫胥黎的显微视野中，这种物质形成了一个斑点网络，其中散布着微小的颗石"纽扣"以及他所谓的奇特的"颗粒堆"（granule-heap）。

如果观察的时间稍微长一些，赫胥黎还会看到这些团块在移动。于是他得出结论，这种胶状物质就是原生质，他正在观察的是"一种简单的生物"。如果"独眼巨人号"采集到的"软泥"是大西洋中一种典型的情况，那么整个海洋的海底就可能都覆盖着他称之为"深海'原始黏液'"的物质。[14]

赫胥黎进而断定，他在这种黏液中发现了一个独特的物种，它与之前人们所知的生命形式都不一样。他将其命名为"海克尔深水生物质"（*Bathybius haeckelii*），其中"深水生物质"表明这是一种存在于海洋深处的生命，名字中的"海克尔"则是在向德国生物学家恩斯特·海克尔（Ernst Haeckel）致敬。海克尔是演化论相关思想最有影响力的倡导者之一，坚定地认为所有生命都是从一个简单的、充满原生质的祖先演化而来的。赫胥黎对海克尔说："我希望您不要为您的教子感到难为情。"[①,15]

在 1868 年 8 月的一次科学会议上，赫胥黎向科学界介绍了他有关"深水生物质"的理论。听到这个关于"大西洋的海底覆盖着一层活的黏性物质"的观点，在场的一名记者十分惊愕。[16]赫胥黎指出，"深水生物质"可以作为相关证据，证明一个关于生命的全面理论，涉及生命的本质和生命的整个历史。在接下来的几个月里，他在英国各地发表了一系列演讲，向人们介绍生命的物质基础。[17]从一座城市到另一座城市，在人头攒动的礼堂和教堂里，赫胥黎的演讲给听众留

---

① 赫胥黎此处的"教子"指的是用海克尔的名字为这种物质命名。——译者注

下了深刻的印象。一位在爱丁堡聆听演讲的记者写道："听众们似乎停止了呼吸，现场一片寂静，悄然无声。"[18]

赫胥黎向他的听众提出了一个问题："小女孩头上戴的鲜花与她年轻血管里流淌的血液之间暗藏的纽带是什么？"答案是，原生质。赫胥黎说道："从根本上说，所有生命体的行为是一个整体。"

赫胥黎宣称，原生质只是有机分子按照某种规则排列在一起，其功能尚无人知晓，但常规的物理学终有一天能对其做出解释。许多人认为生命体中含有某种神秘的活力，这样的想象是完全没有必要的。这就像认为水拥有"水性"一样，根本说不通。

牧师们可能会告诉他们的会众，一切都来自尘土，并归于尘土。但原生质揭示出了一个很不一样的生命循环，在这个循环中，生命转化为生命。"假如我吃了龙虾，那么这种甲壳动物的生命物质将会经历同样的奇妙蜕变，变成人，"赫胥黎说，"如果我乘船回家，遭遇了海难，那么这些甲壳动物可能会——而且很可能会——以同样的方式对待我，将我的原生质变成活龙虾，通过这种方式展现我们共同的本质属性。"

事实证明，赫胥黎在谣言与科学之间达成的微妙平衡大获成功。在爱丁堡的演讲结束三个月后，《双周评论》杂志刊载了题为《论生命的物质基础》的演讲文稿。这时，原生质已经声名远播，不只在苏格兰，在其他地方也获得了越来越多人的关注。当时，为了满足需求，《双周评论》发行了七个版本，国外报纸也大量转载。

当赫胥黎在英格兰四处奔走的时候，科学家查尔斯·威维尔·汤姆森（Charles Wyville Thomson）正乘坐一艘叫作"闪电号"的小型汽船前往苏格兰北部。19世纪60年代，像汤姆森这样的科学家研究海洋的目的纯粹是了解海洋本身。他想知道深海中到底存在多少生命：那里究竟是一片水下沙漠，还是水底丛林？海军部为他提供了一艘改装的小型炮艇——"闪电号"——进行试航。汤姆森和他的船员开展了海底打捞作业，有时他们会捞上来大块黏糊糊的泥，看起来很不寻常。想到科学界新发现的"深水生物质"，他们将这些泥放在显微镜下观察，结果发现这些泥在动。从外观上看，这些泥呈奇特的蛋清样，就像原生质一样。

汤姆森宣称："这些泥其实是活的。"[19]

六周后，"闪电号"结束了航行。汤姆森把带回的泥交给了赫胥黎，赫胥黎随后表示，这些泥是"深水生物质"的第二个样本。之后，在南大西洋和太平洋也发现了"深水生物质"。1872 年 8 月，寻找北极点的美国探险家在北冰洋发现了一种看起来更原始的"深水生物质"，于是将其命名为"原始深水生物质"（*Protobathybius*）。

随着科学家在世界各地陆续发现更多的"深水生物质"，赫胥黎现在认为，他的原始动物覆盖了整个地球。他说："它很可能在地球表面形成了一整片由生命物质构成的浮渣。"[20]

一些科学家拒绝接受所有相关证据，他们认为"深水生物质"根本不存在。生物学家莱昂内尔·史密斯·比尔（Lionel Smith Beale）就指出，它"有些空想，不太可能"。[21]但比尔攻击赫胥黎并非出于某些客观的理由。比尔是一名活力论者，他认为"深水生物质"对区分生命与非生命之间的根本差异构成了威胁。他写道："生命是一种特殊的能量、力或者属性，会短暂地影响物质及其一般性的力，但又与这些概念完全不同，也没有任何关联。"

但在大多数情况下，科学家们认为，"深水生物质"在世界各地陆续被发现，这就证明它确实存在。1876 年，一本动物学教科书将"深水生物质"及其挂毯碎条状的原生质图片放在了第一页上。[22]在德国，海克尔在了解到赫胥黎的发现后很高兴，而批评者们则大为震惊。海克尔说："由于赫胥黎发现了'深水生物质'，存在'原始黏液'这一点已成为不争的事实。"关于赫胥黎对地球的新看法，海克尔也表示赞同，他宣称："在广阔的大洋深处，覆盖着大量裸露的、活的原生质。"[23]

但海克尔产生了一个疑问：这么多的原生质都是从哪里来的呢？"原生质是源源不断自己生成的吗？"他问道，"此刻，摆在我们面前的是一系列难解之谜，只能寄希望于通过后续研究来破解。"

查尔斯·威维尔·汤姆森搭乘"闪电号"进行海洋探险取得了成功，为全球深海科考项目赢得了支持。"挑战者号"科考队成立之初，汤姆森受命担任队长。他虽然不是"挑战者号"的船长，但却是这艘科考船的实际负责人。在汤姆森的主持下，科考队开展了大量的科学研究，涉及生物学、地质学和气象学等诸多学科。科考队员采集了极乐鸟、海藻和人的尸骨遗骸等诸多样本，还撰写了大量科学报告，内容涵盖百慕大的植物、海洋的化学成分以及藤壶。经过整理编纂，这些研究资料得以逐卷出版，一部共 50 卷的科学巨著就此诞生。到最后一卷出版时，汤姆森早已离世。

即便忙于各类其他事务，"挑战者号"上的科考队员们还是会抽出时间，搜寻"深水生物质"。他们完全有理由期待能找到大量"深水生物质"，并热切期盼着能在船上的实验室里研究新打捞起来的样本，而不仅仅是把它们封存起来，再经过长途跋涉带回英国。

"挑战者号"在大西洋上航行时，科考队员们花了几个星期的时间，熟练掌握了从海底深处捞泥的技术。汤姆森的副手约翰·默里（John Murray）开始小心翼翼地撇去泥浆表层的水，他认为在泥浆表层找到新鲜"深水生物质"的可能性最大。他把样本带回实验室，放在高分辨率的显微镜下观察，搜寻着之前许多人已经看到的原生质斑点网络。

然而，几个小时过去了，他一无所获。

每采集到一份泥浆样本，默里和同事就会将样本的一部分封存在盛有酒精的罐子里，让赫胥黎等科学家日后能够继续对其进行研究，没准他们的运气会更好一些。一天，默里瞥了一眼这些装着样本的罐子，他惊讶地发现部分泥浆的表层变成了半透明状。于是，他把罐子取下来，仔细查看这层半透明物质。这层物质像凝胶一样有黏性。

科考队员中有一名化学家，是个富有的苏格兰小伙子，名叫约翰·布坎南（John Buchanan）。布坎南对默里的发现很感兴趣，并有了一些新想法。或许，之前科学家们发现的"深水生物质"并不是海底软泥中的某种生命形式，而是罐子里发生的化学反应产生的一种凝胶状副产品。为了检验这种可能性，布坎南将一个深海海水样本蒸发。他后来写道："假如确实像人们所设想的那样，这种凝胶状生物——一些著名的博物学家在海底样本中发现的'深水生物质'——覆盖着所有海洋的海底，形成了一个有机层，那么当深海海水完全蒸发，残留物被加热后，它们必然会显现出来。"[24]

但它们并没有现身。海水完全蒸发后，布坎南没有找到任何有机残留物。

他转而开始研究默里在罐子里发现的凝胶。实验显示，这种凝胶状物质也不含有机物。但布坎南在其中发现了钙和硫酸盐，也就是石膏。在"挑战者号"从香港驶往横滨期间，布坎南又做了一系列的实验。这时，他意识到发生了什么。之前人们总是将深海泥浆放入酒精中，这一做法使钙与硫酸盐结合，形成了凝胶状的物质。

在船上做了几次实验后，布坎南和默里将地球上最原始、最基本的"生命形式"的痕迹彻底抹去了。他们用略显无情的冰冷文字为"深水生物质"写下了讣告。布坎南总结道："将其归为生命无疑是描述者犯下的错误。"[25]

汤姆森自然对此颇有微词，他制止了团队的这种亵渎行为。毕竟，七年前，在地球的另一端，是他自己打捞起了"深水生物质"。在"挑战者号"启航之前，他还在一本关于海洋的畅销书中热情地介绍了这种生物，全然不吝溢美之词。但汤姆森并未顽固地坚守自己的信念。布坎南和默里一直努力说服他，让他相信这是一项科学研究结果。因此，1875 年 6 月 9 日，汤姆森给赫胥黎写了一封信，传达了这个坏消息。

"我必须明确地告知你所有的情况，"他在信中写道，"我们谁都没能发现'深水生物质'，尽管一直以来，我们都慎之又慎地不断找寻它的踪迹。"汤姆森还说，默里和团队中的其他成员"认为它并不存在"[26]。

当赫胥黎收到这封信时，他并没有隐瞒这个极为糟糕的消息。不仅没有隐瞒，他还将这封信转交给了《自然》杂志，公开发表。在文章的结尾处，赫胥黎写下了这样一句话："如果这是个错误，我应该对此负主要责任。"[27]

1876 年 5 月 24 日，"挑战者号"返回英国。到这时，几乎已经没人相信"深水生物质"的存在了，但海克尔还是这一概念为数不多的信徒之一。当他看到赫胥黎已经放弃捍卫这个同样叫"海克尔"的生物时，他满心沮丧。海克尔后来写道："'深水生物质'的亲生父亲越是认为自己的孩子没有希望而想要放弃它时，作为孩子的教父，我就越觉得自己有义务维护它的权利。"[28]但对于"挑战者号"给出的证据，海克尔并未提出任何可信的依据予以反驳。"深水生物质"很快就从教科书上消失了，因为人们已经认识到，这是一个非常严重的错误。作为"深水生物质"的化石前身，"始生物"也很快迎来了同样的命运，渐渐淡出了人们的视野。人们最终发现，"始生物"根本不是什么古代原始生物的标志，它不过就是一种结晶。

事实上，"深水生物质"还一直留存在人们的记忆中，而为此事做出最大贡献的人正是赫胥黎的敌人。19 世纪达尔文主义的主要反对者之一阿盖尔公爵在 1887 年再次提起了这件尴尬之事，想借此质疑赫胥黎的整个生命观。公爵称这件事"是一个很好的例子，说明了理论上的先入之见直接导致了一个荒谬的错误和盲目的轻信。'深水生物质'之所以能被接受，是因为它符合达尔文的推测"[29]。

赫胥黎对阿盖尔公爵的评价很低，因为公爵自己根本不做任何科学研究。面对公爵的质疑，赫胥黎坦率地承认自己犯了一个错误。但他补充说："无论是从事科学研究还是其他工作，唯一从不犯错的人就是那些什么都不做的人。"

不过，正如历史学家菲利普·雷博克（Philip Rehbock）后来指出的那样，公爵所言也确实有一定道理。"'深水生物质'是一个极具功能性的概念，"雷博克写道，"考虑到 19 世纪中期的生物学和地质学思想背景，这种解释是说得通的。"[30]

在有生命与无生命之间的边缘地带，总会形成一些虚妄的概念，并获得声望。然而，尽管赫胥黎在这方面犯了人尽皆知的错误，但这丝毫没有影响他的声誉。当赫胥黎在 1895 年去世时，《英国皇家学会会刊》发表了一篇长达 20 页的讣告，字里行间都是对他的赞颂。讣告中写道："他在研究中接触过很多生命——很少有他未接触过的生命——无论是原生动物、水螅、软体动物、甲壳动物、鱼类、爬行动物、野兽还是人，他都能让人们更加了解它们，并产生深远的影响。"[31] 虽然讣告的篇幅很长，但"深水生物质"一次都未被提及。

等到了下一代，当约翰·巴特勒·伯克的"放射凝聚生物"被证明是假的时，他将面临更残酷的命运。尽管赫胥黎被一个虚妄的概念愚弄了，但他勾勒出的生命全景是正确的。演化是真实存在的，原生质也确实将所有生命联系到了一起。但原生质连结所有生命的纽带非常复杂，比赫胥黎想象的要复杂得多。

第 12 章

水的戏剧

"深水生物质"已不复存在，但原生质活了下来。到 19 世纪末时，原生质的内部运作机制开始慢慢显现出来。最初的一部分线索并非来自海底，而是来自啤酒。

历史上，酿造啤酒一直被视为一种炼金术。[1] 至少在 13 000 年前，当冰川覆盖纽约，当猛犸象在西伯利亚漫步时，人们就开始酿造啤酒了。最早酿造啤酒的人居住在近东地区，他们收集小麦和大麦，将它们熬煮成一种浓缩糖，也就是麦芽汁，然后就静等麦芽汁发酵成起泡的啤酒。但没人确切知道这种能让人喝醉的饮品究竟是怎么发酵而成的。

19 世纪的化学家们给出了一个答案，而微生物学家们则给出了另一个答案。化学家们沿袭弗里德里希·维勒的传统观点，认为发酵是分子形成新化合物的过程。在他们看来，植物中的糖似乎发生了化学反应，从而产生了酒精和其他分子，并释放出二氧化碳气泡。

与此同时，微生物学家们将发酵视为生命的行为。他们发现，一直被称为酵母的麦芽汁残渣其实是由活的单细胞生物组成的。没有它们，发酵就无法进行。几千年来，在酿造啤酒的过程中，酿酒人都会让麦芽汁接触空气，不经意间为他们的啤酒接种了酵母。空气中飘浮

生命的边界

的酵母孢子会落到麦芽汁上，并从这一刻开始接管发酵过程。在这个过程中，生命是必不可少的，经过消毒的麦芽汁是永远不会变成啤酒的。到19世纪末，微生物学家们已经将酿制啤酒发展成了一种产业化的生物技术应用。酿酒人可以选择他们想使用的酵母种类，以确保酿出的啤酒符合预期的风味。人们在酒吧里喝下的每一品脱[①]啤酒似乎都是有力的证据，证明了生命拥有活力。在与生命物质接触时，糖会转化为酒精，这种反应唯有在这样的情况下才会发生。

化学家们对此不以为然。在他们看来，微小的酵母细胞吞食小麦并神奇地排出酒精的想法非常荒诞，就像活力论一样荒谬。

年轻的德国化学家爱德华·比希纳（Eduard Buchner）为促成这场啤酒大辩论的双方休战做了一些尝试，并因此获得了诺贝尔奖。到19世纪末时，科学家们已经知道，生命体能产生一类叫作酶的特殊蛋白，这类蛋白在分解某些分子时表现优异。在这一背景下，一些研究者提出观点认为，酵母中含有一种能够分解糖的酶。是的，在发酵过程中，酵母是必不可少的，但酵母并没有所谓的活力。

19世纪90年代，比希纳开始寻找这些可能存在的酶。他将酵母粉与细颗粒物混合在一起，放在研钵中，磨成有些潮湿的深色团状物。酵母细胞的膜破裂了，大量原生质从细胞中流出。

比希纳将这种新的混合物铺平，用液压机进一步压碎，最终得到了气味宜人的酵母汁。为了杀死所有可能混入其中的细胞，比希纳还在里面添加了砷和其他有毒物质。经过这些处理之后，酵母汁被彻底剥夺了生命。

然而，当比希纳在这种无生命的酵母汁中加入糖时，它仍然产生了一串串的二氧化碳气泡，变成了酒精。比希纳的实验表明，发酵并不依赖活的细胞。发酵甚至都不需要任何活的原生质。整个发酵过程

---

① 1品脱≈473毫升。——译者注

仅仅是由一种普通的酶引起的。[2]

起初，无论是生物学家，还是酿酒人，都觉得这个想法似乎很离谱。他们无法接受比希纳对原生质做出的解释，也就是将其视为一堆杂乱的特化分子，每个分子负责进行特定的反应。一名研究发酵的专家预测，比希纳的主张"很快就会销声匿迹"[3]。

但很快，其他科学家就开始重复比希纳的实验并取得了成功。他们还进一步推进这项工作，分离出了比希纳发现的酶，并将其称为酿酶（zymase）。法国微生物学家埃米尔·迪克洛（Émile Duclaux）曾公开表示，比希纳"打开了新世界的大门"。在这个生物化学的新世界里，生命体内充满了各种各样的活性蛋白。

1907 年，当比希纳前往斯德哥尔摩领取诺贝尔奖时，他试图扮演一个调停人的角色，促使辩论双方休战。他表示，机械论者和活力论者没有必要为发酵而争论。活力论者认为酵母是发酵过程必不可少的，这没错。如果没有这种生命体制造出酶，酶是不可能存在的。但酵母并没有使用神秘的活力让啤酒发酵。酵母制造了酿酶，这是遵循一般化学规律的普通分子。从细胞中提取出的酶是没有生命的——但它仍然可以进行同样的化学反应。

"活力论的观点与酶理论之间的分歧是可以调和的，"比希纳宣告说，"这场争论最终没有输家。"[4]

如果比希纳认为他能在已经持续了两个多世纪的激烈争论中促成双方休战，那他一定会大失所望。在他获得诺贝尔奖之后的几年里，关于生命本质的争论越发激烈。许多科学家对生物化学的生命观并不满意，就像之前看待机械论的生命观一样。找到一种分解糖的酶和一种分解淀粉的酶固然很好，但仅靠这样几类反应，根本不可能了解那些对生命至关重要的重大转变是如何发生的。比如，植物是如何将阳光转化为根和花的；再比如，单个细胞是如何发育成一个人的。随着科技的发展，显微镜的功能越来越强大，生物学家们借助这些升级的工具对原生质进行了更细致的观察。他们发现，原生质看上去就像是一座繁忙的城市，里面挤满了隔间、细丝和颗粒。但没人知道这些神秘的小隔间里发生了什么，也没人知道这座城市里哪些东西是真实存在的。有些东西前一天还出现在显微视野中，第二天就消失不见了。

"原生质中存在生命吗？如果存在，其中哪些生命又构成了生命的物质基础呢？"美国细胞生物学家埃德蒙·威尔逊（Edmund Wilson）在 1923 年提出了这个问题，并补充道，"这些问题令人困扰。"[5]

一些科学家认为，这些问题将永远令人困扰。他们认为，酶进行的简单化学反应无法引导受精卵发育成胚胎，特伦布利的水螅为了重建被分成两半的身体所需要的也不仅仅是分子。但那些拒绝接受纯粹机械论生命观的科学家也不是在捍卫一种神秘的活力。生命的特别之处在于，它存在于不止一个层级之上。[6]

较低的层级会自然地生成较高的层级。一种酶或许只能做一件事——比如将两个分子融合在一起——但如果将数十亿种酶聚集在一起，执行数十亿种不同的任务，那么你会发现，一个细胞突然就这样产生了。如果再提升一个层级，一组细胞便能形成一个生命个体。许多生命个体组合在一起，会构成种群，而许多种群组合在一起，就构成了生态系统。

如果你跳到一个新的层级，那么你必须就从这个层级的视角来观察，这样才能理解它。如果你想将细胞拆解成酶来理解它，你就杀死了它。加拿大的白靴兔种群数量会以几年为一个周期出现增长和下降的波动，但白靴兔体内的细胞是无法解释这一现象的，你只能在野兔和猞猁的血腥之舞中才能找到答案。

广大公众密切关注着这些争论。生物化学这门新兴的科学似乎要赋予人类一种弗兰肯斯坦式的操控生命的力量。但在这个过程中，它似乎会将生命——特别是人的生命——降维到令人沮丧的小小碎片。在降维之后，记忆、情感——也就是我们的自我——最后似乎只剩下一堆蛋白，挤在一起，盲目地发生反应。人们希望自己的生命有些特别之处，希望生命本身有些特别之处，活力论似乎恰好满足了人们的这种渴望，提供了一种生物化学家无法企及的东西——活力。

20世纪初，对活力的信仰变得越发狂热，近乎一种宗教情结：对某些人来说，活力是人类的精神；对另一些人来说，活力是神圣的火花。[7]法国哲学家亨利·柏格森（Henri Bergson）就提出观点认为，所有生命都拥有一种"活力冲动"，这一观点赢得了众多追随者。在1911年出版的《创造进化论》（*Creative Evolution*）一书中，柏格森写道："生命是一种作用于惰性物质的倾向，无出其右。"[8]这本书冗长难懂，在当时却极为畅销。据说，当柏格森前往纽约发表一系列演讲时，这座城市首次出现了交通拥堵，火爆程度可见一斑。当他与哥伦比亚大学诸位教授的妻子们一起喝茶时，现场有上千人围观，只为一睹他的真容。[9]

在生物化学家们看来，柏格森和其他新活力论者的观点并没有多大意义。英国科学家李约瑟（Joseph Needham）在1925年发表的一篇文章中指出，他们"完全没有赢得生物化学和生理学研究者的信任"。谈论活力无疑是对无知的颂扬。19世纪时，许多物理学家为解释光如何在宇宙中传播提出了一种观点，声称宇宙中充满了一种叫作以太的物质。根据这种观点，以太透明、没有质量、不会产生摩擦，而且无法测量，但又无处不在。然而现代物理学刚一诞生，以太就被证明根本不存在。在20世纪初，像李约瑟这样的生物化学家坚信，活力也会消失，作为生命的"以太"留存在人们的记忆中。[10]

李约瑟也同意，不能仅仅从原子层面来解释所有的生命。生命有许多层级，每一层级都需要给予关注，但也不能因此就放弃机械基础。即便一种酶无法解释一只鹰的生命，但这无疑是个不错的起点。20世纪20年代，生物化学家们正在逐渐揭开酶进行团队合作的秘密。一种酶可能会切掉某个分子的一部分，然后再将其交给另一种酶，由后者以另一种方式改变它。这些酶链会渐渐形成一个巨大的连锁回路，构成新陈代谢系统。与此同时，活力论者又发现了什么呢？他们只是在不断地提问，提出科学家们尚未回答、尚无定论的一些问题。在李约瑟看来，活力论者与19世纪那些以化石记录中的空缺来否定演化论的神学家们一样，都非常糟糕。

"在实验室里，"李约瑟叹息道，"这根本行不通。"[11]

—

事实证明，李约瑟颇有先见之明。到了20世纪，活力论逐渐失去了根基，被化学和物理学取代。即便是应激性，这种似乎是生命所特有的基本力量，最终也臣服于一项相应的科学研究成果。取得这项成果的科学家叫阿尔伯特·圣捷尔吉（Albert Szent-Györgyi），是匈牙利杰出的生理学家。[12]在圣捷尔吉完成研究之前，他可以像变魔术一样按需创造出应激性。

圣捷尔吉晚年时曾表示："我的内心世界非常简单，甚至可以说很枯燥。"他一生都致力于科学研究，科学生涯非常完满。至于他的现实生活，圣捷尔吉承认，他这一生"相当坎坷"。他说得很委婉，如果换成是其他人来经历其中的一些"坎坷"，那么活下来的可能性都会很小。

第一次世界大战爆发时，圣捷尔吉还是一名医学院的学生。他加入了匈牙利陆军，服役了3年，直到他意识到战败已成定局，再打下去是一种无谓的牺牲。"对我来说，报效祖国最好的方式就是活下去，"圣捷尔吉后来写道，"所以，有一天，在战场上，我拿起枪，朝自己的手臂开了一枪。"

由于受伤，圣捷尔吉回到了匈牙利，正赶上匈牙利经历共产主义革命。圣捷尔吉一家几乎失去了所有的财产，他带着妻儿逃离了匈牙利，先是来到布拉格，然后是柏林。他们一路上不得不忍饥挨饿，几次差点饿死。即便如此，圣捷尔吉还是设法继续他的医学研究。但随着时间的推移，圣捷尔吉逐渐意识到，治病救人并不是他的追求所在。他说："我想了解生命。"

为了了解生命，圣捷尔吉投身到了研究原生质的工作中。他研究的具体问题是，在食物转化为燃料的过程中，酶在我们的细胞内如何合作。凭借这项研究成果，圣捷尔吉最终获得了剑桥大学的博士学位。事实证明，圣捷尔吉的发现相当重要，这些反应是维持我们生存的新陈代谢环路中的关键步骤。通过对酶的研究，圣捷尔吉看到了生命的统一性。他说："人和他割的草没有本质的区别。"

圣捷尔吉的一项研究证明了这一点，并最终为他赢得了诺贝尔奖。这项发现始于一个有关土豆和柠檬的困惑：土豆切开后会变成棕色，但柠檬不会。圣捷尔吉推断，氧气与土豆中的一种化合物发生了反应，但柠檬中含有第二种化合物，减缓了这种反应。

多年来，圣捷尔吉一直在寻找这第二种化合物，并最终在许多植物和一些动物的细胞中发现了它。1928 年，当圣捷尔吉准备发表一篇有关这种分子的论文时，他对其仍知之甚少。如果你问他关于这种分子的事情，他会耸耸肩说："天知道。"事实上，他曾问过《生物化学杂志》（*Biochemical Journal*）的编辑们，是否能将这种分子命名为"天知糖"（Godnose），就是想表明自己对它几乎一无所知。但编辑们没有同意，要求他将这种分子称为己糖醛酸（hexuronic acid）。

后来，这种分子被称为维生素 C。科学家们发现，维生素 C 对于修复细胞损伤、蛋白质合成以及许多其他功能都极为重要。虽然柠檬和其他一些植物含有制造维生素 C 的基因，但我们人类并没有这样的基因，因此必须从食物中获取维生素 C。圣捷尔吉的发现使人类能够从无到有地合成这种分子了，但他拒绝为其申请专利，他认为维生素 C 属于全人类。圣捷尔吉的发现并没有让他变得富有，但让他收到了来自斯德哥尔摩的获奖通知。

获得诺贝尔奖时，圣捷尔吉 44 岁，这时的他终于认为自己已经做好了准备，可以开展严肃的科学研究了。他说："我觉得我现在有了足够丰富的经验，可以全力钻研更复杂的生物学过程，这也许会让我更深入地了解生命。"圣捷尔吉选择了研究肌肉。"肌肉的功能是运动，"他解释说，"这一直被人类视作评判生命的标准。"

在匈牙利塞格德大学（University of Szeged）担任教授期间，圣捷尔吉组建了一个由年轻科学家组成的团队，致力于解开两个世纪前困扰阿尔布雷希特·冯·哈勒的那个谜团：肌肉是如何运动的。圣捷尔吉知道，如果将肌肉浸泡在盐溶液中，它们的细胞会渗出一种黏性物质。渗出物中含有一种丝状蛋白，被称为肌球蛋白。许多科学家猜测，正是这种肌球蛋白产生了使肌肉收缩的力量。

还有一种分子令圣捷尔吉十分着迷，那就是 ATP。[13]1929 年，研究人员首次发现了 ATP，但没人知道它究竟有什么用。一些研究者推测，肌肉可能将 ATP 分子用作燃料，捕获其化学键断裂时释放出的能量。1939 年，圣捷尔吉获悉苏联生物学家在这一领域有了一项新的发现：肌球蛋白可以捕获 ATP 分子并使其分解。他决定对这一反应开展更深入的研究。

20 世纪 30 年代末，当圣捷尔吉转向这一新的研究方向时，他与外界的联系被切断了。匈牙利与纳粹德国结成了松散的联盟以对抗苏联，希望能够夺回他们在《凡尔赛条约》中失去的部分领土。英国随后向匈牙利宣战，匈牙利在轴心国的战线后方陷入了孤立。在之前从事研究的过程中，圣捷尔吉建立起了一个国际合作者的网络。而如今，他和塞格德大学的同事们只能完全依靠自己的力量来开展研究工作了。

很快，这支孤立无援的科研团队就有了一些不同寻常的发现。这些研究人员分离出肌球蛋白丝，然后将其放入煮沸的肉汁中。仅仅几秒钟，这些长长的、半透明的蛋白丝就蜷缩到一起，变成了深色的"线头"。圣捷尔吉和同事观察到了肌肉在分子尺度上的收缩现象。

为了弄清楚这种运动是如何发生的，这些研究者对肉汁的基本成分做了拆解分析。他们准备了一种只含 ATP 的溶液，并在其中添加了一些钾和镁，以便细胞能够正常工作。他们发现，只要有这三种成分就足够了。当他们把肌球蛋白丝放入准备好的混合溶液中时，这些蛋白就会收缩。这些科学家在试管中重现了生命最基本的功能之一。

圣捷尔吉团队的成员布鲁诺·施特劳布（Bruno Straub）曾赞叹说，这是"我见过的最美的实验"。另一名团队成员维尔弗里德·莫麦尔茨（Wilfried Mommaerts）也感叹说，这"可能是最伟大的生物学观察"。在莫麦尔茨看来，它之所以伟大，部分原因在于它的简单——"这是真正天才的标志"。

事实上，在开展科学研究的同时，圣捷尔吉还在从事间谍活动。在这样的背景下，这项天才的成果就显得更加不同凡响了。圣捷尔吉对希特勒的崛起感到震惊，因此积极帮助犹太科学家逃离德国。在塞格德，他还设法阻止法西斯学生暴徒在校园里追捕犹太人。当圣捷尔吉收到诺贝尔奖的奖金时，他将这笔钱投入了股市，但只买那些不会从战争经济中获益的股票（钱全部赔光了）。二战刚一爆发，圣捷尔吉就悄悄加入了一个抵抗组织。

1943 年，肩负着一项秘密使命，圣捷尔吉登上了一列开往伊斯坦布尔的火车。作为此行的官方行程，他在土耳其一所大学做了科学演讲。随后，他秘密会见了英国的情报人员，传达了匈牙利可能考虑改变立场、加入盟国的消息。

圣捷尔吉随后返回匈牙利，认为自己成功完成了任务。但他错了。纳粹间谍得知了他的背叛，希特勒愤怒地要求必须将他引渡到德国。为了安抚希特勒，匈牙利政府将圣捷尔吉软禁了起来。但他成功逃脱了，随后躲藏了几个月的时间。在盖世太保屠杀抵抗组织成员时，他一直设法抢先一步逃脱追捕。在此期间，圣捷尔吉在塞格德的研究团队继续开展他们的肌肉实验，并记录下实验结果。圣捷尔吉不时会突然出现在塞格德的实验室，确认他们的进展情况，然后又消失了。

对圣捷尔吉来说，比起保住性命，让世界了解自己的实验更重要。如果他被盖世太保枪杀，那么全世界可能永远都不会知道他和他的同事们的研究了。因此圣捷尔吉安排人手，将他们的论文打印出几百份，打算将这些论文送到他那些国外朋友的手上，但这个过程十分艰难。圣捷尔吉最终找到了一个他认为可以安全藏身的地方：位于布达佩斯的瑞典公使馆。但当一名瑞典科学家给公使馆发来电报，告知圣捷尔吉他已经收到肌肉研究的文稿时，圣捷尔吉的藏身之处被暴露了。

盖世太保急切地想要抓住这个躲藏了几个月的间谍，他们准备对公使馆发动袭击。在公使馆人员得知这一消息后，瑞典大使开着一辆豪华轿车外出了，而圣捷尔吉就藏在车子的后备箱里。

战火最终烧到了匈牙利。纳粹和苏联军队为争夺布达佩斯展开了激战，这座城市也在战争中被摧毁。圣捷尔吉一直躲在两军之间无人区里被炸毁的建筑物中，最后被苏联外长派出的一个中队找到。圣捷尔吉和他的家人被迅速带到布达佩斯南部的一处苏联军事基地，他们在基地住了三个月。之后，战争结束，他们可以回家了。

回到已是一片废墟的布达佩斯时，圣捷尔吉享受了民族英雄的礼遇。科学界——一度担心圣捷尔吉已经不在人世——对圣捷尔吉和同事发表在《生理学报》（*Acta Physiologica*）上的一份长达116页的报告惊叹不已。在这份报告中，圣捷尔吉和同事对生命的一个奥秘做出了解答。

二战后，圣捷尔吉开始接触美国的联络人，希望能在美国大学任教，并获得教授职位。但美国政府认为，他之前与苏联人关系密切，所以更有可能是一名间谍，而不是申请难民身份的诺贝尔奖获得者。

作为申请活动的一部分，圣捷尔吉前往波士顿，在麻省理工学院发表了一系列演讲。[14] 在那里，他向美国听众们讲述了他在战时研究肌肉的故事。他谈到了那些丝状物和肌球蛋白，谈到了 ATP 和离子。在圣捷尔吉介绍完自己的发现后，他停下来谈了谈对自己发现的思考。

他说："我的演讲已经到了末尾，现在你们或许希望我能以一种令人印象深刻的方式来结束演讲，希望我能告诉你们生命是什么。"

几十年来，生物化学家们一直都是这么做的。1911 年，捷克科学家弗里德里希·恰佩克（Friedrich Czapek）为生命给出了一个简洁的定义："总的来说，我们所说的生命不过是叫作原生质的生命物质中无数化学反应的复合体。"[15]

在自己的研究生涯中，圣捷尔吉也为生命下了几个定义，即便这些定义只是为了嘲讽"用一个简单的定义就能界定生命"这种肤浅的想法。"生命，"他乐于将其描述为，"只是水的戏剧。"[16]

为了制造碳水化合物，植物和细菌会通过光合作用将水分解。而在细胞——无论是植物细胞还是像我们这样食用植物的动物的细胞——的呼吸过程中，释放这些碳水化合物中的能量需要将水分子重新组合在一起。圣捷尔吉曾说："我们所说的'生命'其实是某种特性，是物质系统中某些反应的总和，就好比微笑是嘴唇的特性或反应一样。"[17]

当圣捷尔吉停下来，更深入地思考他和他的生物化学家同行们对生命的研究时，他发现，要想为生命给出一个有意义的定义非常困难。如果生命的定义涉及通过化学反应来实现自持的某种东西，那么蜡烛火焰可能是活的。星星呢？文明呢？

圣捷尔吉在麻省理工学院向他的听众解释说，所有生命都有一些共同的特征。但如果过于绝对地考虑这些特征，那么必然会得出荒谬的结果。"一只兔子永远都无法自我繁殖，"圣捷尔吉说，"如果生命的特征是自我繁殖，那么兔子就根本称不上是生命。"

我们可以在不同的尺度上找到不同的生命特征，圣捷尔吉说，但这取决于我们最珍视哪些生命特征。"'生命'这个名词毫无意义，"圣捷尔吉宣称，"根本就不存在这样的东西。"

在访问麻省理工学院后不久，圣捷尔吉就获得了移居美国的许可，但他争取教授职位的尝试失败了。他最终来到了马萨诸塞州的科德角，并与那里的伍兹霍尔海洋生物学实验室建立起了些许联系。他在他的新祖国过得很充实。每年夏天，他都会在伍兹霍尔村的海滨别墅里招待科学家。圣捷尔吉因经常举办丰富多彩的活动而远近闻名。[18] 比如，举办派对，夜间出海捕捞条纹狼鲈，带领大家绕着附近的半岛仰泳，以及装扮成时间老人、山姆大叔或者圣乔治——手持铝箔剑和盾牌——参加派对。

在伍兹霍尔，圣捷尔吉的研究工作仍在继续，他还为此创建了一个研究机构，以便能够获得资助。在这个研究机构中，圣捷尔吉开辟了一个新的研究方向，致力于找出生命物质与非生命物质之间的根本区别。

生命体具有一种特殊的化学性质，圣捷尔吉称之为"微妙的反应性和灵活性"[19]。他认为，生命之所以拥有这种能力，原因就在于蛋白质中不断穿梭于原子之间的电子。他认为，维生素 C 这样的分子可以将氧中的电子转移到其他分子中，而且不会在细胞内造成损害。圣捷尔吉宣称："它与为物质赋予生命有关。"

他的直觉为他指明了正确的方向。为了维持生命，细胞必须管理它们的电荷，并防止带电的化合物在细胞内四处乱撞，破坏 DNA 和蛋白质。但没有系统学习过量子物理学的圣捷尔吉最终还是搞不懂了。作为一名善于吸引大众目光的科学家，圣捷尔吉自信地承诺，他将会阐释物质是如何被赋予生命的——从而找到治疗癌症的方法。[20]

圣捷尔吉于 1986 年去世，就在去世前不久，他向美国国立卫生研究院提交了一份高达数百万美元的资助申请。哈佛大学生物学家约翰·埃兹尔（John Edsall）审查了这份申请，他参观了圣捷尔吉的实验室，对研究工作进行了评估。埃兹尔一直都很崇拜圣捷尔吉，但在伍兹霍尔，他并没有找到能够充分证明这个项目有潜力的可信依据，于是拒绝了这项申请。

埃兹尔说："我痛苦地感觉到，他失去了过去准确指引他追寻重大问题的敏锐嗅觉和本能。"[21] 圣捷尔吉获得诺贝尔奖以及在战时关于肌肉的发现都是杰出的成就，这一点毋庸置疑。但看到生命的奥秘最终向他复仇，他的同事们非常难过。更令人难过的是，圣捷尔吉自己也很清楚正在发生什么，他在 1972 年的一篇文章中写道："我从解剖学转向细胞组织研究，然后是电子显微镜和化学，最后是量子力学。这段尺度不断下行的研究历程充满了讽刺意味，因为在寻找生命秘密的过程中，我最终看到了原子和电子，它们根本就没有生命。在这趟下行之旅的某个时刻，生命从我的指缝间溜走了。"[22]

生命的边界

第 13 章

密码本

20 世纪 20 年代，世界仍在尝试接受量子物理学的怪诞。即便有人认为物理学家失去了理智，这也情有可原。在此之前，物理学家们面对的一直是一个庄严、可预测的宇宙，这个宇宙严格遵循牛顿定律，像钟表一样精准地运行。而现在，他们宣布，这个宇宙的基础是违背常识的。光既是粒子，又是波。一个电子可以同时既出现在这里，又出现在那里。能量则是一系列量子的跃迁。

然而，当马克斯·德尔布吕克（Max Delbrück）发现这个新世界时，他立即投身于此，自在地徜徉于其间。[1] 此时的德尔布吕克还只是一名在德国学习物理学的学生，他的聪慧给老师们留下了深刻的印象。老师们都觉得，他有能力发现量子物理学理论的新启示，并利用这些新发现来解释真实原子的特性。如果德尔布吕克没有在 1931 年前往丹麦的话，这可能就会成为他未来的发展轨迹，他最终可能会在量子物理学这个领域取得成功。但 1931 年，德尔布吕克来到了丹麦，师从诺贝尔奖得主、物理学家尼尔斯·玻尔。他惊讶地发现，玻尔并不认为量子物理学是世界上最奇怪的事情。生命才是。

玻尔认为，物理学家们永远不可能同时看到所有的物理实在。比如，如果他们想研究光，那么他们可以把光视为一种粒子或者一种波来研究，但不能同时既视为粒子又视为波研究。玻尔认为，生命也有两面性。物理学家能够弄明白身体中的气体和液体是怎么一回事，但物理学无法解释身体如何让这些气体和液体保持稳定，从而维持生存。

"他就这个问题谈了很多。"[2] 德尔布吕克后来忆及玻尔时说。"对于一个活的有机体，除了将其看作活的有机体外，你也可以将其看作一堆杂乱的分子。"

在玻尔的启发下，德尔布吕克开始认识到，有关生命的研究是一个前沿领域，物理学家们或许能在这个领域发现一些全新的东西。"如果你观察一个细胞——哪怕是最简单的细胞——你会知道它是由普通的有机化学分子组成的，而且也遵守物理学定律，"德尔布吕克说，"你可以分析其中含有多少化合物，但除非能够引入一种互补的全新观点，否则你无法解释清楚这些化合物是如何组成一个活的细菌的。"

生命维持着一种非凡的秩序，尽管宇宙似乎就是为了撕裂秩序而特意建造的。如果一个酒杯掉到地上，摔成了一百块碎片，这没什么可惊讶的。但如果一百块碎片组装成了一个酒杯，这就有些不可思议了。烧一壶热水，向水里加入各种食用色素，你肯定不会指望它们能形成一道美丽的彩虹。你只会看到一团有颜色的泥。但生命会违抗这种准则。一个卵可以孵化成一只天鹅，一颗种子可以长成一株百日菊。即便只是一个细胞，也能让内部的分子各司其职、共同协作，从而形成一种惊人的秩序。

德尔布吕克后来解释说："最不起眼的活细胞变成了一个神奇的谜箱，里面装满了复杂多变的分子，它还拥有一项出色的技能，那就是以轻松、快速和平衡的方式进行有机合成，在这方面，所有人类的化学实验室都无法与之相提并论。"

在跟随玻尔学习后，德尔布吕克离开丹麦回到了德国，在物理学家莉泽·迈特纳（Lise Meitner）位于柏林的实验室工作。白天，他研究如何引导伽马射线的路径等问题。到了晚上，他便努力钻研生物学，即便在这个领域他必须从零开始。德尔布吕克觉得自己似乎是世界上唯一一个担负着玻尔使命的人。

"我的意思是，物理学家对生物学的知识不够了解，而且总的来说，也不怎么关心，"德尔布吕克说，"而对生物学家来说，像量子力学这样的东西又完全超出了他们的知识范围。"

最终，德尔布吕克发现了同样在这些边缘地带徘徊的人，他称这几个人是"一群被内部流放的理论物理学家"。此前，玻尔在哥本哈根建立了一个小型的物理学家协会，以便共同探讨量子物理学的相关问题。德尔布吕克非常欣赏这一做法。因此，在柏林，他也组建了一个小团体，邀请他的新朋友们到他母亲家聚会。聚会的议程是"共同思考关于生命的一些谜题"[3]。

比希纳从研磨的酵母中发现了酿酶。另一些生物化学家则在裂解的其他生物的细胞中发现了别的酶。为什么酵母细胞中有酿酶，而人的细胞中没有？为什么在一个酵母细胞分裂成两个细胞后，新细胞中仍然含有酿酶？1932年，当德尔布吕克转向生物学研究时，生物学家们对此只有一些模糊的猜想。他们猜测，遗传因素——他们称之为基因——或许就能提供部分答案。但他们也不知道基因究竟是什么。

事实上，基因可能只是一个抽象的概念。细胞内某些微妙的特征组合在一起可能就产生了遗传模式。但当科学家们更加仔细地研究细胞时，他们开始怀疑基因与细胞内被称为染色体的神秘线状物体有关。他们发现，人的每个体细胞都有23对染色体。当细胞分裂时，这些染色体的数量会增加一倍，然后被分配给两个子细胞。他们还观察到，生殖细胞只有一组（23条）染色体，这些染色体会在受精时与另一组染色体结合在一起。但没人知道是什么控制着这些运动，也没有人知道遗传的染色体会如何影响我们的性状。

1923年，生物学家埃德蒙·威尔逊在试图描述这种染色体之舞时坦言，它太复杂了，复杂得让他简直无法相信它真的存在。"我们都快喘不过气了，"威尔逊承认，"这样的结果着实令人震惊，对于有些人来说，比起物理学家现在要我们接受的原子结构，这个结果更难接受。"4

关于染色体和遗传的一些最重要的线索来自哥伦比亚大学一间满是果蝇的房间。在这个房间里，生物学家托马斯·亨特·摩尔根（Thomas Hunt Morgan）带领他的科研团队在显微镜下观察果蝇的染色体。染色体——就像一条蛇——的臂上有一些条带。通过追踪一代又一代染色体，这些科学家可以观察两条染色体交换片段的现象。

摩尔根的团队发现，遗传一小段染色体就可以决定果蝇的某种性状，比如眼睛的颜色是红色还是白色、是否耐寒从而不被冻死等等。基于果蝇身上发生的这些显著变化，摩尔根推测，基因可能就潜藏在这些染色体片段中。

但他对染色体和遗传的了解也仅限于此。原因之一是染色体是一种极其复杂的生化物质，是由蛋白质和一种被称为核酸的奇特物质构成的复合体。但通过用X射线照射果蝇，摩尔根的学生赫尔曼·穆勒（Hermann Muller）获得了一条关于基因的关键线索。每隔一段时间，他就会在果蝇身上创造出一种突变。例如，一只亲代都是红眼的果蝇突然长出了棕眼。如果穆勒随后让一只突变果蝇继续繁殖，它还会将这种新的性状传给下一代。换句话说，他改变了一个基因。①

穆勒猜测，突变是经常发生的。大自然不需要X光机来改变基因。高温或某些化学物质可能会不时地随机改变某个基因，而生命所有的变异都源于这种盲目的变化。他在1926年宣称，基因是"生命

---

① 穆勒后来也因为"发现X射线辐照能诱发基因突变"获1946年的诺贝尔生理学或医学奖。——译者注

的基础"[5]。

1932 年，穆勒来到柏林，与当地的遗传学家合作，尝试对果蝇使用不同种类的辐照，看看它们可能会产生什么样的突变。在柏林，德尔布吕克见到了穆勒，对他十分崇敬，并决定用他的量子物理学知识来研究这一现象。在穆勒离开柏林到苏联工作后，德尔布吕克开始与遗传学家合作，开展他所称的"黑市研究"[6]。

德尔布吕克认识到，基因——无论它们拥有什么样的确切性质——有一种非常自相矛盾的气质。一方面，它们可以稳定地传给后代，甚至可以稳定地传递数千代；另一方面，它们又会突然发生突变，然后再次变得稳定。德尔布吕克在物理学中看到了解决这个矛盾的答案。

如果一个原子吸收了一个光子，那么这个原子的一个电子可能会跃升至更高的能级，并一直处于这个能级。X 射线可能对基因产生了同样的影响。X 射线可以导致突变，它的波长又非常短，这意味着基因必须非常小。

"这些基本都是猜测，"德尔布吕克和他的同事们在 1935 年的一篇论文中提醒说，"这些猜测的基础仍然不稳固。"

如果他们是在担心自己的论文会引发一波误解，那么他们就纯属多虑了，因为这篇论文发表在——德尔布吕克后来评价说——一份压根就没人看的期刊上。他后来说，他们的这种观点"历经了一场豪华的葬礼"。

德尔布吕克关于基因的论文发表后不久，他就逃离了纳粹德国。被他留在身后的，不仅有他的祖国，还有他的科学。他放弃了物理学，加入了摩尔根的实验室，正式成为一名生物学家。摩尔根当时在加州理工学院从事研究工作。但一到实验室，德尔布吕克就发觉自己犯了一个严重的错误。他后来回忆说，摩尔根"不知道该安排我这样的理论物理学家做什么"。当他尝试用摩尔根的果蝇做实验时，他发现这项工作枯燥乏味，实验得出的结果也令人费解。

幸运的是，德尔布吕克后来遇到了生物化学家埃默里·埃利斯（Emory Ellis）。他发现埃利斯研究的是噬菌体，而不是动物，这激起了他的兴趣。埃利斯的实验很简单，但意义重大。他把这些能杀死细菌的病毒加到培养皿中，之后就能观察到噬菌体杀死数百万宿主后形成的鬼魅般的噬菌斑。只需将噬菌斑中的少量琼脂移到未受感染的培养皿中，他就能引发新一轮的感染。这些噬菌体似乎拥有自己的基因，但它们只是通过复制自己来进行增殖，无须在一堆复杂混乱的染色体混合物中挣扎。

德尔布吕克亲切地将病毒称为"生物学中的原子"。他开始自己设计实验，这些实验很快就发展成后来为他赢得诺贝尔奖的重要工作。事实证明，病毒就像果蝇一样，也会发生突变。一些突变会让它们失去感染某种细菌的能力，另一些突变则会让它们能够攻击某种新的细菌。通过统计培养皿上噬菌斑的数量，德尔布吕克可以精确地测量突变发生的频率。尽管当时几乎没人认识到他正在创建一门新的科学，但他很高兴自己有了一项新的事业。

1945 年，也就是德尔布吕克开始发展他的新事业几年后，一位朋友给了他一本当时很畅销的新书。书很薄，书名叫《生命是什么？》。看到这本书后，德尔布吕克惊呆了。书的作者是物理学家埃尔温·薛定谔，德尔布吕克在德国研究量子物理时就认识他。[7] 为了回答书名中的这个问题，薛定谔让德尔布吕克早前"历经了一场豪华葬礼"的那篇论文复活了。

—

埃尔温·薛定谔 1887 年出生于维也纳，后来成为苏黎世一所大学的物理学教授。在此期间，他提出了一个著名的方程式——薛定谔方程。薛定谔方程可以预测一个系统如何以波动的方式在时间和空间中发生变化，无论这个系统是光子、原子，还是一组分子。但薛定谔的名字也成了历史上最著名的思想实验的标签，这个实验涉及一只猫。

薛定谔认识到，他和其他量子物理学家的研究工作中存在一些非常怪异的地方。他提供了一种方法来说明这一点：假设将一只猫放在一个箱子里。这个箱子还配有一个装置，可以向里面注入大量毒药，杀死这只猫。现在，想象一下，这个装置能被自发衰变的放射性原子触发。

根据 20 世纪 30 年代量子物理学的主流解释，原子可以处于衰变和未衰变的叠加状态，但观测行为会导致波函数坍缩，使原子处于一种或另一种状态。薛定谔认为，如果量子物理学是正确的，那么这只猫必然既是活的，又是死的。只有当观测者打开箱子确认时，才能知道这只猫到底是死是活。

对薛定谔来说，生与死不仅仅是思想实验的素材。薛定谔的父亲是一名植物学家，所以他从小就耳濡目染，从父亲那里了解了植物的复杂性。读大学时，他如饥似渴地阅读了大量生物学书籍。后来，当穆勒用 X 射线制造突变时，薛定谔对基因的本质产生了兴趣。正如他自己曾经说过的那样，他对"生命与非生命之间的根本区别"产生了好奇心，一种来自外行的好奇心。[8] 后来，一位朋友把德尔布吕克 1935 年发表的那篇关于基因的论文转给他看，这篇论文便成了他发展自己的思想所围绕的核心。当时，德尔布吕克和薛定谔是活跃在欧洲量子物理学家小圈子里的同行。但薛定谔从未就德尔布吕克提供的灵感与他交流过，他们既没有交谈过，也没有通过信。

与德尔布吕克一样，薛定谔也为躲避纳粹寻求了庇护。但他没有去加利福尼亚，而是来到了爱尔兰。当时，爱尔兰政府为薛定谔建立了一个研究中心，交由他管理。这份工作的其中一项要求是，薛定谔必须在三一学院发表一系列公开演讲。薛定谔决定不谈他的方程式——因为他的听众不是量子物理学家——而是介绍他本人对生命本质的看法。[9]

1943 年 2 月，很多人涌向报告厅，组织者不得不将数千人拒之门外。当薛定谔起身发言时，面对报告厅里比肩接踵的人群，他提醒说，他将作为"一个天真的物理学家"而不是专家来发表演讲。他要问一个天真的问题，也就是奥尔格·施塔尔在近 250 年前问过的那个问题：生命是什么？

薛定谔向爱尔兰听众讲述的许多生物学知识都不是什么新鲜事，他在演讲中提到的许多新内容最终也被证明是错误的，但他为现代科学回答"什么是活着？"这一问题构建了大体的框架。薛定谔的这些思想引导了一代科学家，将生物学建立在了分子基础上。还有很重要的一点是，他让物理学家们清楚地认识到，当他们的理论跨入生命领域时，这些理论是多么的失败。80 年后的今天，物理学家们仍在努力应对他的挑战。

薛定谔宣称："有机体赖以生存的是负熵。"熵在本质上是对无序状态的度量。随着时间的推移，原子和分子的碰撞自然就会导致熵增加。为了维持自己的秩序，生命需要以抵消熵增的方式吸收能量。通过将基因传给后代，生命也将自己的秩序延伸至未来。

对于遗传现象，薛定谔基于德尔布吕克十年前对染色体的研究给出了自己的解释。薛定谔猜想，染色体是含有基因的稳定晶体，可以代代相传。

至于这种组织结构具体是如何运作的，薛定谔也不是很清楚，他只提出了一些大致的设想。这些晶体必须是他所说的"非周期性的"。普通的晶体会周期性地重复：冰是水分子构成的晶格，食盐是由钠离子和氯离子组成的一系列"笼子"。无论你在这些晶体的内部如何移动，模式都是相同的。但薛定谔推测，染色体在原子排列上存在一些差异，而且这种差异不会简单地重复，因此很像从字母表中选择的一串字母。正如薛定谔所说，这些差异可以作为一种"密码本"，这种"密码本"可以产生完整的有机体。

"结构上的差别，"薛定谔推测说，"就像一张普通墙纸与一块拉斐尔挂毯之类的刺绣杰作之间的差别一样，普通墙纸上有周期性重复的图案，但刺绣杰作没有枯燥的重复，而是由大师设计出的精致、连贯且有意义的作品。"

—

尽管薛定谔提到的熵和"密码本"的概念都只是他的想法，但事实证明，他的演讲大受欢迎——他甚至不得不再做一次演讲。随着他提出的这些观点被争相报道，在社会上引起轰动，一家出版商邀请他把这些想法写下来。《生命是什么？》于次年出版，刚一问世便成了畅销书。这本书不仅让普通读者为之着迷，还引领了科学的发展方向。在这本书出版之后 9 年的时间里，有两名读者发现，薛定谔提出的非周期性晶体并不仅仅是一种猜想，而是一种真实存在的分子：存在于我们每个细胞中的 DNA。

其中一名读者是英国物理学家弗朗西斯·克里克。[10] 克里克 1916 年出生于英格兰郊区的一个中产阶级家庭，十几岁时就失去了信仰，转而希望通过科学来了解世界。他后来写到，科学尚未解释的奥秘"很容易成为宗教迷信的庇护所"[11]。克里克选择在伦敦大学学院学习物理，但当时没有给老师留下什么特别的印象。在读研究生时，他被安排测量水的黏度，他后来说，这是"世界上最无聊的问题"[12]。

二战期间，克里克在英国海军部研究实验室工作，参与设计炸沉纳粹船只的水雷。战争结束后，克里克既不想回去测量水的黏度，也不想制造更多的战争机器。他渴望研究一些能产生深远影响的东西。

有一天，他偶然读到了关于抗生素的最新发现，当他得知这些分子能够拯救人的生命时，他兴奋不已。当克里克激动地将这一消息告诉他的朋友们时，他忽然意识到，自己对此事竟如此满腔热忱。于是他开始考虑，在 30 岁这个年龄，是否还有可能做出彻底的转变，转行成为一名生物学家。

就是在这个时候，克里克阅读了《生命是什么？》。薛定谔让克里克坚定了信心，让他相信，转行从事生物学研究可能算不上多么巨大的改变。生命只是世界的一部分，是物理学尚未对其做出恰当解释的那一部分。克里克决定，他不会将研究方向局限在某种抗生素或者某种其他有机分子上。他感兴趣的方向是"生命与非生命的边缘地带"[13]。

克里克对宗教迷信一直持敌视态度，这也是促使他转向这一领域的一个原因。他年少时对教会的蔑视在成年后有增无减。克里克十分鄙夷那些声称生命不可能被还原成简单机制的知识分子。在克里克看来，他们只是活力论者的残余势力。即便是在二战之后，法国哲学家亨利·柏格森依然很受推崇，而神学家、古生物学家德日进（Pierre Teilhard de Chardin）也声名鹊起，因为他声称分子具有目的性，首先产生了生命，最终产生了意识。在英国，作家 C. S. 刘易斯（C. S. Lewis）对现代科学关于世界的悲观看法嗤之以鼻，希望它能被一种有关自然的新的研究所取代，从而保留生命的荣耀。"在它做出解释时，它不会搪塞，"刘易斯在 1943 年谈到这种新的研究时说，"在它谈到部分时，它不会忘记整体。"[14]

对克里克来说，了解整体的唯一办法就是从部分开始着手。他加入了卡文迪许实验室，大约 40 年前，约翰·巴特勒·伯克就是在这里被"放射凝聚生物"愚弄的。20 世纪初，对生命的痴迷使伯克成为卡文迪许实验室的异类，因为他的同事都在研究电子、放射性和其他无生命的东西。然而，到了 20 世纪 40 年代，卡文迪许的物理学家们开始利用他们的专业知识来研究生物分子。

为了弄清楚生命中化合物的结构，他们诱使分子结晶，然后用 X 射线对其进行照射。X 射线衍射后照射到感光底片上，底片上显示出的暗黑斑点和曲线就反映了晶体的重复结构。之后，卡文迪许实验室的这些研究者就可以利用数学方程式，根据底片上的影像反推出这些分子的形状。最开始，他们研究的是维生素等小分子，之后便转向研究蛋白质。蛋白质是由氨基酸组成的长链，而且结构复杂，因此这无疑是一项艰巨的挑战。

研究清楚蛋白质的结构有助于科学家了解它们的运作方式以及它们所起的作用。此时，生物化学家对酶已经有了一定的了解：酶是一种可以加速化学反应的蛋白质。至于其他蛋白质，有些似乎可以作为信号，有些则像砖块一样聚合在一起，构建身体这座大厦。在 20 世纪 40 年代，许多生物化学家猜测，基因是由染色体中的蛋白质组成的。

在加入卡文迪许实验室后，克里克很快就给新同事们留下了深刻的印象。他在某些方面似乎拥有超乎寻常的能力，比如，他可以构想出蛋白质的各种扭曲和折叠，并想象出它们的 X 射线衍射肖像会是什么样子。但克里克开始进行这项研究后不久，他就有些分心了。20 世纪 40 年代末和 50 年代初，科学家们开展的一系列实验表明，蛋白质并不是遗传信息的载体。DNA——一种在纠缠的染色体中也能找到的核酸，被证明是必不可少的。

当时，人们对 DNA 的结构还知之甚少。克里克不断思索着，DNA 究竟得有什么样的形状才能成为薛定谔所说的那种非周期性的晶体。他在卡文迪许实验室的上司不鼓励他做白日梦，但在 1951 年，他遇到了一个到访剑桥大学的美国人，这个也很喜欢《生命是什么？》的美国小伙子叫詹姆斯·沃森。沃森与克里克一见如故，相谈甚欢。两人聊起了 DNA，一聊就是几个小时。

但这些谈话也无法带他们走得更远。他们想进一步了解，如果DNA是生命的"密码本"，那么它是如何存储基因的。克里克和沃森知道，伦敦的一个科学家小组正在首次尝试为DNA晶体拍摄一批高质量的照片。在罗莎琳德·富兰克林（Rosalind Franklin）的领导下，这些科学家小心翼翼、有条不紊地准备分子，从不同角度用X射线照射它们，然后分析衍射产生的图像。

　　富兰克林无法容忍克里克和沃森的急躁，有一次她甚至把沃森赶出了实验室，以便能够回去继续工作。当他们尝试根据一些初步图像建立模型时，富兰克林来到剑桥，向他们解释说，他们的模型完全错了。后来，在富兰克林不知情的情况下，克里克和沃森看到了她未发表的一些研究结果。有了这些线索，他们最终得以想出一种新的结构。他们认为，这种新结构符合科学家们对DNA化学性质的认识，甚至可以阐释DNA与基因的联系。

　　蛋白质是有着令人抓狂的螺旋和缠绕的复杂分子。与蛋白质相比，DNA的结构显得简洁而优美。克里克和沃森认识到，DNA是一对扭曲的骨架，一些阶梯状的连接物将这对骨架连在一起。每个"阶梯"都由一对叫碱基的化合物组成。在一段DNA的每一级，碱基可以是四种形式中的任意一种。每个基因——拥有数千个碱基对——都是这些碱基的一个独特序列。

　　1953年，在写给12岁的儿子迈克尔的信中，克里克表示："现在，我们坚信D.N.A.是一种代码。也就是说，一个基因与另一个基因的差异就在于碱基（字母）的顺序不同（就像一页印刷品与另一页印刷品不同一样）。"[15]

　　克里克和沃森的模型还展示了生命体是如何维持其诸多基因的顺序的。一个细胞可以通过将其DNA的两根骨架分开来对其进行复制，当DNA的两根骨架被分开后，每根骨架上都还挂着各自的碱基。由于每种碱基只能与另外一种碱基配对，这使细胞可以精准地复制产生两条 DNA。

　　就在克里克和沃森意识到他们破解了 DNA 的结构那天，他们来到了附近的一家酒吧，庆祝所取得的重大突破。克里克高喊，他们"发现了生命的秘密"。这是胜利者的呐喊，在与活力论者的斗争中，他最终获得了胜利。克里克、沃森、富兰克林以及他们的其他同事各自开始着手撰写他们的研究成果，这些论文于 1953 年 4 月 25 日发表在《自然》杂志上，阐述了 DNA 的双螺旋模型及相关证据。当《纽约时报》采访克里克时，他说，就目前的情况而言，这个想法"仅凭感觉就知道它是对的"[16]。

　　8 月，克里克将重印本寄给了远在都柏林的薛定谔，并附上了一张便条："您会发现，您提出的'非周期性晶体'这个词非常贴切。"[17]

—

　　今天，DNA 早已成为生命的象征，但在克里克和沃森发表他们的研究成果时，人们并没有立刻认识到这一点。1962 年，克里克和沃森共同获得了诺贝尔奖（富兰克林已经因为癌症于 1958 年去世，因此未被考虑授予该奖）。当时，DNA 确实受到了一些关注，但直到沃森于 1968 年出版了畅销书《双螺旋》后，它才得以渗透到大众文化中。在书中，沃森转载了一张他和克里克在《自然》杂志上发表论文后不久拍摄的照片。

　　照片中的地点是两人在卡文迪许的实验室，克里克和沃森站在一人高的双螺旋模型——模型是他们用短杆、板子和螺钉打造的——旁边摆着姿势，沃森看着克里克用计算尺指着双螺旋骨架上的一个弯曲处。这张照片逐渐成了一种象征，象征着我们现代生命观的转折点。一位历史学家将它与爱因斯坦的肖像和蘑菇云的图像一并列为 20 世纪最重要的科学照片之一。[18]

但只关注科学偶像必然会扭曲历史。罗莎琳德·富兰克林并未出现在这张照片中，这是其一。这张照片也对公众有关克里克的记忆产生了不良的影响。它将克里克困在了双螺旋结构里，似乎这就是他唯一的成就。但事实上，克里克依然在兢兢业业地做着一项同样重要的研究工作：他与一个国际科学家网络合作，发现了细胞将基因中的信息转化为蛋白质结构所依据的法则。他们把这套法则称为遗传密码。没有人拍到克里克用计算尺指着密码，但遗传密码的发现可以说与双螺旋的发现一样重要。

克里克认识到，基因和蛋白质使用不同的字母表拼写信息。DNA由4种不同的碱基组成，而蛋白质则由大约20种不同的氨基酸组成。一旦我们的细胞生产出了一个基因的RNA，它们就会将其送到一个叫核糖体的蛋白质制造工厂。克里克和他的同事发现，核糖体会连续读取3个碱基，以确定将哪种氨基酸添加到蛋白质中。如果突变改变了其中一个碱基，就可能会使细胞在该位置添加一种不同的氨基酸。

对于克里克来说，遗传密码不是仅凭感觉就知道它是对的，它代表了克里克研究生命的科学方法的胜利。"从某种意义上说，这是分子生物学的关键，"他宣称，"在此之后，怀疑者将不得不接受分子生物学的基本假设，这也是我们多年来一直在努力证明的。"[19]

但克里克却无法优雅地享受胜利。令他非常沮丧的是，遗传密码的发现未能让活力论者认识到他们的错误。克里克甚至看到，自己周围的许多活力论者越来越有名气。一天，剑桥大学的一位牧师告诉他，DNA可能是超感官知觉的证据。令他大为震惊的还有普林斯顿大学的物理学家沃尔特·埃尔萨瑟（Walter Elsasser）在文章中表达的观点。埃尔萨瑟因研究地球如何产生磁场闻名，但他决定要在生物学领域一试身手。1958年，埃尔萨瑟声称他发现了"无法用机械功能来解释的生命现象"。还有一名科学家写信给《自然》杂志，声称区分生命与非生命的是一种"生物冲动"，这种冲动不能用原子和分子来解释。

克里克被激怒了，他开始在剑桥附近发表演讲，警告人们，活力论会给文明带来威胁。不久之后，华盛顿大学邀请他在西雅图发表演讲，探讨科学和哲学在"人类对理性宇宙的认知"方面产生的影响。克里克利用这个机会高调地攻击了他的敌人，他的演讲题目是"活力论消亡了吗？"[20]

在西雅图，克里克向他的听众们讲述了他曾经参与的各项研究，介绍了这些研究取得的诸多丰硕成果：理解遗传、遗传密码和细胞的运作方式。他沮丧地说，尽管有这么多证据，但活力论仍然存在。克里克认为，它之所以能够持续存在，是因为我们对迷信没有抵抗力。克里克能想到的唯一解决办法就是接管学校。为了消除人文学科造成的错觉，所有学生都应该学习大量理科课程。克里克宣称，旧的文学文化"显然正在消亡"，取而代之的将是一种建立在"科学论，特别是自然选择"基础上的新文化。

在西雅图的一系列演讲活动接近尾声时，克里克发出了严厉的警告："因此，对那些可能是活力论者的人，我要做出如下预言：那些过去大家都相信，你们现在仍然相信的东西，未来只有怪人才会相信。"

在科学研究领域，克里克无疑是非常出色的，但说到辩论，他却不那么在行。1966年，克里克的演讲内容结集成书出版，书名是《分子与人》（Of Molecules and Men），一名书评人称其为"一部充满了天真与偏执的可怕作品"。

这本书非常糟糕，最严厉的批评者中甚至不乏他的科学家同行。到20世纪30年代时，活力论就已经逐渐被科学遗忘，因此胚胎学家康拉德·沃丁顿（Conrad Waddington）甚至觉得，克里克可能只是在"鞭打一匹死马"[21]。著名的神经科学家约翰·埃克尔斯爵士（Sir

John Eccles）①很欣赏克里克演讲中讲述的分子生物学这门新科学的内容，²²但他并不接受克里克提出的以科学为中心的社会愿景，认为这是一种"教条的宗教主张"。埃克尔斯还严厉地批评克里克粗暴地将原子和分子以外的所有东西都斥为活力论。

"在生物学中，"埃克尔斯认为，"有一些新出现的特性是无法通过化学进行预测的，就像化学无法通过物理学进行预测一样。"

克里克永远也无法彻底击败他所谓的活力论者。部分原因在于，他用"活力论者"这个词广泛地攻击所有不以他的方式看待事物的人：小说家、超感官知觉的粉丝，甚至还有一些全职科学家。还有部分原因则出在他自己所从事的 DNA 和遗传密码的研究工作上。尽管这项工作产生了极其深远的影响，但仍然留下了一些悬而未决的重大问题，主要涉及生命与非生命的本质区别。2000 年，也就是克里克去世的 4 年前，三位著名生物学家发表了一篇他们称为"分子活力论"的综述。他们认为，以 DNA 为指令的简单的、基于机器的生命观不足以解释生命世界最重要的一些特征，比如，细胞如何在不断变化的世界中保持稳定，或者胚胎如何稳定地发育成复杂的解剖结构。考虑到千禧之交时以基因为中心的生物学状况，他们觉得这不一定能"让一名 19 世纪的活力论者相信，人类已经理解了生命的本质"²³。

随着年龄的增长，克里克越发沉迷于对生命的思考，很少有年轻的科学家敢做这样的事情。他琢磨起了外星生命：或许它们和我们很像；或许地球上的生命就源自它们播下的种子；或许它们与我们所了解的生命在化学构成上迥然不同；或许它们生活在气态行星上，或是生活在恒星里。但克里克猜测，无论最后发现的外星生命有多么奇怪，它们最终很可能与地球上的生命十分相似。克里克认为，存在某种他所谓的"生命共有的性质"。

---

① 约翰·埃克尔斯，澳大利亚神经生理学家，因发现神经活动的离子机制获 1963 年的诺贝尔生理学或医学奖。——译者注

克里克在 1981 年简单阐述了这一共有的性质。"这个系统必须能够直接复制自己的指令,并间接复制执行这些指令所需的所有机器,"他在《生命本身》(*Life Itself*)一书中写道,"遗传物质的复制必须相当精确,但需要以相当低的发生率出现突变——可以被如实复制的错误。基因和它的'产物'必须保持较为紧密的联系。这个系统必须是开放的,必须有原材料,而且必须通过某种方式拥有自由能。"[24]

从马克斯·德尔布吕克在柏林的秘密聚会上思考生命之谜至今,仅有短短 50 年的时间。现在,他的知识分子"孙辈"们主要从基因的角度来思考生命:基因编码复制自身所需分子的能力,以及它们推动演化的能力。克里克的研究工作对其他科学家如何定义生命产生了深远的影响。例如,1992 年,在 NASA 组织的一次会议上,就能明显体会到他的影响力。这次会议旨在为"如何研究其他星球上可能存在的生命"集思广益。

与会科学家之一杰拉尔德·乔伊斯(Gerald Joyce)后来向我介绍了这次会议的一些情况。"我们在谈论对生命的探索和生命的起源,"他回忆说,"有人说:'我们是不是应该先为我们谈论的东西下个定义?'"[25]

与会科学家开始抛出一些想法,其中的一些被否决了,还有一些被整合到了一起。讨论从正式会议开始,一直持续到晚宴时。与克里克一样,来自 NASA 的小组也认为新陈代谢是必不可少的,但主要是因为新陈代谢提供了制造新基因副本的物质和能量。然而,生命不可能完美地复制这些基因。只有当它犯错时,演化才能出现,才能让生命具有适应性并展现出新的形式,然后才能代代相传。"历史开始用分子书写,"乔伊斯后来告诉我,"这就是生物与化学不同的原因。"

晚宴结束时,这些科学家已经将他们的想法概括成了一句话:

生命是一个能够进行达尔文式演化的自持化学系统。[26]

这个定义简明扼要而且很好记，他们的表述得到了认可。人们开始简单地将其称为"NASA 对生命的定义"，就好像 NASA 给它盖上了官方许可的印章一样。在科学会议上，发言者会在他们的幻灯片中展示这句话。此外，它还被写进了教科书。不难理解，在读到这个定义时，有的学生会认为这个问题已经被彻底解决了。

但事实远非如此。就像之前那些关于生命的定义一样，NASA 的这个定义没有列出究竟哪些东西有资格成为生命。当科学家们转向那些与我们共享世界的真实事物时，他们无法就哪些东西属于生命达成一致。

第四部分

重返边缘地带

第 14 章

半条命

"伯克先生还无法断言这些有机体完全有生命。它们可能有半条命。"[1]

2020年春，在洒满阳光的旧金山街道上，几只郊狼在悠然闲逛。在香港附近的海域中，成群的中华白海豚在跳跃嬉戏。威尔士的一座小镇迎来了一批雪羊观光客。特拉维夫市内的一座公园则接待了一群不期而至的胡狼。在威尼斯，鸬鹚跃入突然变得清澈的运河中捕鱼。与此同时，一群加拿大黑雁正护送着它们的幼雁，大摇大摆地走在拉斯维加斯大道中央，从暂时歇业的售卖万宝龙钢笔和芬迪手袋的店铺门前经过。

在世界各地，生命正在以一种奇特的方式扩张，引发这一现象的原因是人类暂别了舞台。几个月的时间里，全世界有数十亿人被封控。这样的情形实属罕见，科学家们甚至给它取了一个名字，叫"人类活动暂停"（anthropause）。[2]对于那些幸运儿，最大的挑战是居家的无聊。但其他人可就没这么幸运了，他们要面临失业、忍饥挨饿等各种灾难。在这些不幸的人中，还有一群最不幸的人——他们生病了。他们出现了发热的症状，身体极度不适，还因为剧烈的咳嗽而颤抖不止。有些人在晚上剧烈地打着寒战，甚至还咬碎了牙齿。80%的病人留在家中，自己挺了过来，而其余20%的人最终住进了医院。在这些入院治疗的病人当中，一些人的肺部俨然成了脓液和炎症的荒地。死亡人数多达数十万。在纽约的哈特岛，人们已经开始动用反铲挖掘机挖掘壕沟，以掩埋激增的尸体。

这种新型肺炎于2019年在中国武汉首次被发现。仅几周内，中国的研究人员就找到了关联所有病例的一条微观线索：一种病毒——病毒学家将其命名为SARS-CoV-2。他们分析了这种病毒的基因，利用发现的各种突变重构了它的部分历史。SARS-CoV-2来自蝙蝠，近几十年来出现的一些其他危险病毒也来自这种动物，而SARS-CoV-2与这些病毒一样，也演化出了适应性，能够在人体内不断增殖。

咳嗽甚至唱歌都可能将携带病毒的飞沫喷到空气中，任何人都有可能吸入这些病毒飞沫，可以是同一辆公交车上的乘客，共用同一个餐桌吃早餐的食客，也可以是在同一座教堂祷告的教徒。一旦这些飞沫进入周围某个人的鼻腔，病毒很可能就又多了一个新的宿主。这种病毒浑身布满了一种蛋白，这些蛋白能够与呼吸道中某些细胞表面的一种蛋白紧紧结合。在病毒的膜与这些细胞融合后，病毒就可以将自己的基因释放到细胞中。这些基因所使用的遗传密码与人类细胞用以制造蛋白质的遗传密码是相同的。因此，这些细胞会像"翻译"自己的基因一样，用这些病毒的基因"翻译"出蛋白质。这样一来，细胞里就充满了病毒的蛋白。这些病毒蛋白会迫使细胞停止正常的工作，不断制造新的病毒。细胞会制造出许多新的病毒基因副本，然后将其包裹在镶嵌有病毒蛋白的新的膜中。新的病毒会被装在许多微小的囊泡中，这些囊泡会被转移到被感染细胞的细胞膜附近并与细胞膜融合，将数百万新病毒释放到呼吸道中。

对大多数人来说，当病毒还在他们的鼻腔里设法立足时，免疫系统就已经听到了入侵的警报。它们开始组织防御，学习如何利用抗体来精确打击目标，从而阻止病毒感染新细胞。但这些病毒很狡猾，它们有自己的逃避妙招，相关信息就编码在它们的基因中。在入侵细胞时，它们能将细胞的警报系统关闭，悄悄潜入。这些病毒在一些人的体内疯狂增殖，然后沿着呼吸道继续下行，进入肺部。精确打击不再有效，于是免疫系统开始诉诸暴力攻击，向四面八方释放有毒的化合物，导致病毒感染者在自己制造的病毒海洋中慢慢溺亡。

如果 SARS-CoV-2 一开始就让宿主如此虚弱，或许它会更容易对付。当人们生病时，他们可能会被送进医院的隔离病房。但在 SARS-CoV-2 使其宿主首次出现症状之前，它其实已经在宿主体内悄悄潜伏了好几天。在此期间，人们像往常一样，过着正常的生活，完全没有意识到病毒正在体内不断增殖，也不知道他们呼出的空气其实已经具有传染性。他们在餐厅享受着午餐时光，在呼叫中心工作，在太平洋航行的游轮上凭栏远眺。病毒的一些宿主在感染了周围的人之后才最终表现出症状，还有一些宿主则一直都没有症状。

那些不知不觉中被感染的人将 COVID-19[3] 带出了武汉。在中国国内，一些人为了与家人欢度春节，踏上了返乡团圆之旅。还有被感染的人乘飞机到达欧洲，又从欧洲到了其他大陆。在不断增殖的同时，病毒也发生了变异，出现了新的谱系，每个谱系都具有独特的基因特征标记。根据这些病毒在各个国家和城市之间传播时的变异情况，科学家们重现了它们的演化历程。有些国家在应对这场流行病时做得很出色，而有些国家——由于贫穷的限制或者富庶的傲慢——则惨遭重创。

很难想象还有什么东西能像这种病毒一样，在这么短的时间内对人类造成如此沉重的打击。很难想象还有什么东西能像这种病毒一样，拥有如此强大的增殖能力，短短几个月内就利用我们人类制造出了数千万亿份拷贝。

尽管如此，还是有很多科学家认为SARS-CoV-2并不是活的，认为它没有资格进入名为"生命"的专属俱乐部。

　　数千年来，只有在病毒造成死亡和破坏时，人们才会注意到它们的存在。医生们给这些疾病取了名字，比如天花、狂犬病和流感。17世纪，当安东尼·范·列文虎克用显微镜观察水滴时，他发现了细菌和其他微小的奇迹，但他无法看到更微小的病毒。又过了两个世纪，科学家们最终发现了病毒，但事实上，他们并没有真正看到这些病毒。

　　19世纪末，欧洲的几名科学家开始对一种烟草病害开展实验研究。这种叫作烟草花叶病的病害会阻碍植株生长，还会让烟草的叶片上布满斑点。这些研究者将患病植株的叶片捣碎，添加少量的水，然后将得到的汁液注入健康的植株。之后，他们发现健康的植株也患病了。但奇怪的是，在这种汁液中寻找病原体的努力完全是徒劳的，他们既没有发现细菌，也没有找到真菌。[4] 因此，病原体必然是某种完全不同的东西。

　　荷兰科学家马丁努斯·贝叶林克（Martinus Beijerinck）开展了一项实验，用一种陶瓷滤芯过滤器过滤了患病植株叶片捣出的汁液。这种陶瓷滤芯上的滤孔极小，即使是非常微小的细菌也无法穿过。在贝叶林克将澄清的滤液注入新植株后，新植株还是患病了。贝叶林克由此推定，烟草植株中存在某种隐形物质，这种物质在不断增殖。1898年，他借用了一个表示"毒素"的古老单词来称呼这种物质——病毒。

　　病毒学家们接着又发现了导致狂犬病、流感、脊髓灰质炎和许多其他可怕疾病的病毒。一些病毒只感染某些特定种类的动物，还有一些病毒则只感染植物。生物学家们还发现了噬菌体，这种病毒只感染细菌。而噬菌体正是人类亲眼所见的第一种病毒。

　　20世纪30年代，工程师们制造出了功能强大的电子显微镜，让病毒世界成为万众瞩目的焦点。借助电子显微镜，研究人员观察到了位于细菌宿主上的噬菌体。这些病毒看起来就像是镶嵌在腿状金属细丝上的水晶。此后，研究人员又陆续观察到其他病毒，有些看起来像蛇，有些则像足球。SARS-CoV-2 属于冠状病毒，这类病毒因其表面装饰着蛋白质"光环"而得名。这样的形状让科学家们联想到了日全食，因为当日全食出现时，流动气体形成的日冕变得清晰可见。

为了确定病毒的分子成分，生物化学家们开始着手对病毒的组成进行分解，首个实验对象就是贝叶林克的烟草花叶病毒。他们发现，构成这种病毒的蛋白质的氨基酸与我们人类细胞使用的氨基酸是一样的。但在这些蛋白质中，生物化学家们并没有发现我们人类细胞用以进行新陈代谢的酶，一种都没有。病毒既不"进食"，也不生长。旧的病毒并不会产生新的病毒，至少不会直接产生新的病毒。病毒只是其宿主自身原子的一个重组包。

对于那些致力于寻找生命定义的生物学家来说，病毒是个大麻烦。他们不能完全对病毒置之不理，因为病毒显然具有生命的一些特征。然而，它们又缺乏其他特征。如果病毒像"深水生物质"或者"放射凝聚生物"一样，最终被证明纯属子虚乌有，那事情就简单多了。但科学家们对病毒研究得越多，病毒的真实性就越明显，它们的本质也更令人困惑。

英国病毒学家诺曼·皮里（Norman Pirie）在 1937 年写道："如果被问及经过滤器过滤的病毒究竟是活的还是死的，唯一明智的回答是不知道。我们只知道它会做很多事情，我们也知道，有些事情它做不了。如果哪个委员会能给'活的'这个词下个定义的话，那么我会试着琢磨一下，看看病毒是否符合这个定义。"[5]

皮里和其他病毒学家之后又发现了病毒的一些关键特征。[6] 在病毒的蛋白质外壳和脂质包膜内，有成束的基因，这些基因束被一些蛋白质捆绑在一起。但其中并没有 ATP 来为反应提供燃料。在最外层，病毒披了一件毛茸茸的糖蛋白外衣。这些蛋白能精准地附着在细胞表面的蛋白上。这种锁定是病毒感染的第一步，必须完美契合，就像钥匙插进锁孔一样。病毒之所以对它们感染的物种具有选择性，之所以能够入侵某些特定类型的细胞，这就是原因之一。

在进入细胞时，病毒的外壳或者膜会破裂，其携带的基因就被送入了细胞内。如果基因复制是生命的关键所在，那么病毒显然就是有生命的。一些病毒的基因编码在 DNA 中，使用的是与我们自己的 DNA 相同的四个字母。受感染的细胞会读取病毒的 DNA 并制造出相应的 RNA 分子，然后再根据这些 RNA 分子制造出相应的病毒蛋白。

但皮里等病毒学家注意到，许多病毒简化了这一过程。20 世纪 30 年代，皮里发现，有迹象表明，烟草花叶病毒的基因并不是由 DNA，而是由 RNA 组成的。后来的研究进一步表明，包括 SARS-CoV-2 在内的许多病毒的基因都是 RNA。当 RNA 病毒入侵细胞时，它们的基因会被直接翻译成蛋白质。对病毒来说，这是一种极其高效的方式，它们可以通过这种方式让自己获益并且导致我们生病。然而，只有病毒在使用这种特殊的生物化学策略。

无论病毒是使用 DNA 还是 RNA 来编码它们的基因，它们用到的基因的数量都少得惊人。我们人有 2 万个编码蛋白质的基因，而 SARS-CoV-2 病毒仅用 29 个就把全球经济推向了深渊。SARS-CoV-2 病毒每次侵入呼吸道内的细胞时，产生的数百万个新病毒都会携带这 29 个基因。这 29 个基因通常都完全相同，但也有一些病毒携带的基因在复制的过程中会出错。

就像我们更熟悉的那些生命形式一样，病毒也会发生突变。而且，它们发生突变的速度更快，远远超过人、植物，甚至细菌。在我们的细胞内，有一组分子"校对员"，负责检查新的 DNA 序列是否有错误，并将发现的大多数错误序列发回，进行修复。大部分病毒没有这样的机制，无法检查发生的错误。但包括 SARS-CoV-2 在内的一些冠状病毒比较特殊，它们携带有一个基因，这个基因编码一个原始的校对蛋白。虽然它们的基因发生突变的速度不如大多数其他病毒，但仍然比我们人的基因发生突变的速度快数千倍。

有时，这些新的突变能使病毒更具竞争优势。它们可能会缩短病毒复制所需要的时间，也可能会让变异的病毒躲过免疫系统的监测，使这些病毒更具选择优势。

换句话说，对病毒的现代研究表明，病毒还具有生命的另一项特征：演化。它们可以演化出对抗病毒药物的抗药性。它们还可以为适应新的宿主物种而不断演化。在 NASA 对生命的定义中，演化占有重要的地位。然而，这个定义的制定者之一杰拉尔德·乔伊斯认为，病毒的演化不足以弥补它们在另一方面的不足，那就是病毒并不是一个自持的化学系统。病毒借助细胞的化学系统维系自我，因此只有在细胞内，它们才能演化。

乔伊斯在接受《天体生物学》杂志采访时表示："根据目前的定义，病毒不算生命体。"[7]

然而，病毒也有自己的捍卫者。从 2011 年开始，法国科学家帕特里克·福泰尔（Patrick Forterre）提出了一系列论点，支持病毒是活的。至少，它们有时是活的，他补充说。在福泰尔看来，细胞是生命的基本特征。当病毒入侵时，细胞实际上成了病毒基因的延伸。福泰尔更愿意将这些细胞称为"病毒细胞"（virocell）。他在 2016 年写道："一个普通细胞的梦想是产生两个细胞，而一个'病毒细胞'的梦想是产生至少一百个新的病毒细胞。"[8]

福泰尔的论点并没有得到太多病毒学家同行的支持。普瑞菲卡西翁·洛佩斯－加西亚（Purificación López-García）和大卫·莫雷拉（David Moreira）称他的论点"完全不合逻辑"[9]。还有一些病毒学家认为，"病毒细胞"只是一种诗意的许可，不可接受。就像病毒根本不可能拥有梦想一样，它们也不可能拥有生命。在创建病毒的一个现代分类系统时，国际病毒分类委员会断然宣布："病毒不是生命体。"

"它们只是过着一种借来的生活。"一名委员解释说。

很奇怪，人类竟然将病毒赶出了"生命之家"，让它们在门口徘徊。"生命之家"的门外非常拥挤，一升海水中的病毒比整个地球上的人还要多。[10] 一匙泥土中的病毒也同样多到不可思议。[11] 如果我们能统计出地球上所有病毒的数量，这一数值将超过每一种以细胞为基础的生命形式的总和，也许还要多上十倍。

病毒还拥有极为丰富的多样性。[12] 一些病毒学家估计，地球上可能存在数万亿种病毒。当病毒学家发现新的病毒时，它们常常来自一个之前无人知晓的大型谱系。当鸟类学家发现一种新的鸟类时，他们自然会兴奋不已。不妨想象一下，第一次发现鸟类会是什么样的情形。这就是病毒学家发现新病毒时的感受。

我们能将所有这些生物多样性从"生命之家"放逐出去吗？病毒与生命的生态网络紧密交织在一起，而放逐病毒也就意味着我们必须忽视这种密切联系。事实上，它们的杀伤力堪比捕食者，既能造成珊瑚礁大面积死亡，也可以消灭肺部的假单胞菌。病毒与其宿主之间的关系并非势同水火，和谐共处也是常态。我们健康的身体是数万亿病毒的家园，这些病毒统称为病毒组（virome）。其中大多数病毒会感染我们微生物组（microbiome）中数万亿的细菌、真菌以及其他单细胞成员。一些研究表明，我们人的病毒组能使我们的微生物组保持平衡，从而有助于我们保持身体健康。

地球也有自己的病毒组，作为一种地球化学力量发挥着作用。就在你眨眼的一瞬间，海洋中就有 10^{22} 个噬菌体感染海洋中的细菌。[13] 许多噬菌体会杀死它们的微生物宿主，每年向海水中释放大约 300 亿吨有机碳，促进新生命的生长。有些噬菌体更加仁慈：它们悄悄溜进宿主体内，让宿主继续存活一段时间。有些噬菌体携带的基因甚至还有助于宿主的生长繁殖。另外，部分噬菌体还携带着能够进行光合作用的基因，它们在海水中浮动，不断更换宿主。被这类噬菌体感染的微生物在利用阳光方面表现得更出色。在我们每天呼吸的氧气中，有一部分就是这些病毒提供的。

这类噬菌体的光捕获基因其实是偷来的。在感染其他光合微生物时，这些噬菌体的祖先在自我复制过程中发生了一点小意外，将宿主的基因整合到了自己的基因组中。但病毒也可以向其宿主的基因组捐赠新基因。例如，通过病毒感染，细菌可以获得对抗生素的抗药性。我们人类自己的基因组中包含上万个来自病毒的 DNA 片段，加起来占我们 DNA 的 8%。其中一些片段已经演化成基因以及控制基因的开关。如果病毒没有生命，那么无生命的病毒也已经融入了我们的身体中，成为我们的一部分。

病毒一直在生命的边缘地带徘徊，但在这里，并非只有病毒。想想那些在你的血管中流动的红细胞。红细胞承担着一项极其重要的任务，它们负责将氧气从肺部运送至全身，如果没有它们，你就会缺氧，从而走向死亡。就像细菌和黏菌一样，红细胞也有细胞膜。在红细胞中，有许多复杂的酶和其他类型的蛋白。红细胞甚至会衰老，也会死亡。一个科学家小组在 2008 年发表的一篇综述中指出："红细胞的寿命约为100~120 天。"[14] 如果某一样东西有寿命，那它肯定有生命。

然而，根据很多定义来看，红细胞也不是活的。一方面，它们的成熟走了一条特殊的路径，与我们身体中的其他细胞都很不一样。红细胞由我们骨髓中的前体细胞产生，然后被释放到血液中。它们携带着运输氧气所需的血红蛋白以及其他一些蛋白，但不含 DNA。因此，成熟的红细胞无法根据基因来制造自己的蛋白，也无法分裂成新的细胞。

在另一个重要的方面，红细胞也与其他细胞有所不同：它们不能自己制造燃料，因为它们没有制造燃料的工厂。在其他细胞中，有许多自由漂移的"袋子"，里面有各种各样的酶，这些"袋子"叫作线粒体。事实证明，线粒体也只有"半条命"。每个线粒体携带 37 个自己的基因，以及一些用来为自己制造蛋白质的核糖体。线粒体有时会像细菌一样增殖，从中间向内凹陷，缢裂为两个新的线粒体，每个线粒体都拥有自己的环状 DNA。

线粒体之谜的谜底就深藏在我们的历史中。20 亿年前，我们的线粒体的祖先是一种能够独立生存的细菌。它们被一个更大的细胞吞噬，非但没有就此消亡，反而与其结成了伙伴关系。线粒体为共生的伙伴提供 ATP，作为交换，它们获得了庇护。由于不再需要独立生存，线粒体逐渐失去了大部分——但并非全部——基因，但它们保留了其细菌祖先所拥有的分裂能力。

如果我们一一列出对生命体的典型要求，线粒体会符合其中的大部分，其实比红细胞符合的要求还要多。然而，它们只能存在于宿主细胞内。它们无法找到自己的食物，也无法靠自己的力量来复制基因和制造蛋白质。它们曾经确实是生命体，但现在很难说它们已经变成了什么。说它们是死物当然也不对，因为我们自己的生命都依赖于它们。

尽管如此，由于线粒体和红细胞都极其微小，或许我们可以直接无视它们。眼不见，心为净。但有些生命的悖论却是用肉眼可以直接观察到的。1948 年，阿尔伯特·圣捷尔吉敏锐地察觉到，如果生命的特征是自我增殖，那么兔子就根本称不上是生命。毕竟，一只兔子无法独自繁殖出更多的兔子。但许多科学家已将自我增殖视为对生命体的一项要求，从这一点来看，他们并不在意圣捷尔吉发出的警告。我们不妨稍稍宽容一些，假设那些如此界定生命的人可能认为圣捷尔吉不过是在玩文字游戏。如果说一只兔子不能繁殖，那也没关系，因为它属于一个可以繁殖的物种。

但事实证明，大自然制造麻烦的本事比圣捷尔吉要厉害得多。

20 世纪 20 年代，博物学家卡尔·哈布斯（Carl Hubbs）和劳拉·哈布斯（Laura Hubbs）夫妇在墨西哥和美国的得克萨斯州各地捕鱼。他们对这些动物进行了深入细致的研究，观察它们的条纹、斑点和鳍条。凭借这种悉心全面的研究，他们发现许多淡水鱼物种是通过杂交演化而来的。如果两个鱼的物种杂交，那么繁殖产生的后代只能在它们自己之间进行交配。但其中有一个杂交物种很特别，与其他物种有着显著的差异，它们与孔雀鱼是近亲，叫作秀美花鳉（*Poecilia formosa*）。

"在从塔毛利帕斯州和得克萨斯州获取的大约 2 000 份秀美花鳉样本中，没有发现一条雄性。"哈布斯夫妇报告说。[15] 他们还给这种鱼取了个绰号，叫"亚马逊鳉"（Amazon molly）。名字中的"亚马逊"，指的是并不是亚马孙河，而是古代传说中的女战士。

大约 28 万年前，秀美花鳉由短鳍花鳉（Atlantic molly）和茉莉花鳉（sailfin molly）这两种鱼杂交演化而来。这个新物种演化出来之后，就再也没有离开过它们的"父母"。今天，秀美花鳉总是与短鳍花鳉或茉莉花鳉相随相伴，就好像这个物种的生存依赖于它们"父母"的陪伴一样。

为了弄清楚这些模式，哈布斯夫如将这三种鱼带回了他们在密歇根大学的实验室。他们把鱼放进鱼缸里，之后便一切顺其自然。哈布斯夫妇发现，雌性秀美花鳉既与雄性短鳍花鳉交配，也与雄性茉莉花鳉交配。之后，它们开始产卵，其后代都是从这些卵孵化出来的。而且，正像它们的名字寓意着"女战士"一样，所有这些后代都是"女儿身"。

"虽然它们繁殖出了许多后代，"哈布斯夫妇发现，"但其中没有雄性，一条都没有。"

18 世纪中期，亚伯拉罕·特伦布利观察到，雌性蚜虫无须与雄性蚜虫交配就能繁殖出一众"女儿"和"孙女"。在之后的几十年里，研究者还发现了许多其他无脊椎动物也可以进行这样的单性生殖，也就是孤雌生殖（parthenogenesis）。它们的卵能够自发发育成胚胎，整个过程完全不需要雄性的精子参与。大约两个世纪后，当哈布斯夫妇研究秀美花鳉时，他们发现，脊椎动物也可以进行孤雌生殖。

然而，与蚜虫不同的是，秀美花鳉需要与雄性进行交配。后来进行的实验表明，雄性的精子到达秀美花鳉的卵子后便会与之融合，同时将自己的DNA注入其中。但父本基因与母本基因并不会自行组织成一个新的基因组。相反，卵子中的酶会将这位准父亲的DNA降解掉。雌性的秀美花鳉只需要雄性提供一个触发器，所起的作用仅仅是让它们的卵开始变成胚胎。

正因为如此，对那些要为生命划出清晰界限的人来说，秀美花鳉无疑是个大麻烦。一条秀美花鳉不能繁殖。但就算有两条，也不能。事实上，秀美花鳉这个物种都不能仅靠自己产生后代。这种鱼是性寄生生物（sexual parasite），它们的繁殖需要依靠其他物种的帮助。[16]如果能够自我繁殖的物种才符合生命的定义，那么这些外表平平无奇的鱼无疑就只是徘徊在生命的边缘地带。

当然，秀美花鳉并非与更普通的生命形式毫不相干。毕竟，它们是两种花鳉科鱼类的后代，而这些花鳉科鱼类拥有我们所熟悉的那些生命特征。对于生命边缘地带的其他"徘徊者"——那些我们今天能在周围找到的只有"半条命"的特殊存在，情况也是如此。线粒体是普通海洋细菌的后代，这些海洋细菌在20亿年前恰好被我们的单细胞祖先吞噬，之后便成了一种界定不清的存在。即使是病毒，如果我们追溯它们的起源，往往也会发现它们来自普通生物中寄生DNA的"流氓片段"。

但如果我们再往前追溯，追溯到40亿年前，或许那时地球上的居民就都只有"半条命"了。而再往前，便完全没有生命了。

第15章

生命的起源

大卫·迪默（David Deamer）[1] 环顾整个火山口，感觉自己就像是站在一个新生的地球上。他几经辗转，历时数日才来到这里——先是从加利福尼亚飞往阿拉斯加，然后再飞越白令海，到达地处俄罗斯最东边的这里。迪默之所以会来这儿，是因为他组建了一个由美国和俄罗斯两国科学家组成的研究小组，要对这里进行实地考察。迪默和其他小组成员在堪察加彼得罗巴甫洛夫斯克（Petropavlovsk-Kamchatsky）市登上一辆旧的运兵车，驱车 5 个小时来到一个峡谷入口。他们徒步进入峡谷，沿着泥泞的小径一路往上走，最终登上了穆特诺夫斯基火山（Mount Mutnovsky）的山坡。迪默登上穆特诺夫斯基火山这一年是 2004 年，而这座活火山上一次喷发是在 2000 年。

这一年，迪默 65 岁，像林肯一样是个高个子，像艾森豪威尔一样有些秃顶。他手脚并用地爬上高耸的巨石，经过火山灰和已经冻结的熔岩流。从山坡向远处眺望，邻近火山的山峦层层叠叠，勾勒出一条起伏的天际线。在攀登了 2 000 英尺之后，研究小组的科学家们到达了穆特诺夫斯基火山口的边缘。在这片广阔的黑色和灰色岩石之上，没有任何生命的迹象。蒸汽从地下喷薄而出。迪默戴上防毒面具，下到火山口底部。在接下来的几天里，这组科学家先是对火山口进行了勘查，然后是火山的侧翼。他们在这里收集了水和泥土样本。之后，迪默开始进行一项实验。

迪默的实验台是一处沸腾的温泉，泉水中的硫化氢散发出臭鸡蛋一样难闻的气味。迪默为他的试管精心挑选了一个小水坑，如同路面上常见的凹坑一般大小。坑里的水是酸的，像醋一样，其中还掺杂着发白的黏土。在水坑的中心处，泥浆中冒出一串沸腾的气泡。

在攀登这座火山时，迪默随身携带着他在加利福尼亚炮制的"生命粉末"。粉末的成分包括构成 RNA 的四种核苷酸，以及构建蛋白质的四种氨基酸：丙氨酸、天冬氨酸、甘氨酸和缬氨酸。迪默还在粉末中加入了肉豆蔻酸，这是椰子油中的一种成分。

迪默将量杯浸入滚烫的水中，舀出一升水，然后将"生命粉末"洒在水里，水随后变成了乳白色。搅拌好之后，他小心翼翼地探着身子，靠近水坑，把溶液倒了出来。

迪默正在做的事情与约翰·巴特勒·伯克一个世纪前所做的事情极其相似：为了了解生命的本质，他将无生命的化学物质放入一个容器，在这个容器中，这些化学物质可能会表现出生命所具有的一些特性。伯克是物理学家，对生命的分子基础所知甚少，而迪默在现代生物化学领域拥有 40 年的相关经验。但即便拥有所有这些专业知识，迪默也无法预测火山上接下来会发生什么。

迪默把量杯里的水都倒入水坑后，热气腾腾的水面马上就泛起了一层白色的泡沫。大自然又一次让他大吃一惊。迪默将一些泡沫装进瓶子里，还刮了一些黏土带回去，希望能更进一步了解 40 亿年前生命诞生的奥秘——生命可能就是在像穆特诺夫斯基火山这样的地方诞生的。

一

1863 年，在寄给朋友约瑟夫·胡克（Joseph Hooker）的信中，查尔斯·达尔文写道："目前，关于生命起源的说法都没什么价值，倒不如思考一下物质的起源。"[2]

查尔斯·达尔文比他的祖父伊拉斯谟·达尔文要保守得多。对于生命是如何从无生命的物质中产生的，他不愿在公开场合提出自己的猜想。在《物种起源》中，他仅在一处间接提到了这个问题。达尔文写道："曾经生活在地球上的所有有机生命或许都是从某种原始形式演化而来的，而生命就诞生于此——在这种原始形式中首次出现了生命的气息。"

达尔文可能会后悔用了最后这个词，因为"气息"会给人一种《圣经》中创生的感觉。其实，达尔文只是想说生命体一定是在很久以前的某个时间点出现的。至于生命是怎么出现的，他也说不清楚。

在写给胡克的另一封信中，达尔文还提到了他在思考的一个问题：一个"温暖的小池塘"如何才能成为产生简单生物的化学反应的烧瓶。他从未在公开场合分享过这个观点，更不用说将其发展成一个成熟的理论了。但他曾告诉他的朋友们，如果发现生命起源于化学物质，他会非常激动，"因为这将是一项极其重要的发现"[3]。他还说，如果有人证明这个观点是错误的，他也同样会非常激动。

"但恐怕我此生将无法看到这一切。"他预测说。

对于这个问题，达尔文不愿再多谈，这让他的追随者们感到很失望。他们的英雄提出了一种理论，这种理论有可能解决科学上最重大的问题之一，但他却停下了脚步。恩斯特·海克尔抱怨道："达尔文理论的主要缺陷在于，它没有阐明原始生物的起源——这种原始生物可能是一个简单的细胞，所有其他生物都是从这个原始生物演化而来的。当达尔文假设这第一个物种有特殊的创造性行为时，他没有让这个观点保持前后一致，而且我认为，他对此并不那么认真。"[4]

包括海克尔在内的一些达尔文的追随者毫不犹豫地迈出了这一

步。他们收集整理了生命起源的相关证据。他们著书立说，发表轰动一时的演讲，与那些宣扬只有上帝才能创造生命的宗教人士斗争。但行走在生命的边缘地带时，他们发现这条路其实危险重重。赫胥黎本以为自己找到了覆盖整个地球的"深水生物质"，结果却发现糟糕的化学反应让他误入了歧途。约翰·巴特勒·伯克可能是第一批试图在试管中重现生命起源的科学家之一。但在获得全世界的关注几个月后，他就从人们的视野中消失了。

如今再回望那段历史，在科学家们对生命本身都知之甚少的时代，试图追溯生命的起源似乎有点愚蠢。赫胥黎谈到了原生质，但他也只是将原生质描述为一种近乎神秘的凝胶。而说到遗传，19世纪根本就没人能理解这个概念——达尔文也不例外。1900年，当"遗传学"这个词被创造出来时，赫胥黎已经离世5年了。在20世纪的前几十年，生物学家终于让"自然发生说"彻底沉寂了。他们开始破解几种酶的功能，并通过一代又一代果蝇追踪几种基因。[5]

在苏联，一位名叫亚历山大·奥巴林（Alexander Oparin）的生物化学家确信，取得了这些进展之后，人们终于可以开始理性地思考生命的起源问题了。[6]科学终于安全地将活力论甩在了身后。他总结道："人们一直试图找到某些仅存在于生物中的特定'活力能量'，但所有这些尝试均以失败告终。"[7]

在奥巴林看来，想要将生命体与宇宙的其他部分区分开，这非常困难。我们的身体由碳、氧等元素组成，在海浪、平流层云和沙粒中也能找到这些元素。我们的身体利用酶来制造新分子，但其中一些化学反应也可以在生命体之外发生。生命体的生长模式非常复杂，但晶体也是如此。冬日里窗户上结成的花状冰晶便是最好的证明。

奥巴林说："这些'冰花'精致、复杂、美丽而且多种多样，从这些方面来看，它们甚至更像热带植被，但其实它们一直都只是水，是我们所了解的最简单的化合物。"[8]冰花事实上没有生命的原因在于，它们缺乏生命所需的其他一些特征。奥巴林总结道："生命的特征不是某些特殊性质，而是这些性质构成的明确、特定的组合。"

　　如果以这种方式来看待生命，理解生命的起源就不那么令人生畏了。生命如何诞生这个问题与地球如何诞生并没有太大的不同。到20世纪20年代，天文学家已经认识到，太阳系最初只是由尘埃构成的一个圆盘。引力使尘埃颗粒聚集在一起，结成团块并发生碰撞，之后便形成了行星。地球最初只是一个熔岩球，经过几百万年不断冷却，最终有了坚硬的外壳。大气层降水，落到地面，汇聚成海洋。奥巴林认为，所有这些转变整体上是一个宏大的化学实验，产生了各种各样的新化合物，新化合物之间也会发生反应，进而产生更多的化合物，而这些化合物将生命所需的所有特性逐渐汇聚在了一起。

　　1924年，奥巴林出版了一本书，阐述了他的一些看法。这本书是用俄文写的，字数不多，仅有奥巴林的几位苏联科学家同事读过。尽管反响不尽如人意，但奥巴林并未因此放弃他的思路。[9]不仅没有放弃，他还开始自己做实验，同时广泛阅读各类资料。从微生物学到化学，再到地质学和天文学，他将这些学科中的新观点融合在一起，看到了这些领域之间的联系，而这些联系可能正是那些视野狭隘的专家之前从未注意到的。1936年，奥巴林又出版了一本书，阐述这些新见解，书名叫《生命的起源》（The Origin of Life）。这本书字数更多一些，还被翻译成了英文，因此接触到了更多的读者。他让读者们认识到了一个十分关键的问题：生命诞生之初的地球的环境与我们今天生活的地球的环境截然不同。

　　我们呼吸的空气中含有21%的氧气。大气层中的氧气分子会持续地减少，因为它们很容易与其他化合物发生反应。地球的氧气补给则来自植物、藻类和光合细菌。在生命诞生之前，地球的大气层几乎是无氧的。奥巴林认识到，在这样一个世界里，发生化学反应的方式与今天发生化学反应的方式存在根本性的差异。他还认为，其中一些化学反应产生了生命的第一批构成要素。

奥巴林推测，火山喷出的蒸汽可能会与矿物质发生反应，生成烃。这些烃又可以通过其他反应，产生更复杂的化合物。之后，这些复杂的化合物开始聚集形成团块，并开始从周围捕获分子。它们会制造出更多像自己一样的团块，并逐渐变成我们所了解的以细胞为基础的生命。

如果能搭乘时光机回到早期的地球看一看，奥巴林就能检验自己的推测是否正确。但这样的时光机并不存在，科学家们只得动手做实验，并从地球和其他行星收集线索，以此来验证他们的假说，并进一步提出更好的假说。

"前方道阻且长，"奥巴林警告说，"但毫无疑问，沿着这条路走下去，我们终将了解生命的本质。"

奥巴林并不是 20 世纪 20 年代唯一一个对早期地球进行深入思考的科学家。1929 年，J. B. S. 霍尔丹发表了一篇论述生命起源的文章。[10] 尽管霍尔丹与奥巴林的研究是各自独立进行的，彼此并不知情，但他们的思考方向是一致的，都追溯到生命诞生之初。霍尔丹写道："我认为，我们可以合理地推测这个星球上生命的起源。"[11]

与奥巴林一样，霍尔丹也认识到，地球现在的环境与地球刚诞生时的环境有很大的差异，这些差异对推测生命的起源至关重要。霍尔丹思考的情形是，紫外线作用于水、二氧化碳和氨气，从而产生糖和氨基酸，这些物质会在海洋中不断累积，直至形成他所谓的"稀释的热汤"。

尽管奥巴林和霍尔丹的想法有许多相似之处，但他们强调的是生命的不同方面。奥巴林认为，从根本上说，生命的起源是一个化学问题。在《生命的起源》中，索引部分列出了许多关于新陈代谢的条目，比如**水解**和**氧化**，但却没有**基因**，也没有**遗传**。

霍尔丹首先是一名遗传学家，在他看来，生命起源这个重大问题其实就是生命如何开始复制自己的遗传信息。他认为，基因出现在生命起源的早期。今天，我们的基因可能被细胞内的蛋白质和膜层层包裹，藏于细胞深处。但最早的基因一定是裸分子，在霍尔丹所说的"稀释的热汤"中制造出自己的副本。

在霍尔丹和奥巴林首次提出他们的观点二三十年后，芝加哥大学的一名研究生听说了他们的想法。斯坦利·米勒（Stanley Miller）当时正在参加系里的研讨会，他既好奇又有些困惑：为什么没有人对这些观点做过测试和验证？米勒对自己动手做实验不感兴趣，他认为实验通常都是在浪费时间。[12] 他更喜欢崇高的理论科学，并计划在读研究生期间投入精力思考恒星是如何产生新元素的。

但米勒的导师后来离开了芝加哥，去了加州工作，这些计划便全部落空了。米勒急于寻找一个新的研究项目，他想起了生命的起源问题。米勒对这个问题想得越多，就越是觉得有必要通过实验来检验奥巴林的想法。他并不打算制造"放射凝聚生物"，更没想过制造拥有完整特征的生命。他只是想验证这样一个观点：早期地球上的化学物质产生了有机分子。

让米勒了解到奥巴林关于生命起源观点的那次研讨会是由诺贝尔化学奖得主哈罗德·尤里（Harold Urey）主持的。米勒找到尤里的办公室，向他说明了自己的计划。尤里给出的答复是，对于研究生来说，这并不是个好主意，因为这项计划最终很可能会失败。他还劝米勒研究其他项目，尤其是不那么野心勃勃但更稳妥的项目，比如分析陨石中的化学物质。但米勒不为所动，尤里最终让步了。他答应给米勒一年的时间，允许米勒在他的实验室里鼓捣这个实验，但如果一年后米勒没有取得任何进展，他就必须放弃这项实验，转而开展其他研究。

在实验中，米勒和尤里开始在操作台上模拟早期的地球。米勒后来回忆说："我们设计了一台玻璃仪器，其中包含一个海洋模型、一个大气层和一个产生雨水的冷凝器。"[13]

米勒在这个烧瓶中加入了一些气体，包括水蒸气、甲烷、氨气和氢气。科学界认为它们都是早期地球上常见的气体。米勒推测，早期地球上发生化学反应的能量可能来自闪电，所以他还在仪器中插入了电极，以产生电火花。在经过几次初步的测试和调整后，米勒接通了仪器的电源，让它通宵运行。

第二天，溶液变成了淤泥似的东西，略微泛红。在把这种东西倒出来检测后，米勒发现其中含有氨基酸——蛋白质的基本构成要素——还有许多其他含碳分子。

1953年5月，米勒发表了他的研究成果，当时他只有23岁。米勒后来回忆说："我完全没想到这篇论文会产生这么大的反响。"就像在他之前同样也是年少成名的科学家约翰·巴特勒·伯克一样，米勒也被大量记者紧追不舍。米勒的实验引起的轰动甚至让盖洛普开展了一项民意调查，想了解有多少人认为有可能在试管中创造出生命，但结果是仅有9%的人回答"有可能"。

通过这项实验，米勒开创了一个全新的科学领域——前生命化学（prebiotic chemistry）。科学家们制造出了更多的氨基酸，甚至还制造出了一些碱基，也就是DNA和RNA的组成部分。年轻时，霍尔丹曾为这个领域播撒下思想的种子。而现在，到了迟暮之年，他仍然在关注着最新的发现，并从中获得启发。比如，他了解到弗朗西斯·克里克等分子生物学家们的工作，当时他们正在研究生命如何将信息存储在基因中，以及如何将其提取出来。

即使在20世纪60年代，霍尔丹依然不倦求索，并有了一些新想法。他开始相信，生命就是"大分子模式的无限复制"。最初的模式肯定比今天我们周围的模式要简单得多。研究显示，一些病毒使用的是单链RNA，而不是双链DNA。这一事实让霍尔丹产生了一个想法：或许，RNA是最先演化出来的。

1963 年，霍尔丹前往佛罗里达参加一个学术会议，奥巴林以及其他一些在生命起源领域非常重要的研究者也出席了这次会议。霍尔丹在会上发表了演讲，题目是"初始生命的蓝图所需的数据"[14]。根据霍尔丹的理论，很久以前，地球上曾经存在一种特殊的生命形式，一种现代版的"深水生物质"。这是一种非共生的微生物，其基因储存在 RNA，而不是 DNA 中。这种微生物可以根据自己的 RNA 基因来制造蛋白质，而产生的蛋白质则可以制造出 RNA 基因的新副本。至于这样一种基于 RNA 的生命形式到底需要多少基因，霍尔丹也不清楚。他推测，"最初的生命可能是由一个所谓的'RNA 基因'组成的"[15]。

这种观点非常有说服力，克里克等科学家甚至也想到了这一点。[16]但克里克、霍尔丹和其他每一位提出"基于 RNA 的生命"设想的科学家都只能用最模糊的术语来描述它。今天，地球上基于 RNA 的生命形式只有病毒，病毒的复制需要在宿主内进行。而在早期的地球上，基于 RNA 的生命将不得不自食其力。

——

大卫·迪默的俄罗斯火山之旅最初源于他在 1975 年时产生的想法。一天，他在英国一条马路边上吃着黄瓜三明治，与他一起在路边吃午餐的人是英国生物物理学家亚历克·班厄姆（Alec Bangham）。他们一边吃着午餐，一边聊起了膜。

生命的遗传靠的是基因，新陈代谢则依赖蛋白质。除此之外，生命也需要膜来维持生存。这些膜形成了一个边界，为生命体中的化学物质创造了一个封闭的空间，这些化学物质就在其中忙忙碌碌。据我们所知，生命不可能以无边际的化学物质"云团"的形式存在。但直到 20 世纪 50 年代，以班厄姆为代表的科学家才开始拆解分析膜，并首次弄清楚了这些膜是由什么组成的。

膜中最常见的分子之一是一类被称为脂质的碳链分子。有些类型的脂质比较短，有些比较长，有些脂质上还有其他修饰物，这些修饰物可能含有其他某类——比如氧——元素，能改变其化学性质。但所有脂质都拥有一种非凡的自组织能力。脂质链的一端疏水，而另一端则亲水。当松散的脂质漂浮在水中时，它们会自发地组装成一种双分子层的膜，疏水的一端向内，亲水的一端向外。20世纪60年代初，班厄姆在晃动这些双层膜后发现，它们先是散开，然后又重新形成三维结构。起初，它们会形成蛇形的管子，然后会在某些地方被"掐断"，形成中空的球体。这些疏水外壳形成的球体后来被称为脂质体。

迪默比班厄姆小8岁，在俄亥俄州立大学读研究生期间曾经研究过脂质，当时他是从蛋黄、菠菜叶和老鼠的肝中提取脂质的。后来，他前往加州，在加州大学伯克利分校做博士后研究。在此期间，他掌握了将膜先冷冻，然后使其裂开，继而观察其内部结构的技术。迪默后来加入了加州大学戴维斯分校，继续从事这方面的研究。36岁时，他来到英国，与班厄姆共事一年。

这两名科学家对脂质开展了一系列具有开创性的重要研究。他们发明了一种注射器，可以批量产生大小相同的脂质体。[17]诸如此类的进展最终使脂质体成为一种医疗工具。此后，制药商将它们的化合物包裹在脂质体中，再通过脂质体将其输送到细胞内。在COVID-19疫情暴发时，疫苗制造商就是用脂质体来包裹病毒基因的，由这些脂质体悄悄地将其送入我们的细胞内。[①]

1975年的这一天，班厄姆和迪默驱车前往伦敦。当他们在路边停下来吃午餐时，迪默提到，他之前听说班厄姆对生命的起源有一些想法。他对此很好奇，愿闻其详。

———————

① 作者此处指的是 mRNA 疫苗。——译者注

班厄姆回答说，生命始于脂质体。

一

对于霍尔丹及其追随者来说，基因比什么都重要，因为是基因令生命与众不同。而对奥巴林的追随者来说，生命起源的重大问题则是新陈代谢究竟是如何发生的。但生命也不可能在没有边界的情况下出现。基于脂质方面的研究成果，班厄姆对第一批原始细胞是如何形成的产生了一个想法。如果早期地球上存在脂质，那么它们就会自发地变成脂质体———类可以储存生命分子的现成容器。地球需要更长的时间才能产生原始形式的 DNA、RNA 和蛋白质。但班厄姆的想法有个很大的缺陷，那就是没人能确定在生命诞生之前是否确实存在脂质。即便它们确实存在，也没人知道这些原始脂质是否具有恰当的形式，是否会变成能保护生命的中空球体。

在聊完这些深奥的问题，吃完他们的三明治之后，班厄姆和迪默继续赶路，前往伦敦。

"我当时想：'回到加州大学戴维斯分校之后，我要看看哪种脂质可以做到这一点。'"迪默后来告诉我。

威尔·哈格里夫斯（Will Hargreaves）是迪默的一名研究生，他自告奋勇对各种脂质做了测试。[18] 他先是测试较长的脂质，然后是较短的。活细胞中的大部分脂质都有 12~18 个碳原子长，但哈格里夫斯发现，仅有 10 个碳原子的脂质仍然可以形成稳定的脂质体。

到哈格里夫斯 1980 年获得学位毕业时，迪默心中仍有未解的谜团，他想知道早期的地球是否真的能提供这些短脂质。不久之后，他遇到了舍伍德·张（Sherwood Chang），这名 NASA 的科学家为他提供了一个寻找答案的机会。张拥有一块非同寻常的岩石，有弹珠一般大小，他愿意分给迪默一小块。

这块岩石来自一颗 45.7 亿年前太阳系诞生时形成的小行星。当时，这颗小行星与另一颗小行星相撞，迸射出了一块陨石。这块陨石随后一直在太阳系中游荡，直到 1969 年到达地球附近，被地球的引力场贪婪地吸引了下来。一天早上，澳大利亚小镇默奇森（Murchison）的居民抬头望向天空，只见一团火球拖着浓烟从头顶划过，接着便是震耳欲聋的巨响。之后，人们在周围的内陆地区拉网式搜寻，找到了数百块黑色的石头。

NASA 的研究人员得到了其中一些石头并对其进行了研究。他们发现，这些陨石其实是一些矿物颗粒，松散地结合在一起。如果将这些石头放入水中，它们就会散开。更引人注目的是颗粒中所含的东西：氨基酸以及许多其他有机化合物。默奇森陨石表明，生命若要获得构成要素，并非只有在地球上发生化学反应这一条途径。许多构成要素都是在宇宙中形成的，然后落到了地球上。[19]

张给了迪默很小一块默奇森陨石样本。回到加州大学戴维斯分校后，迪默用氯仿和其他化学品对样本进行了处理，提取其中可能含有的脂质。他将氯仿溶液放在载玻片上，让它蒸发。在这个过程中，氯仿溶液散发出一股霉味，这让迪默心中燃起了希望，期待着能在其中发现点什么。

氯仿挥发后，迪默用水润湿了载玻片，然后透过显微镜仔细地观察。他看到了运动，看到了组织。水渗入干燥的提取物中，后者膨胀成了球状。迪默制造出了脂质体。[20] 他拿出相机，激动地为它们拍下照片。这是一个值得纪念的时刻，一个酝酿了超过 45 亿年的时刻。

这项实验表明，来自太空的脂质可能会自发地形成稳定的脂质体。但脂质体本身只是一些空壳而已。迪默和他的学生们开始尝试将各种脂质体与有机分子混合在一起，看看是否能用生命的前体物质填满这些空壳。当他们让脂质体和 DNA 充分干燥，然后再将其放回水中时，再次形成的脂质体中就会包含 DNA。

这些实验让迪默有了一个猜想：或许存在一种"原细胞"（proto-cell），这种细胞含有一种可以制造 RNA 分子的酶。但为了制造 RNA，"原细胞"需要有碱基。如果早期地球上也产生了碱基，那么"原细胞"或许能获取这些碱基。但这种解释本身又带来了一个问题。我们的细胞通过基因编码的特殊通道来让周围的化合物进入细胞。早期的"原细胞"一定是通过更简单的方法获取碱基的。或许，"原细胞"周围游移的分子会粘在其细胞膜上，然后被"原细胞"缓缓拉进细胞。

迪默和同事决定建立一个原始膜的模型，看看它可能是如何工作的。他们制造了脂质层，并把一些蛋白嵌入其中。接着，他们向系统中加入化合物，看看这些蛋白是否能将它们从脂质层的一边转移到另一边。

1989 年，迪默抽了一些时间去俄勒冈州度假。在驾车沿着麦肯齐河行驶的漫长旅途中，他一直在思考"原细胞"，思考它们是如何将分子摄入细胞的。他任由思维驰骋，直到脑海中出现了天马行空般的一幕：许多碱基经由原始的通道流入"原细胞"。但他还需要想出一种可能的方式，使"原细胞"能够将它们拉进细胞内——或许是一个电场。他想象着碱基摇摇摆摆地缓慢穿过通道，挡住了身后较小的带电分子，就像公路上一辆缓慢行驶的卡车造成了拥堵，导致跟在后面的小汽车排起了长队。迪默忽然想到，如果发生这种"交通拥堵"，那么通过通道的电流就会随即减慢。他猜测，如果他和学生们在碱基通过时测量通道的电流，也许会发现点什么。

"我们也许能看到一个脉冲信号。"他后来回忆说。

如果蜿蜒穿过通道的不是一个碱基，而是一段 DNA，那么会发生什么呢？迪默看到的会是一连串——而不仅仅是一个——脉冲信号吗？DNA 中的四种碱基大小形状各异，或许这些脉冲信号看上去会不一样。或许，可以通过让一段 DNA 穿过通道来读取它的序列。

此时，身处喀斯喀特山脉中的迪默忽然意识到，对生命起源的思考让他有了意外的发现。他正在构想一种 DNA 的测序方法。

1989 年，要想快速完成一段 DNA 的测序，简直是天方夜谭。当时的常规测序方法的速度非常慢，科学家每天只能读取几百个碱基。如果以这样的速度，就算只对一个人的基因组进行测序，也需要超过 10 万年的时间。一些科学家梦想着通过某些方式来加快这一过程，而现在，迪默成了这些梦想家的一员。他想象着 DNA 快速穿过通道，在一曲电的咏叹调中高唱出它的序列。

—

1989 年，在俄勒冈州之旅结束时，迪默拿出一支红笔，在笔记本上勾勒出自己的设想。他大致描绘了 DNA 穿过通道时的情形，还画了一幅假想图，展示想象中每种碱基通过通道时可能产生的电脉冲。迪默写道："这个通道的横截面必须与 DNA 大小相同。"[21]

为了实现这个想法，迪默还向其他科学家寻求帮助。首先，他们必须找到一种大小和形状都合适的通道，才能产生 DNA 引发的"交通拥堵"。1993 年，迪默了解到有一种通道或许能做到这一点。这种通道由细菌产生，被称为溶血素（hemolysin）。他前往位于马里兰州的美国国家标准与技术研究院（National Institute of Standards and Technology），找到溶血素专家约翰·卡西亚诺维奇（John Kasianow-icz）的实验室，寻求合作。迪默带来了一些 RNA 链，准备让它们穿过一根"分子针"。

迪默与卡西亚诺维奇通力合作，制造出一种覆盖在一个圆形开口上的脂质膜。他们在膜的中间插入了一个溶血素通道。电场开启后，RNA 就在电场的作用下穿过了溶血素通道。与此同时，他们观察到了一连串的脉冲信号，脉冲的数目与 RNA 链上碱基的数目正好相匹配。

这些实验结果已经足够发表一篇论文。论文最终于 1996 年正式发表。[22] 但这距离研制出 DNA 测序仪还有很长的一段路要走。迪默和卡西亚诺维奇还没弄明白如何区分四种碱基。这就好像他们在看一份遭删改的政府文件，其中有些句子被涂黑了。对于这些句子，他们只知道其中含有多少字母，但不清楚这些字母拼出的单词都是什么。

后来，迪默以前的学生马克·阿克森（Mark Akeson）回到加州，接手了这个项目。阿克森的目标是摘下这些字母的面具。阿克森和同事对实验的电子设备做了进一步的调试，使其能够检测到电流中更细微的变化，并且更少受到干扰噪声的影响。在 DNA 的四种碱基中，腺嘌呤和鸟嘌呤比胞嘧啶和胸腺嘧啶大得多。阿克森和同事正是基于这一事实来解读实验结果并得出结论的。他们最终证明，大的碱基会导致电流大幅下降，而小的碱基则会导致电流小幅下降。[23]

迪默还无法清晰地听到基因的语言。但现在，他至少可以分辨出其中的元音和辅音了。

—

我与大卫·迪默初次相识是在 1995 年。当时，我来到圣克鲁兹，而大卫·迪默在婚后搬到了这里，他的妻子奥洛夫·埃纳斯多蒂尔（Ólöf Einarsdóttir）是加州大学圣克鲁兹分校的教授，校园就位于这座小城的北端。[24]

迪默告别了戴维斯广阔的乡野农田，来到散发着沉郁之美的海岸边。在这里，象海豹懒洋洋地躺在沙滩上，山坡上一排排松树和红杉俯视着它们。来到圣克鲁兹的第一个晚上，我漫步在市中心的街头。1989 年发生的洛马·普雷塔（Loma Prieta）地震在这里留下了痕迹。在黑暗中，我走过悄无声息的废弃建筑，在布满赤裸伤痕的荒凉街道上穿行。第二天早上，我来到了迪默的实验室。

"你想闻一闻外太空的味道吗？"迪默问。他递给我一份默奇森脂质样本，让我闻闻看。这个味道让我想到了阁楼。"你想听听胰岛素的声音吗？"他又问。几年前，迪默按照碱基的首字母缩写，将基因序列转换成音符：腺嘌呤变成 A，鸟嘌呤变成 G，胞嘧啶变成 C，胸腺嘧啶（由于音阶中没有 T）变成 E。他开始哼唱一个基因，听起来似乎像一首歌。

当时，迪默 56 岁。他利用陨石制造出脂质体已经是十年前的事情了，在这十年的时间里，基于自己的研究并借鉴其他科学家的研究成果，他为生命的起源精心设计了一幕场景。生命起源于 RNA 的想法最初由霍尔丹等人在 20 世纪 60 年代提出，多年来广受支持。研究显示，RNA 可以发挥各式各样的功能，也许正因为如此，RNA 才能在早期地球上维持生命的生存。例如，在一种叫四膜虫的淡水原生动物中，科罗拉多大学的生物化学家托马斯·切赫（Thomas Cech）发现了一种奇特的 RNA 分子。这种 RNA 分子可以自发地弯折，并切掉自身的一部分，就像一种作用于自身的酶。很快，研究人员又发现了其他特殊的 RNA 分子，这些分子可以起到酶的作用——这些RNA 分子后来被称为核酶（ribozyme）。[1]

核酶揭示出 RNA 其实可以同时做两件事：它们可以像 DNA 一样存储遗传信息，也可以像蛋白质一样进行酶促反应。1986 年，哈佛大学生物化学家沃尔特·吉尔伯特（Walter Gilbert）[2]根据他们的发现，更新了霍尔丹等人关于生命起源的假说。他将自己的理论称为"RNA 世界"。[25]

吉尔伯特提出，生命最初只使用 RNA，甚至在 DNA 和蛋白质出现之前很早就已经开始使用 RNA。基于 RNA 的生命形式可能携带

---

[1] 托马斯·切赫也因为发现核酶获 1989 年的诺贝尔化学奖。——译者注

[2] 沃尔特·吉尔伯特，美国生物化学家、物理学家，因为在核酸领域的开创性研究获 1980 年的诺贝尔化学奖。——译者注

一组 RNA 分子，每个 RNA 分子执行各自特定的功能。一些 RNA 分子可能携带遗传信息，而另一些可能会利用一些化合物来制造新的 RNA 分子。基于 RNA 的生命能够演化，因为它在制造基因的新副本时可能会出错。

吉尔伯特还提出，基于 RNA 的生命最终演化出了蛋白质和 DNA。RNA 分子或许在演化中获得了将氨基酸连接在一起，制造出非常短的蛋白质的能力。这些新分子或许也能让细胞存活，而且随着蛋白质变得越来越长，它们的表现可能优于 RNA。此外，RNA 基因可能也演化成了双链形式的 DNA，而双链 DNA 是一种更稳定的基因编码方式。

吉尔伯特沿袭了霍尔丹以基因为中心的传统观点。他只重视 RNA 分子的演化，并未关注这些 RNA 分子是如何分布在细胞内的。迪默利用他的脂质体，继续寻找答案。

迪默提出假说认为，最早的细胞可能是陨石带到地球的脂质形成的。其中一些陨石可能落在了刚从海平面升起形成的火山上。陨石带来的脂质被冲入水塘和温泉中，一同被冲入水中的还包括可能构成蛋白质和 RNA 的其他要素。水塘和温泉中的水会周期性地蒸发，形成一种原始的"浴缸环"（bathtub ring）①，后来又被雨水冲刷或遭洪水淹没。

为了让我亲眼一见，迪默和他实验室的博士后阿乔伊·查克拉巴蒂（Ajoy Chakrabarti）一起，重现了这种古老的化学现象。[26] 他打开一罐蛋黄脂质，取出一些，放入盛有水的试管中。由于充满了微小的气泡，试管看上去有些浑浊。

迪默接着取了第二根试管，向试管中加入干燥的鲑鱼精 DNA，就像厨师在菜肴中撒番红花粉一样。（鲑鱼精 DNA 很便宜，而且从

---

① 浴缸环是指浴缸中水位下降留下的水痕。——译者注

生物公司订购也很方便，使用鲑鱼精 DNA 作为 RNA 的临时替代物完全没有问题。）白色的 DNA"丝线"开始变得黏糊糊的。迪默还在溶液中加入了荧光染料。然后，他将脂质和 DNA 放在载玻片上，混合在一起。

"把电热板打开吧。"他对查克拉巴蒂说。

查克拉巴蒂打开电热板，将载玻片放在上面。

"这就是我们的潮汐池。"迪默说。

在远古火山上的那些池塘中，脂质可能会形成脂质体，在水中漂移。但在烈日的照射下，池塘中的水会减少，脂质体便都挤在一起。当这些脂质体彼此接触时，它们就会融合。随着水分不断蒸发，它们从囊泡变成了薄片，而薄片的各层之间还夹着其他分子。

载玻片上再现了这一情形。几分钟后，迪默把载玻片从电热板上拿下来。DNA 和脂质已经干燥成一层薄膜。现在，迪默又在其中加了几滴水，给他的微型潮汐池再次加满水。他将潮湿的载玻片放在荧光显微镜下，查克拉巴蒂关了灯。

透过目镜，我看到脂质脱离干燥的薄膜，跃入周围的水中。起初，它们像蛇一样扭动，然后逐渐膨胀，形成囊泡。一些囊泡很暗淡，但另一些则发出强烈的绿色荧光，这说明它们吞噬了 DNA。

这个小实验远谈不上证明了生命起源的方式，迪默只是想展示生命起源场景中的一个步骤，但这也是迪默以及与他志同道合的研究者最喜欢的一幕。当时，他们受到"RNA 世界"怀疑论者的猛烈抨击。到目前为止，没人知道 RNA 分子究竟是如何从简单的构成要素中形成的。至于生命可能起源于何处，许多科学家已经把注意力从迪默所关注的火山池移向了海底。

20 世纪 70 年代，海洋学家对大洋中脊（mid-ocean ridge）展开了研究。大洋中脊是大陆板块之间的接缝，从地球的一极延伸至另一极。在这里，岩浆从地球深处喷涌而出，不断创造出新的海底边缘地带。科学家惊讶地发现，大洋中脊上矗立着一些巨大的"黑烟囱"，不断喷出"黑烟"。事实证明，这些"烟囱"就是深海版的温泉①。海水通过大洋中脊的裂缝向下流动，之后水温升高，并与周围的矿物质发生反应。当这些海水再次上升，回到海底时，地下大量的化合物也被一同带了上来。热液中的矿物质遇到冰冷的海水，随即便发生了化学反应，在海床上形成了空心的岩石堆。

经过仔细勘查，科学家们发现，这些喷口处孕育着生命——这里的生态系统与地球上其他任何地方的生态系统都不一样。[27] 微生物从喷口喷出的化学物质中获取能量。体型更大一些的生物则以这些微生物为食。盲虾（blind shrimp）在"烟囱"侧面爬行。管虫长得像竹林一般。40多亿年前，当地球从一颗熔岩球冷却下来并形成地壳时，早期的海洋中会有许多这样的喷口。这些喷口中的热量以及奇特的化学物质可能促进了基因、新陈代谢和细胞的产生。[28]

迪默并不接受这种看法。如果"生命甘露"（prebiotic manna）从天而降——也就是说，作为生命构成要素的有机化合物随陨石带到了地球上——那么还没等到达海底喷口，这些化合物就会在浩瀚的海洋中被稀释。在海洋中形成的脂质体也会被其中的盐类化学物质所摧毁。

然而，迪默还有很多工作要做。如果生命起源于地表的水池，它必然要通过某种方式获取能量。今天，水塘中的藻类和细菌可以利用阳光，但它们完成这项工作使用的是复杂的蛋白质网络。"原细胞"不可能依靠如此复杂的天然太阳能电池板获得能量。但迪默猜测，或许简单的太阳能电池板已经漂浮在它们的周围了。默奇森陨石中含有一类被称为多环芳烃的分子。当阳光照射在多环芳烃上时，它们可以放出电子。

---

① 在科学上被称为海底热泉或海底热液。——译者注

迪默推测，也许陨石中的多环芳烃可以进入脂质体中。当阳光照射到多环芳烃上时，它们会释放出可以利用的电子，产生"原细胞"的化学反应所需要的能量。

没人知道这一幕是否真的可能发生，因为之前没人尝试过将多环芳烃与脂质体混合在一起。所以，迪默和他的学生做了尝试。

"我们想让它们捕获有效形式的能量，"迪默告诉我，"目前我们在这方面还没什么重要的发现。"

—

四年后，也就是 1999 年，在一次讨论生命起源的会议上，迪默遇到了俄罗斯火山学家弗拉基米尔·康帕尼琴科（Vladimir Kompanichenko）。当康帕尼琴科得知迪默对原始水池极为感兴趣时，他邀请迪默来堪察加实地考察。对迪默来说，这可能是最接近时空旅行的体验了。堪察加半岛到处都是活火山，火山上条件非常恶劣，几乎没有生命能够在那里生存。[29] 如果前往堪察加，迪默将能够对火山口湖、温泉、水塘以及其他各种水体进行研究。他还能近距离观察早期地球上存在的化学物质，而不仅仅靠想象。

迪默接受了康帕尼琴科的邀请。2001 年，他组建了一个科学家小组，前往堪察加。他们乘坐军用直升机，从一座火山飞往另一座火山。在下方的苔原地带，他们还看到几只棕熊匆匆跑开。一个火山湖呈青绿色，而另一个湖上则有石油（不是由于石油泄漏，而是被风吹入湖中的植物物质迅速分解产生的）。通常情况下，这些物质需要数亿年才能转化为石油，但在这个神奇的地方，只需要几个世纪。

在火山的侧面，迪默从喷出蒸汽的喷气孔中舀出一些水，并仔细查看了温泉的情况，这些温泉的边缘形成了一些"浴缸环"——这正是他希望在自然界中寻找到的干湿循环的痕迹。这些水塘含有不同的矿物质组合，温度也各不相同，在其他许多方面也都不一样。迪默要了解的东西太多了，他觉得必须再来一次。2004年，他开始了第二次堪察加之旅。这一次，他带来了自己的"生命粉末"。[30]

三十年来，迪默研究生命起源的方式一直沿袭着斯坦利·米勒的传统：在实验室里进行所有的研究工作。在用试管做实验时，他使用的是各种纯的化学成分，并精准地控制着温度。基于这样的控制，他能知道自己的实验结果是否有意义。但这也让他产生了疑问：在生命必须存活下去的纷乱复杂的世界中，他在实验室里研究的那些过程还能起作用吗？

当迪默将粉末倒进穆特诺夫斯基火山的小水坑里时，水面泛起了泡沫，迪默随即意识到，一些不太寻常的事情发生了。这些泡沫是由组装成膜的脂质形成的。但他必须回到圣克鲁兹才能弄清楚他看到的究竟是什么。他和同事发现，"生命粉末"中的许多化合物都粘到了水中的黏土颗粒上。但脂质也结合了一些化合物。这些脂质并没有像在迪默实验室里那样立即变成囊泡。水中的铁和铝与脂质发生了反应，将它们变成了漂浮的凝乳。

在穆特诺夫斯基火山上，迪默未能用基本的化学物质制造出生命，但这段经历对他思考生命的起源产生了复杂的影响。火山上的水塘和温泉有很多共同点，比如温度都很高，pH值又都很低，但它们也有许多不同之处。一些水塘中有黏土或者铝，这些物质可能会阻碍生命的发展，而另一些水塘的条件可能相对更适宜。迪默开始对世界其他地区热泉的多样性展开调查。有时，他会亲自前往；有时，他会安排同事和学生进行实地考察。他们去了黄石公园、夏威夷，以及冰岛。在一次新西兰之行中，迪默的同事布鲁斯·达默（Bruce Damer）带去了一个铝制的试管架，里面插满了试管。[31] 每根试管中都有一层由RNA和其他化学物质形成的干燥的膜。达默把这个试管架推入泥中，每隔一段时间就向其中灌注温泉水。最终，他们成功制造出了含有小分子 RNA 的脂质体。

这些实地考察耗资巨大，要求很高，而且时间较短。为了在圣克鲁兹也能开展相关的研究，迪默建造了一个人工火山池。他告诉我："这是在模拟我在穆特诺夫斯基火山上看到的东西。"

迪默制作了一个透明塑料箱，大小和一个手提箱差不多。他将这个箱子密封起来，向里面注入大量二氧化碳，使箱子里的气体环境更像 40 亿年前地球上的大气。[32] 他还在箱子里安装了一个金属圆盘，圆盘的边缘有许多孔，可以将 24 根试管插入其中。每根试管都可以模仿堪察加的一个水塘，其中装有热的酸性水，水中掺杂着各种化学物质，类似于迪默在穆特诺夫斯基火山上采集的样本中的成分。他还为这个系统设置了干湿循环。圆盘缓慢地旋转，这样每根试管都会从喷射二氧化碳的管子下面经过，这一过程每天进行两次，每次持续半小时。之后，试管中的水分蒸发，留下了化学物质形成的"浴缸环"。圆盘继续旋转，干燥的试管随后移动到另一根会喷水的管子下面，由这根管子向试管中加水。

迪默和同事在试管中加入了脂质和碱基，后者是 RNA 和 DNA 的构成要素。他们发现，在经过数小时的干湿循环后，试管中出现了一些包裹着碱基的脂质体。在其中一小部分脂质体囊泡中，他们还看到了更神奇的一幕：这些碱基连在了一起。其中一些新分子的链很长，含有 100 个核苷酸。迪默说："我们制造出了一种类似 RNA 的分子。"[33]

在我们人类的细胞中，碱基若要形成化学键，必须有高度演化的酶参与。迪默和同事利用原始水塘中的特殊化学环境成功避开了这项要求。当脂质体干燥时，它们会融合，形成薄层。这些薄层会变成液晶，其中包裹的碱基也不再像以前一样在无休止的扰动中随机运动了。它们开始有序地排列，而在这样有序的状态下，它们更有可能结合在一起。[34] 当试管中重新注入水时，这些薄层开始膨胀，产生囊泡，同时还带走了 RNA 样的分子（RNA-like molecule）。随着干湿循环不断进行，这些分子变得越来越长。

在沃尔特·吉尔伯特的"RNA 世界"中，最初的生命体需要利用核酶来制造 RNA 分子。现在，迪默的实验展示了一种更激进的方式：不需要核酶，因为脂质可以自己完成制造 RNA 的工作。迪默的研究表明，早在"RNA 世界"出现之前，"脂质世界"（Lipid World）可能就已经存在了。[35]

———

2019 年秋天，我再次拜访了大卫·迪默。时隔 26 年，我又一次来到圣克鲁兹。此时，我早已身为人父，头发花白，而迪默刚刚过完 80 岁生日。当时我因为工作原因飞到了旧金山，迪默坚持要来我住的酒店接我，然后开车带我到圣克鲁兹待一个下午。他的身体看起来还很硬朗，他说这都是生物化学的功劳。通过他在 20 世纪 70 年代做过的一些实验，迪默开始相信抗氧化剂对身体有好处，于是他开始服用补充剂。"你看，我的身体还很壮。"他说。

尽管如此，迪默还是让我先保持安静，这样他可以集中精力驾驶，确保我们安全地离开市区，驶入高速公路。当我们到达松林和海岸悬崖边时，他放松了下来，开始哼唱一首 DNA 之歌。

我问迪默，在经过了这么长时间的研究之后，在他看来，生命究竟是什么。迪默坦言，他仍然无法给出一个满意的答案。他回答说："如果我们组装的分子系统恰好具有生命的某些特征，我们就会知道。"随后，他列举了其中几种特征，几乎是脱口而出。我问他，这是在给生命下定义，还是仅仅在描述我们所了解的生命的特征？生命一定要以 DNA 和蛋白质这样的链状分子为基础吗？

"我被困在我的小箱子里了，"迪默承认，"我想不出还有其他什么东西能起到核酸和蛋白质所起的作用。至于我对这一切的看法。我喜欢做实验。我喜欢观察事情是如何发生的。我想的只是'接下来，还有什么简单的事情是我可以做的'。"

当我们到达圣克鲁兹时，我发现上次来时见到的那些地震造成的创伤已经愈合了。但在此期间，又出现了一些新的裂痕，这些裂痕恐怕更难修复。考虑到硅谷高昂的生活成本，有许多富有的科技行业从业者纷纷涌入这里的山区，花 100 万美元购买一座小平房。在镇上的汽车站附近，我看到一个女人光着脚来回踱着步子，同时向路人模仿着吸烟的动作，发出无声的请求。

迪默并没有带我去那片红杉林，也就是他大学实验室昔日的所在地。我们来到了小镇边上，在铁轨附近一座类似仓库的建筑前停了下来。一年前，迪默在这个名叫"创业沙盒"（Startup Sandbox）的创业孵化园区里创办了一家公司。在这个孵化园区里，聚集了开发骨移植、癌症检测和智能花园等项目的初创公司。迪默的年龄是这里大多数人的三倍。

我跟随迪默来到他的办公室。办公室在二楼，感觉有些空荡荡的，就像刚搬进来一样。墙上挂着一张流星的照片，还精心装裱了相框。书架上，斯坦尼斯瓦夫·莱姆（Stanislaw Lem）[①]的一本科幻小说孤零零地立在那里。迪默从一张桌子下面拽出他的人造水塘，要向我展示它是如何工作的。

"它一点都不复杂，"他说，"但独一无二。"

而我也有东西要给迪默看。我从手机中翻出一张照片，这是我认识的一名生物学家最近发给我的。照片中有一个八孔口琴大小的金属块。金属块旁边是一个打开的盒子，上面贴着"MinION"的标签。

"我的新玩意儿到了，"我的朋友发短信告诉我，"1 000 美元的

---

① 斯坦尼斯瓦夫·莱姆，波兰著名科幻小说家，作品常常探讨智慧的本质、人类能力的限制、人类在宇宙中的位置等哲学话题，代表作《索拉里斯星》《未来学大会》等。——译者注

测序仪。比你的 iPhone 价格还低！我不知道自己是该兴奋，还是该害怕。"

我翻到下一条消息，这是这位朋友几周后发给我的。他想知道究竟什么样的微生物会在画上生长，所以他从一幅年代久远的画作上撬下一小块颜料，从中提取了遗传物质，然后将含有 DNA 的液滴放入他的 MinION 测序仪中。他给我发了一段视频，在视频中，MinION 测序仪连接在他的笔记本电脑上，笔记本电脑正忙着读取 DNA 的序列。5 个小时内，测序仪已经读取了 4 200 万个碱基对。

"瞧瞧！"我的朋友发来短信，"在我的有生之年，这样的仪器未来还会落伍，这简直难以置信。"

"哦，看哪！"迪默说，语气中带着一丝愉悦。我早就预料到这段视频会让迪默很开心，因为我的朋友使用的这台仪器的原理正是源自迪默 30 年前那场天马行空的遐想。

2007 年，一家名为牛津纳米孔科技（Oxford Nanopore Technologies）的公司获得了迪默和他的同事所持有的一项专利的使用许可，这项专利介绍了一种新概念的 DNA 测序仪。在接下来的几年里，迪默和其他科学家通过一些方法对这项设计进行了改进。他们在其他细菌中找到了更好的通道。牛津纳米孔科技公司还研发出了在单层膜上整合入多个通道的方法，这样就能同时对多条 DNA 进行测序。与此同时，他们也开始花更多时间来处理诉讼问题。随着这项技术的发展前景越来越好，其他 DNA 测序公司开始对这些专利提出异议。"我们不断被起诉。"迪默告诉我。

牛津纳米孔科技公司于 2015 年开始销售其 DNA 测序仪。与其他技术设备相比，他们的测序仪体积小、操作简便，而且便宜。科学家们开始用它来读取那些原本无法读取的 DNA。2015 年西非暴发埃博拉疫情期间，科学家们从患者身上提取出病毒基因组后仅用了一天就完成了测序。[36] 在乌干达的森林里，动物学家利用它迅速确定了新的昆虫物种。[37]2016 年，NASA 将 MinION 测序仪送上了国际空间站，宇航员凯瑟琳·鲁宾斯（Kathleen Rubins）在空间站进行了首次太空 DNA 测序。迪默希望，纳米孔测序仪有一天能发现其他星球上存在的基因。

———

迪默的想法正在以另一种方式变为现实：年轻一代的科学家正在制造更复杂的"原细胞"来探索"RNA 世界"。生物学家凯特·阿达玛拉（Kate Adamala）发现了自己的脂质囊泡配方。[38]她用这些囊泡包裹 RNA 分子，制造出许多"原细胞"。一些"原细胞"能够生长，还能一分为二；一些"原细胞"在检测到某种化学物质时会闪光；还有一些"原细胞"能彼此"对话"。然而，在阿达玛拉制造出的这些"原细胞"中，没有一种能同时做所有这些事情，因为她给每种"原细胞"分配的是不同的 RNA。但总体而言，阿达玛拉的这些"作品"让我们得以窥见我们所了解的生命在此之前可能是什么样子——前提是我们得愿意接受没有 DNA 的东西也可以有生命。

在自己的实验室里，迪默与学生们一起继续做研究，致力于揭示出松散的脂质和核酸可能组装成第一批"原细胞"的更多步骤。2008 年，他们发现脂质体在经历干湿循环后可以产生长达 100 个碱基的 RNA 分子。但一些持怀疑态度的人指出，这些分子比任何 RNA 病毒的基因组都要短得多，很难想象这么短的基因指令如何让生命踏上旅程。因此迪默和他的团队开始尝试制造更大的分子。

就在我到访前不久，他们开始使用一种新工具来观察他们创造的东西。这种设备叫原子力显微镜，它可以用微小的金属探针轻触分子，绘制出其中的每个原子。迪默给我看了一张图，这是一幅生化版

　　　　　　　　　　　生命的边界

的杰克逊·波洛克（Jackson Pollock）[①]风格的作品，由线、缠结和环构成。

"如果我们是对的，那么这些就是这项研究历史上最长的链，"迪默说，"如果你要制造核酶，那么它必须足够长才能折叠。就长度而言，我们这里的东西用来制造核酶已经绰绰有余了。"

这些缠结为迪默提供了更多证据来证明他对生命起源的设想。[39]地球形成后，火山从海底升起，露出海面，雨水沿火山的侧面倾泻而下。水塘中注满了水，滚烫的地下水从间歇泉和沸腾的温泉中涌出。小行星、陨石和尘埃从天而降，带来了数万亿吨有机化合物。这些火山同时也起到了化学反应器的作用，提供自己的化合物。在到达水体后，脂质有时会形成囊泡，包裹化合物，然后将其运送到逐渐变干的"浴缸环"。在它们的液晶中，RNA 分子开始生长，当再次有水时，这些干燥层就变成了数万亿携带新分子的脂质体。

许多囊泡随即破裂了，但也有一些很稳定。这些囊泡内的 RNA 起了支架的作用，从内部完全将它们撑了起来。这些稳定的囊泡更有可能存活到进入下一个"浴缸环"，它们的 RNA 也更有可能进入下一代的囊泡。迪默和同事发现，在这些液晶中，单链 DNA 可以作为相应链的模板。在早期的地球上，RNA 分子可能就已经开始在这些"浴缸环"中进行复制了，又过了很久之后，酶才开始接管这项工作。

随着时间的推移，这些 RNA 网络中又加入了新的分子成员，这些分子也变得更长。它们开始在脂质体中扮演新的角色。一些分子镶嵌到膜上，成为原始的通道。还有一些分子捕获碱基，加快了新RNA 分子的生长。脂质体从它们的"液晶苗圃"中解放了出来，开始自行分裂。它们可能会用陨石色素捕获的阳光来为自己的生长提供动力。

---

① 杰克逊·波洛克，美国抽象表现主义画家。——译者注

按照迪默的说法，这些"原细胞"是第一批真正的生命体。它们是脆弱的生物，这一点毋庸置疑。但它们处于一个没有竞争的环境中，所以依然可以蓬勃发展。经过演化，它们能够将氨基酸聚集在一起，先是形成短链，然后是长链，这些长链可以折叠成真正的蛋白质。这些蛋白质更加不容易降解，并且能参与更多样的化学反应。单链 RNA 也演化成了双链 DNA，而双链 DNA 被证明是一种更稳定的遗传信息载体。随着时间的推移，在基于 DNA 的新生命的排挤下，基于 RNA 的生命退出了历史舞台，从此在地球上消失了。

近年来，古生物学家的发现不断刷新地球上最古老化石的纪录。他们发现的一些最早的化石证据来自澳大利亚，可以追溯到 35 亿年前。[40] 这些化石有很厚的分层，可能是由生长在火山池——正是迪默预测早期生命繁衍生息的地方——中的一层层微生物形成的。

如果时光可以倒流，回到生命诞生之初的地球，你会看到火山岛侧面沸腾的热泉边堆叠着一层层蓬松的微生物。如果没有这些微生物，这些岛屿不过就是一些光秃秃的黢黑岩石，在橙色天空下点缀着绿色的海洋。有时，头顶的云层翻滚，降下雨水，冲刷着岛屿。形成的溪流将微生物从一个水塘带到另一个水塘。在已经有微生物栖居的水塘里，新的居民将自己的基因与原住居民的基因混合在一起。雨云飘向大海，失去云层遮蔽的岛屿在阳光下经受炙烤。水塘最终干涸，风卷起塘底附着的尘土，将其中的微生物孢子带到数英里之外。这些微生物飞来飞去，并被水流冲下山坡，之后便到达了含盐的河口。当这些微生物适应了这些新环境时，它们就做好了奔赴海洋的准备。当它们抵达大海，整个星球就有了生机。

"到这种状态之后，我估计需要 1 亿年才会再发生点儿什么。"迪默说。

这让我想起了达尔文，他不确定自己能否在有生之年看到生命起源的问题得到解决。而将近 150 年后，我正在听一名科学家讲述他为

生命的边界

破解这一谜团而付出的毕生努力。我很想知道迪默在他生命余下的时光里能看到什么。他所讲述的故事会变得更有说服力吗？又或者，他会成为新时代的约翰·巴特勒·伯克而被人铭记吗？

迪默仍有很多反对者。[41] 一些人强烈反对他的观点，其中一名科学家同样也是 80 岁高龄，名叫迈克尔·拉塞尔（Michael Russell）。拉塞尔的生命起源之路并不是由脂质铺就而成的，而是由矿物质。他曾前往太平洋上的岛屿以及爱尔兰的矿场，寻找银矿层和黄铁矿。在这个过程中，他发现其中一些矿物最初是在热液喷口周围产生的。然而，这些热液喷口并不是大洋中脊上那些过热的"黑烟囱"。一种很特别的化学反应已然在海洋的其他地方悄然发生。

在这些地方，海底铺着一层橄榄石，这种岩石富含镁和铁。流入裂缝的水与橄榄石发生反应，释放出氢气和热量。岩石吸收了这些热量，反过来将水煮沸，这些沸腾的水向上喷射，将矿物质、甲烷和许多其他化合物一同带回海底。许多带正电的质子与这些化合物相结合，从而改变了热液的 pH 值，使其从酸性变成了碱性。当这些热液从海底流出，与底层冰冷的酸性海水相遇时，就会析出大量矿物质。这些矿物质在海底堆积，最终形成巨大的中空腔室，这些腔室塔楼甚至能达到 200 英尺高。

在拉塞尔看来，这些中空的腔室似乎是孕育生命的完美场所。得益于壁内外水的差异，这些腔室成了非凡的化学反应器。室内 pH 值较高的碱性水吸引了室外酸性海水中的质子。质子必须通过室壁上的微小通道才能进入腔室内。拉塞尔认为，这些质子的流动与其在细胞膜通道中的流动方式极为相似——我们的细胞正是利用这种流动来捕获能量的。事实上，拉塞尔觉得这根本不是巧合，我们的新陈代谢就是以腔室中发生的化学反应为基础的。

流入碱性喷口壁的质子可能为化学反应提供了动力，进而产生了能够自己发生反应的新化合物。随着时间的推移，这些中空腔室制造出了生命所必需的许多要素。拉塞尔猜测，早在细胞出现之前，这些矿物质中的小凹坑（pocket）可能就相当于细胞，起到了同样的作用。在这些岩石垒砌的空心腔室中，可能产生了原始的新陈代谢。[42] 这种新陈代谢最终能为拥有完整特征的生命体提供支持。

到21世纪初，碱性喷口和火山池是有关生命起源的两个主要假说场景。这两个场景不可能都是对的。在2017年一期《科学美国人》的封面故事中，迪默和文章的共同作者对生命起源于地球表面的观点进行了论证，并配了详细的图示，说明生命如何在火山高处诞生，并顺山势向下流入大海。迪默等人主张，比起拉塞尔的碱性喷口理论，他们假设的场景得到了更多实验结果的支持。

拉塞尔随后予以了回击，言辞尖刻。他表示，在像迪默这样的科学家的研究中，他看到了活力论依然活跃的身影。[43] 在一些实验中，模拟的池塘里产生了生命样（lifelike）的分子，但拉塞尔宣称这些实验"根本不重要，而且具有误导性"[44]，并且认为细胞最初可能是在水中漂移的脂质体的想法有"根本性的问题"。

拉塞尔认为，只有碱性喷口才能提供正确的能量流，从而产生今天的生命体利用的那些特定的反应。加热火山池并让其沐浴在阳光下只会产生许多平行反应，这些反应并不会增加任何复杂性。这种想法非常荒谬，就像弗兰肯斯坦博士用电击使缝合的尸体复活一样荒唐可笑。

拉塞尔宣称："弗兰肯斯坦的想法完全错了，不管是用在化学上，还是用在尸体上，它都是错的。"

当我向迪默提起拉塞尔的碱性喷口理论时，迪默列举了他在其中看到的一些问题。碱性喷口理论有一个重大缺陷，那就是喷口的壁太厚，无法产生拉塞尔需要的那种能量。迪默说，想象一下，比方说你要用水车发电。如果将水车直接放在瀑布下面，你就可以获取水从高处垂直下落并且只向下游流动一小段距离时所拥有的能量。迪默说：

"但如果将水车放在距离瀑布一公里之外的地方，你就无法让发电机运行，因为你根本就没有那么多能量。"

就在我到访的那天，迪默正在开展一项新实验。他之所以把我带到"创业沙盒"，是因为他最近成立了一家名为 UpRNA 的公司。加州大学圣克鲁兹分校的一名研究生加布·梅德尼克（Gabe Mednick）已经与公司签约，成了迪默唯一的雇员。迪默这家微型公司的目标是在生命起源的特殊化学的基础上，开发出另一种生物技术。

2018 年 8 月，美国食品药品监督管理局首次批准了一种由 RNA 制成的药物。[45] 该药物由一家名为 Alnylam 制药的公司研制，用于治疗转甲状腺素蛋白淀粉样变性（transthyretin amyloidosis）[46]。这种疾病是由一个突变基因引起的，这个突变基因产生了一种有缺陷的蛋白。随着时间的推移，这些有缺陷的蛋白造成的损害会导致人消瘦、行走困难、癫痫发作，并最终因心脏病发作死亡。

为了制造这种药物，Alnylam 制药利用了迪默 40 年前帮助开创的技术。他们先制造出脂质体，然后将定制的 RNA 分子包裹在这些脂质的囊泡中。这些脂质体会悄然进入细胞，释放出人造的 RNA。这些 RNA 分子会与缺陷基因的 mRNA 结合，阻止细胞利用它们制造有缺陷的蛋白。

Alnylam 制药的成功让人们看到了 RNA 药物的发展前景。在未来，人们或许能利用 RNA 来抗击高胆固醇、癌症以及其他疾病。但存在一个问题：制造一种 RNA 药物的成本非常高。以 Alnylam 制药的这款药物为例，Alnylam 制药采取了模仿自然的策略，用酶来读取人造基因的序列并合成 RNA 分子，但每次只能向 RNA 链上添加一个碱基。这款药物获批时，Alnylam 制药将病人一年所需药物的价格定为 45 万美元。

迪默觉得，自己或许能将制造定制 RNA 分子的成本降下来。他要做的并不是模仿我们今天所了解的生命，而是模仿"RNA 世界"

中的生命。迪默和梅德尼克将 DNA 基因放入他的人造水塘中，然后尝试通过让试管经历干湿循环来制造与之对应的 RNA 分子。在这项实验的初次尝试中，他们的目标是制造出一种 RNA 分子，这种 RNA 分子可以关闭一种发光蛋白的基因。换句话说，如果将这种 RNA 加到培养有发光细胞的培养皿中，它会与发光细胞蛋白的 mRNA 结合，这些细胞就会暗下来。如果能达成这一重要目标，接下来他们将开始研究能够阻断致病蛋白的 RNA 分子。

迪默也不知道这个项目最终能不能成功。但凭借对最初生命的了解，迪默相信它会。"我所做的一切，"他说，"都基于对生命起源的了解。"

第 16 章

寻找外星生命

2 月里的一天，我坐上一辆网约车，来到位于加州帕萨迪纳的 NASA 喷气推进实验室大楼前。[1] 可能因为我此前刚在寒冷的新英格兰地区待了几个月，那里大多数时候要么是多云天气，要么天色阴暗，或者两者兼有，所以下车时，加州的阳光让我觉得格外刺眼。我在喷气推进实验室的登记处等了一会，一位名叫劳丽·巴格（Laurie Barge）的科学家来到登记处接我，把我带进了大楼。路上，她戴上一副迈克高仕（Michael Kors）太阳镜，双眼隐藏在黑曜石镜片的后面。当我们走过一个棕榈树成行的庭院时，我眯起了眼睛，就像一名刚从塌方的矿井中被救出的矿工一样。

我来喷气推进实验室是为了和巴格谈谈她所从事的天体生物学方面的工作。我们坐在树荫下，边喝咖啡，边聊着她的工作。她说："从本质上讲，天体生物学研究的是生命起源，以及我们要如何了解生命的起源。"像巴格这样的人非常适合研究这门科学，她在学生时代就有着强烈的好奇心，好奇的都是些大问题。"我想知道我们为什么会出现在这里，"她说，"我想知道太阳是从哪里来的？为什么会有宇宙？为什么会有地球？为什么地球会是这样的？只有地球上才有生命吗？"

除了喷气推进实验室外，其他地方应该很少会有像巴格这样的人。说到研究"我们在宇宙中可能并不孤独"这个问题，喷气推进实验室无疑是地球上最重要的地方之一。拜访巴格让我第一次有机会近距离地感受这个实验室，感觉自己就像是朝圣者终于来到了心中的圣地一样。

我出生于20世纪60年代，当时地球上的生命突然将自己的手伸出布满细菌的平流层，伸向了太空。那时的我们盘腿坐在地毯上，看着面前向外凸起的玻璃电视屏幕上显示的模糊图像：两条腿的哺乳动物被裹在充有地球大气的小囊中，行走在月球上。在我们这代人看的电影和电视节目中，人类穿越银河系，不断遇到其他的生命形式，这些生命与那些去好莱坞试镜的两条腿的哺乳动物有着莫名的相似之处。星际时代似乎已经拉开帷幕。

然而，宇航员们最远只到过月球，而且在回到地球家园之前也未曾在外停留很久。到了20世纪70年代，他们的雄心壮志已经退缩到了近地轨道。他们狭小的空间站从我们头顶飞过，距离近到足以在夜空中留下一抹光亮。探索其他行星的并不是人类，而是机器。其中许多都来自喷气推进实验室。

正是在喷气推进实验室，工程师们建造了第一个探测另一颗行星的航天器——1962年飞越金星的"水手2号"，以及1965年人类首次探访火星的"水手4号"。"水手4号"曾俯视着这颗红色星球，抓拍了照片。当这些像素传回喷气推进实验室时，科学家们看到了一片坑坑洼洼的沙漠。

喷气推进实验室中有一些地质学家，他们主要研究行星是如何在岩石云中形成的。实验室中也有大气科学家，他们思考的是二氧化碳和二氧化硫的旋涡。此外，实验室中还有生物学家。他们研究的并不是我们所熟悉的生命，而是可能存在的生命。1960年，微生物学家约书亚·莱德伯格给这个新领域取了个新名字：地外生物学（exobiology）。一位科学家嘲讽说，地外生物学家实际上就是"前生物学家"

（ex-biologist）。喷气推进实验室的地外生物学家们完全不理会这些嘲讽，依旧致力于寻找探测外星生命的方法。

喷气推进实验室的地外生物学家大致可分为两个阵营。其中一些科学家认为，寻找生命最好的方式就是近距离搜寻。他们想把探测器送到其他行星上，在那里直接做实验。在一个项目中，一组地外生物学家建造了一个生长室，他们可以将其他行星上的土壤挖出一些，放进去，然后观察有机体如何代谢二氧化碳或其他一些气体。

而实验室的其他地外生物学家则认为，如果寻找远距离外可能存在的生命，他们也许会更幸运一点。在支持远距离搜寻生命的科学家中，最著名的人物是詹姆斯·洛夫洛克（James Lovelock），这名在英国接受科学训练的科学家曾于20世纪60年代在喷气推进实验室工作。在洛夫洛克看来，将生长室放在火星上的想法狭隘得出奇。我们对生命的搜寻不应该仅局限于寻找那些（比方说）与生活在地球土壤中的细菌遵循完全相同规则的生命。洛夫洛克认为，生命最关键的一点是，它能打破化学平衡，这种情况不仅发生在生命体自己的细胞内，也广泛存在于我们的地球上。生命会向大气中注入大量氧气。生命也会侵蚀岩石，并将矿物质送入海洋。在喷气推进实验室，洛夫洛克改进了一些设备，利用这些设备，将来也许能发现遥远行星大气层中生命的特征。

起初，金星和火星似乎是寻找生命的最佳起点。一方面，它们是地球的邻居。另一方面，它们都有坚实的外壳——与太阳系中更远处的气态巨行星形成了鲜明的对比。然而，当"水手2号"探测金星时，科学家发现金星大气层吸收并积蓄了大量的热，足以融化铅。地外生物学家们因此把金星从候选名单上划掉了，尽管这个名单上本来就没有几个候选者。至于火星，从"水手4号"发回的照片来看，在那里发现生命的前景并不像金星那么渺茫。火星沙漠的温度很低，布满了陨石坑。但即使在地球上，生命也不仅仅只能生存在郁郁葱葱的热带雨林。火星可能与我们地球上最恶劣的生命栖息地有着一定的相似之处。

"事实上，根据我们现在对火星的了解，相对金星而言，不能排除火星存在生命的可能性，"喷气推进实验室生物科学部负责人诺曼·霍洛维茨（Norman Horowitz）在 1966 年曾表示，"可以肯定的是，虽然情况不容乐观，但也并非没有希望。"[2]

两年后，NASA 启动了"'海盗号'探测计划"。这个项目计划将两个航天器送入火星轨道。每个航天器会向火星表面投放一个探测器，对其进行更仔细的观察。1975 年夏天，携带"海盗号"的火箭飞离地球。[①]

当时，我 9 岁。航天器花了近一年的时间到达火星，对于一个四年级的学生来说，这简直是一个徐徐开启的地质新纪元。我等了又等，希望探测器能发现火星生物。这些生物不一定非得像好莱坞的群众演员，就算是火星上的蛇或者臭鼬，我都能接受。哪怕只是一棵灌木或一些细菌也行，至少当时我是这样想的。

"海盗号"探测器还在太空飞行时，我们全家从郊区搬到了乡下的一个小农场。此时，我周围的生命似乎在不断引起我的注意。拟鳄龟潜在池塘的水底；燕子整日在谷仓里飞来飞去；树上的知了发出响亮的鸣声。我现在觉得，这段经历愚弄了我，让我认为生命是不容易隐匿的。我开始相信，太空探索的历史很快就会成为新闻头条，标题简短而精练，"人类在月球上行走"，或是"火星上的生命"。

1976 年 7 月，"海盗 1 号"着陆，并将其拍摄的第一组照片发送给轨道卫星，轨道卫星又将这些照片发回数千万英里[②]外的地球。在

---

① "海盗 1 号"和"海盗 2 号"分两次发射升空，但间隔时间很短，仅 20 天。——译者注

② 此处的英语原文为"millions of miles"，如果简单直译，意思是"数百万英里"。但由于英语中 thousand（千）、million（百万）、billion（十亿）等单词三位分段的习惯，"millions of miles"可以指 1 百万英里 ~10 亿英里的任何数字，而火星与地球间的最短距离也有近 3 400 万英里，因此这里译作"数千万英里"。——译者注

接收到信号后，喷气推进实验室的工程师们解析出了这些照片。之后，我们在晚间新闻上看到了第一组照片：灰色背景中有些灰色的岩石。这既令人兴奋，又有些乏味。如果躺在我的车道上，看着外面的碎石，我也能看到同样的东西。

喷气推进实验室当时的新闻发布会是现场直播的。"海盗1号"团队在等待着探测器传回第一组照片。天文学家卡尔·萨根盯着旁边的一个监视器，想要弄清楚这些照片上显示的都是什么。在"海盗1号"发射前的几个月里，他曾思考过一种可能性：火星或许是多细胞生命的家园，所以拍摄到这些生命应该是件轻而易举的事情。[3] 而此刻，他使劲儿地看，却什么都没发现。

"在我看来，这些照片中完全不存在生命的迹象，"他一边说，一边仍然紧盯着监视器，"没有明显的灌木丛、树木或其他任何人。"[4]

第二天，"海盗1号"的第一张彩色照片也传回了地球。在这张照片中，土地是红色的，天空是粉色的。在这片景观的几英里范围内，我们没有看到灌木丛，没有看到树木，也没有看到其他人。

后来，"海盗1号"在火星上插入了一把铲子。它开始分析火星的土壤成分，以寻找生命的迹象。当时我还太小，不知道他们到底在对这些土壤做什么。我只记得，他们似乎要把它煮熟。生命就是生命，我以为测试会给出一个明确的答案，要么是，要么否。

最初一组测试的结果显得还是有些希望的，但霍洛维茨警告《纽约时报》不要对这些测试结果过度解读。"我们还没有在火星上发现生命，没有。"他说。当"海盗1号"在两份土壤样本中寻找生命产生的含碳化合物时，科学家一无所获。化学家克劳斯·比曼（Klaus Biemann）说："从有机化学的角度来看，这两份样本都是非常纯净的材料。"

最早提出地外生物学概念的约书亚·莱德伯格极其沮丧。他说："之前我们认为，不管往哪儿看，都能找到生命。但现在，我们无法这么自信了。"[5]

孩提时代的我曾坚信，接下来，更多的火星之旅将会很快揭开这个谜团。毕竟，萨根等科学家说，"海盗1号"是为持续寻找生命迈出的第一步。但其令人失望的结果耗尽了地外生物学火箭发动机的燃料。NASA的工程师们制造了更多登陆火星的探测器，但这些探测器主要用于研究火星的地质特点和大气层，而不是为了寻找生命的迹象。

在"海盗1号"登陆火星之后的几年里，最接近寻找生命的事情是一个监听项目。"搜寻地外智能生命"（The Search for Extraterrestrial Intelligence，简称SETI）是NASA的一项计划，目的是通过对天际进行扫描，搜寻来自外星文明的无线电信号。喷气推进实验室为该项目贡献出了其射电望远镜网络，作为我们的星际耳朵。尽管遭到美国国会的强烈反对，NASA最终还是设法凑足了资金，得以在20世纪80年代继续为SETI制定具体方案。在国会终止这项活动之前，NASA的天际扫描甚至已经进行了一年。

推动终止这个项目的马萨诸塞州国会议员西尔维奥·孔特（Silvio Conte）说："我们不应该把宝贵的钱花在寻找脑袋畸形的小绿人上。"

就在NASA准备终止SETI时，NASA的一名科学家在休斯敦有了一项新发现。正是这项新发现重新唤起了世界对小绿人，或者至少是对小绿微生物的好奇心。1993年的一天，在约翰逊航天中心（Johnson Space Center）收藏的一批陨石中，一位名叫大卫·米特尔费尔特（David Mittlefehldt）的科学家注意到一块陨石有些异样。这是一块4磅重的岩石，编号为"ALH84001"（Allan Hills 84001）。[6]这块陨石是一队地质学家在1984年驾驶雪地摩托车穿越南极洲的艾伦山山脉时发现的。这块陨石当时就躺在冰原的中央，不可能是因为风化从地下显露出来的。周围没有山，所以也不可能是从山上滚落下来的。它

生命的边界

只能来自天上。这块岩石随后被送往约翰逊航天中心，经航天中心的科学家们确认，它是小行星的碎块。之后，这块陨石被放在一个充氮的储藏柜里，一放就是好几年，直到米特尔费尔特对它"起了疑心"。他对这块陨石进行了测试，测试结果表明，它不具备小行星的化学特征，而是来自火星。

40 亿年前，它在火星上形成。若干年之后，一颗小行星撞上了这颗红色星球，产生的许多碎片被抛入太空，其中就包括这块岩石。它就这样在宇宙中漂泊了数百万年，直到地球的引力使它降落到地球。13 000 年前，它落到了南极洲。[7]之后，它就一直停留在艾伦山中，静待时光荏苒，看着地球经历变迁：冰河时期的冰川消退，农民开始发展农业，城市的崛起，火箭发射到太空。

地质学家们最终发现了它，这也是他们发现的第 12 块来自火星的陨石。由于无法把地质学家送到火星进行实地考察，因此"ALH84001"是 NASA 了解火星构成的一个难得的机会。NASA 的博士后克里斯托弗·罗曼内克（Christopher Romanek）仔细检视了这块岩石，他发现石头上有些斑点，这表明曾经有水流入裂缝。如果早期的火星与地球一样温暖和潮湿，火星上也许就存在生命，生命也许还会留下微生物化石。

罗曼内克加入了大卫·麦凯（David McKay）领导的一个科研团队，与团队的其他同事一起在这块岩石中寻找生命的迹象。当这些科学家用激光轰击取自这块陨石的小碎块时，它们释放出了环化的含碳物质——有机物质腐烂时也会产生这类物质。为了对陨石进行更仔细的观察，他们还动用了功能强大的扫描电子显微镜，发现了一些类似蠕虫的结构，看起来就像细胞。麦凯把这些照片拿给他 13 岁的女儿看，问她照片里的这些东西看起来像什么，她回答说："细菌。"凯西·托马斯－克普尔塔（Kathie Thomas-Keprta）随后还在这块岩石中发现了一些磁性矿物的晶体。在地球上，这些磁性矿物是由细菌制造的，细菌会用它们作为微型罗盘来帮助自己导航。

科学家们是否发现了火星海洋——已经在数十亿年前干涸——中曾经存在的细菌？"ALH84001"能证明火星上曾经存在生命吗？又或者，这些科学家是被火星上的"始生物"愚弄了吗？

NASA 对生命的新定义并没帮上什么忙。麦凯的团队无法判断这些"磁性蠕虫"是否是自持的化学系统。就算曾经有生命，它们也已经在数十亿年前停止自持了。至于演化，微生物学家们通过一个简单的实验——将黏糊糊的珠子从一根试管转移到另一根试管——就能观察到，但 NASA 的科学家们却没办法追踪这些神秘结构中因演化产生的变化。

这些研究者转换了思路，开始考虑地质学和生物学中能够实现原子聚合的途径，可以是使原子聚合成无生命的矿物质，也可以是聚合成活细胞。他们发现，这些"石质蠕虫"每项特征的形成过程都不需要生命的参与。但 NASA 的科学家最终认为，总体上看，这些证据倾向于支持这些"蠕虫"是原始的细胞。

当 NASA 的局长丹尼尔·戈尔丁（Daniel Goldin）听到这项研究的风声时，他担心这个消息会带来灾难性的后果。就在不久前，国会刚终止了 SETI，而且一项关于 NASA 未来资助的重要表决也即将开始。戈尔丁召集了这个项目的几位负责人，询问了好几个小时。最终，他做出判断，他们的工作是可靠的，并准许项目继续进行。《科学》杂志接受了他们的论文，但论文在发表前泄露了。[8] 各种猜测层出不穷，像流感一样传播开来，NASA 紧急召开了一场新闻发布会。

20 年前，"海盗 1 号"未能找到生命，而 20 年后，即使是火星上存在 40 亿年前的生命的迹象也足以引起轰动，登上电视新闻头条，抢占报纸的头版。时任美国总统比尔·克林顿甚至认为，白宫应该发表一份声明，引起公众对这一发现的关注。他说："如果这一发现得到证实，它无疑将成为科学史上对我们宇宙最令人惊叹的发现之一。"[9]

但克林顿的这一预测没有成为现实。在这篇论文发表之后的几年里，科学家们发现了更多证据，证明无生命的化学物质可能产生生命样的形状。例如，冲击波可以产生类似"ALH84001"中的磁性矿物的物质。NASA 这篇论文发表 20 年后，记者蔡宙（Charles Choi）采访了一组专家，请他们谈谈对这块陨石的看法。[10] 没有一个人确信这块岩石中有生命的迹象。

然而，"ALH84001"在科学史上仍然占有重要的地位。通过试图论证这块陨石中含有生命的化石，NASA 的科学家们开始重点关注宇宙其他地方是否存在生命这个问题。如果说"ALH84001"尚无法证明火星上确实曾经存在生命，也许我们需要做的就是制定新的探测任务，重返火星，更加深入全面地了解它的地质情况。一些研究者甚至开始思考如何才能从火星运回更多的岩石。与其等着小行星撞出碎片落到地球，还不如用太空探测器小心翼翼地将其完好无损地带回来。

有关"ALH84001"的争论发生得适逢其时，因为 NASA 当时正在调整计划，打算将先前的地外生物学研究项目扩展为一个更加雄心勃勃的研究领域。他们将这门新学科命名为"天体生物学"。根据 NASA 给出的定义，天体生物学是"对宇宙中生命的研究"。[11] 为了促进天体生物学的发展，NASA 会为大卫·迪默这类研究地球上生命起源的科学家提供资助。他们也会资助对生命诞生后演化过程的广泛研究，因为是生命让地球上充满了氧气，进而产生了动物、植物和其他多细胞生物。其他天体生物学家则记录了地球上生命的极端形式，它们或许与能在极端环境中生存的外星生命有相似之处。

对于其他行星上可能存在的生命，除了我们的太阳系外，天体生物学家现在还可以研究其他星系的行星。1995 年，瑞士研究人员发现，一颗名为"飞马座 51"（51 Pegasi）的类日恒星发生了微小的摄动，这种摄动是由一颗绕"飞马座 51"轨道运行的行星的引力产生的。此后，天文学家又陆续发现了数以千计种类和大小各异的系外行星。天体生物学家开始考虑，其中哪些系外行星可能适合人类居住。我们所熟悉的所有生命都需要液态水才能生存。[12] 如果行星离炙热的恒星太近，水就会蒸发掉，如果离得太远，又会冻结成固态的冰。

天体生物学家对宜居性的问题考虑得越多，这个概念就变得越棘手。首先，行星的宜居性可能会随着时间的推移而改变。2004 年，NASA 喷气推进实验室的科学家将两辆火星车送上了火星。它们在火星上移动时发现了一些特殊的岩石，看上去像是很久以前在湖泊和河流的底部形成的。即便火星现在不适合人类居住，过去也可能是宜居之地。

那时，我们这些看过"海盗 1 号"火星探险的孩子都已经长大成人，还清了房贷，也养育了自己的孩子。但抬头仰望天空，那里还有其他令我们分神的事情。NASA 的一些卫星俯瞰着我们的星球，记录了全球气温不断上升的情况。我们这一代人对这些变化有切身的体会：天然冰场在冬天不再结冰；涌上佛罗里达街道的大潮掀起的巨浪；山火频发的季节售卖的特色面罩。

在新一代科技巨头的资助下，SETI 得以从国会的"毁灭之火"中涅槃重生。但寒来暑往，过了一年又一年，在脉冲星、黑洞和宇宙大爆炸遗留的微波的宇宙噪声中，科学家没有发现任何信号。一些研究者认为，如果系外行星上真的存在许多生命，那么 SETI 就很多余。因为如果真是这样的话，那么一些聪明的外星生命肯定已经与我们取得了联系，要么是打招呼，要么是征服。但现实是，我们周围一片寂静——所谓的"巨大的静默"（Great Silence）。[13]

一

2004 年，当劳丽·巴格来到南加州大学攻读博士学位时，她的好奇心范围缩小了，只对行星感兴趣。"在研究生院，我对火星很痴迷。"她告诉我。

当时，"勇气号"和"机遇号"火星车正在火星上漫步。在它们的诸多发现中，有一个发现非比寻常，那就是神秘的"蓝莓"——嵌入火星岩石表面的微型蓝色球体。一些地质学家认为，火星"蓝莓"是很久以前液态水流过碳酸盐岩（carbonate rock）时形成的。巴格学习了如何用水和矿物质开展实验，以了解火星的化学成分可能发生怎样的化学反应。

获得博士学位后，巴格在喷气推进实验室做博士后研究。经过不懈努力，她一步步晋升，成为起源与宜居性实验室（Origins and Habitability Lab）的负责人之一。在这一过程中，她将关注点以及所掌握的化学技能投向了火星以外的地方，考虑在更遥远的星球——土星和木星的冰质卫星——上存在生命的可能性。

"伽利略号"探测器首次探测了这些巨行星[①]的一些卫星，但直到20世纪70年代末，喷气推进实验室的一系列探测器才飞越它们，发回了近距离拍摄的卫星照片。[②]有些卫星是表面坑坑洼洼的岩石球。有些则被冰层覆盖。这些冰封的世界与太阳系的其他成员很不一样，一些研究人员甚至开始猜测，这些行星或许具备适于生命生存的条件。[14]

巴格和其他一些科学家对土星的一颗卫星非常感兴趣，这颗叫"土卫二"（Enceladus）的卫星面积和亚利桑那州差不多。2005年，在飞越"土卫二"的南极时，"卡西尼号"探测器探测到了一股巨大的蒸气从冰层的巨大裂缝中喷射而出。

这无疑是一个惊喜，喷气推进实验室的工程师们也因此重新调整了"卡西尼号"的航线。"卡西尼号"探测器返回了"土卫二"，更近

---

① 作者此处表述有误，"伽利略号"是一枚木星探测器，只探测了木星及其卫星。——译者注
② 作者这句话有严重的事实和逻辑错误，"伽利略号"发射于1989年，1995年抵达木星，探测任务于2003年结束。——译者注

距离地飞越这颗卫星，接着又再次返回，总共返回了 23 次。每次飞越这颗卫星时，探测器都会吸入大团的蒸气，分析其中的成分。科学家们发现，气体中含有水、二氧化碳、一氧化碳、盐、苯和其他各种有机化合物的混合物。[15]

这些深空薄雾让我们得以看到冰层之下的景象。科学家们最终得出结论，"土卫二"冰壳的厚度约 15 英里，而冰壳之下有一片深度达 20 英里的"咸海"。尽管"土卫二"的直径只有 314 英里，但它的海洋比地球的海洋要深得多："挑战者深渊"（Challenger Deep）是地球上海洋的最深处，深度也不足 7 英里。

"土卫二"距离土星 14.8 万英里，但这颗卫星绕土星一周仅需 33 小时。"土卫二"是一个由沙子和砾石构成，同时又浸满了水的水球，其内核受土星引力有规律的牵拉。这种伸缩循环产生了很大的摩擦力，将内核的水加热至沸腾。沸腾的水从内核涌出，流入海洋，并在这一过程中与矿物质发生反应，形成一种富含化学物质的"汤"。太空的寒冷让"土卫二"海洋的表层冻结，形成冰盖。但土星的潮汐让冰盖产生了裂缝，冰层之下温暖的海洋中产生的蒸气得以从裂缝中喷出。

液态水、热源、有机化合物——"土卫二"含有生命所必需的许多要素。"卡西尼号"完成探测后的几年里，像巴格这样的天体生物学家一直在思考冰层之下可能潜藏着什么生物，以及该如何查明它们是否存在。他们想出的一个办法是重返"土卫二"的南极。如果"土卫二"的海洋中有生命，那么其中一些生命可能会随着那些蒸气被喷射到太空中。[16]一些研究人员已经对纳米孔科技公司的测序仪做了改进，看看它们能否在冰雾中探测到生命的迹象。这些测序仪体积很小，完全可以安装在太空探测器上，而且宇航员在国际空间站对其进行的测试表明，它们可以在低重力条件下工作。在探访"土卫二"时，探测器或许能从蒸气中提取出 DNA，并通过纳米孔科技公司的测序仪对其进行测序。

另一个世界的生命可能是以 DNA 为基础的，但也可能使用其他遗传分子。如果起源于地球上的生命是以 RNA 为基础的，那么就没有理由排除宇宙其他地方也存在以 RNA 为基础的生命。外星生命用以编码遗传信息的字母也可能与我们的字母完全不同。薛定谔所说的非周期性晶体也可能有多种形式，而且这些形式也许都是我们此刻无法想象的。然而，即便对此一无所知，我们也可以在飞越"土卫二"时利用纳米孔科技公司的测序仪来探测这种外星版的生命。[17] 如果其遗传分子是编码指令的长链，那么测序仪也许能够通过它的细孔"啜饮"这些长链，从而对这些外星文本有一个大致的了解。

不过，如果巴格能得偿所愿，NASA 将不会在收集到一些二手蒸气后就放弃"土卫二"，而是会让一艘潜水器穿过冰川峡谷，深入冰层下的海洋，进而潜入砾石覆盖的海底。巴格的目标并不仅仅是在那里寻找生命，她还想探索产生了——或者将会产生——生命的物质世界。

这样的任务可能永远也无法实现，又或许巴格退休后才有望获得批准。将来，她或许会像当年的卡尔·萨根一样，看着潜水器从"土卫二"发回的照片和数据，心中充满了困惑。与此同时，巴格满足于尝试制作"土卫二"的微缩模型。她在喷气推进实验室的科学部大楼里建造了这颗卫星的模型。

在访问中，巴格给我上了一堂关于制造卫星的入门课。我们戴上紫色手套，然后巴格递给我一瓶青柠色的氯化亚铁晶体。在她的指导下，我将晶体倒入一个装有硅酸钠水溶液的透明试管中。

"盖上盖子，看看会发生什么。"她说。我把试管举到齐眼的高度。大部分晶体都沉入了试管底部，堆成一堆。几秒钟后，我注意到其中一个晶体开始像一个气泡一样向上长。

"哇，你得到了一个球泡，太棒了！"巴格说，"这就是我想让你看的东西，这是一个**好**球泡，你很幸运。"

当这个球泡长到豌豆大小时，它就停止了生长。现在，它的顶部再次开始隆起，一个新的球泡形成了。当这个新球泡停止生长时，另一个球泡又从它上面冒出来。这堆晶体正在长成一根弯弯曲曲的柱子，一直伸向试管口。

如果我知道自己是怎么做到这一点的，我肯定会为自己的好球泡感到骄傲。但很遗憾，我并不知道，所以我满脸疑惑地问巴格，我看到的究竟是什么。

"如果把它放大，你会看到氯化亚铁晶体正在溶解。"巴格说。氯化亚铁从晶体上溶解进入水中后，立刻就会遇到硅酸盐。这两种物质迅速结合在一起，形成多孔的膜。困在这个球泡里的水具有很高的pH值，因此周围的水会从这些细孔中涌入球泡。这些水流的力量使球泡顶部发生破裂，氯化亚铁得以自由地升至更高的位置，继而将这堵墙砌得更高。

我在重现一个古老的实验。当初，炼金术士们就是通过这样的方式将化学物质混合在一起，创造出了所谓的"哲学树"（philosophical tree）。事实证明，许多晶体都可以在水中组装成空心的塔。地球化学家们最终发现，地球其实也有自己的"哲学树"。当含有矿物质的水从海底或湖床上升时，这些水就可以建成巨塔，也就是我在巴格的实验室里建造的那种空心塔的巨型版本。巴格猜测，在它没有阳光的海洋中，或许"土卫二"也种下了自己的"哲学树"。

"'土卫二'的海底条件不算特殊，在地球上的海洋中基本都可以找到，"巴格说，"这也就意味着，在我们地球的海洋中看到的东西，'土卫二'的海洋中也可能存在。但要真正看到'烟囱'，就得深入冰层之下。所以，这是个问题。"

为了了解"土卫二"上可能生长的东西，巴格正在建造自己的"烟囱"。她尝试不同的矿物质组合，根据地球上产生"烟囱"的情形创造类似的条件。[18] 比起我在巴格的指导下制造的氯化亚铁小球泡，巴格建造"烟囱"的工作要复杂得多。

在实验室的一个角落，巴格正在模拟冰岛海岸附近一座 150 英尺高的塔，这座塔被称为斯特雷坦热液区（Strytan Hydrothermal Field）。她在一个很粗的注射器中装入含有氯化镁的热液，然后将其持续注入一个密封的玻璃瓶中，瓶中装满了类似海水的液体。现在，瓶子里长出了一簇白色的绒毛，大小和形状都和小兔子的尾巴差不多。

巴格计划在没有氧气的情况下再试一次，以模仿早期的地球环境。她不知道那时候它会长成什么样子。在使用其他材料时，她曾制造出黑色的"烟囱"，以及一些绿色和橙色条纹相间的"烟囱"。其中一些"烟囱"形成了毛茸茸的羽状物，另一些则像小山一样拔地而起。当她将瓶子里的液体全部倒出来之后，她发现有些"烟囱"非常结实，自己就能立起来，而另一些"烟囱"则会像沙堆砌的城堡一样坍塌掉。

"每一个'烟囱'都有自己的方式。"巴格说。

建成自己的"烟囱"后，巴格就可以近距离地做实验了。她可以给它们装上电极，追踪它们产生的电流，这些电流在某些情况下甚至可以为一盏小的 LED 灯供电。在其中一项实验中，巴格和她的同事发现，随着一些"烟囱"的生长，其周围堆积的富含矿物质的沉积物中会形成蛋白质的构成要素——氨基酸。[19]

如果"土卫二"上存在生命，那么它们就需要有能量源。这种生命距离太阳近 10 亿英里，被困在厚厚的冰盖之下，所以无法依靠阳光。但巴格的研究结果提示，这种生命可能不需要光。它们或许可以从"土卫二"的海洋中获取能量，而海洋中存储的能量最初可能来自作用于"土卫二"的潮汐力。获取能量的途径包括化学反应中释放出的氢原子以及"烟囱"中产生的电流等。

"即便没有太阳，生命也可以生存，"巴格说，"这是件大事，因为如此一来，冰层覆盖的海洋就符合生命的生存条件了。"

我忽然发现，巴格使用"**生命**"这个词非常随意，而且也没有解释这个词的含义。"有没有一个'生命'的定义在指导你的工作？"我问道。

"没有，事实上我也尽量不接受，"巴格说，"将生命移出系统后，有机化学能做的事情真的令我非常惊讶，而且印象深刻。老实说，我不知道它还有多大潜力。"

巴格的回答让我想起了斯特凡纳·勒杜克（Stéphane Leduc），勒杜克是一名科学家，曾在20世纪初创造了令人眼花缭乱的"哲学树"。这些"哲学树"呈现出贝壳、蘑菇和花朵的样子。勒杜克认为，这些"哲学树"生长和自组织的方式不仅可以与生命进行类比，它们还捕捉到了生命的某种本质。他在1910年写道："由于我们无法找到区分生命和自然界其他现象的分界线，我们应该得出这样的结论：这条界线并不存在。"[20]

"土卫二"上有我们轻易就能认定为生命的东西，这种可能完全存在。2018年，维也纳大学的研究人员发现，一种生活在地球深海中的微生物可以进行某种特殊的新陈代谢，这种新陈代谢也许能让这种微生物在土星的卫星上生存下来。这些研究人员在实验室里打造了类似"土卫二"的海洋环境，并发现这种微生物可以在这样的环境下生长。[21] 但同时，"土卫二"上可能也存在一些今天的地球上没有的生命形式。

或许，那里没有微生物。或许，那里的"哲学树"正在构建丰富的化学物质，而且一年比一年复杂。这些物质可能包括能形成疏水薄层和囊泡的脂质、氨基酸链，以及类似RNA的长链。"土卫二"可能是达尔文"温暖的小池塘"的冰冻版本，缺乏拥有完整特征的生命，不然这些生命一定会"享用"这些化学物质。将这颗卫星的海洋称为"前生命汤"（prebiotic soup）不太合适，因为没人能展望未来并信誓旦旦地宣布一千年后的"土卫二"上会出现拥有完整特征的生命。目前，或许在未来，它可能徘徊在无法言说的边缘地带。[22]

"如果我们发现，比方说，一些细胞与我们在地球上观察到的那些细胞有相同的运行方式，那我会说：'是的，这就是生命。'"巴格告诉我，"如果你发现了许多看起来像生物的复杂有机物，但你不知道它们是怎么来的，那我会说：'这也许是生命，但我们还要再等等看。'如果你发现充满有机物的物理膜，那我会对此非常感兴趣，想了解更多。这中间有很多东西。了解宇宙中的生命可不仅仅是寻找生命。"

第 17 章

飞奔的液滴

在约翰·巴特勒·伯克一个多世纪前制造"放射凝聚生物"的地方以北 350 英里，正在进行一项类似的实验，但这项实验有些不同寻常。[1] 在克莱德河附近的格拉斯哥大学约瑟夫·布莱克大楼里，实验正在进行，但没有科学家站在实验室的工作台前熬制肉汤或提炼纯净的镭。实验是自动进行的。

这项实验的发起人是格拉斯哥大学的化学家李·克罗宁（Lee Cronin）。他和学生们建造了一个可以自行混合化学物质的机器人。不过，这个机器人并不会在实验室里走来走去。它的骨架是一个固定在桌子上的黑色框架。一个装满油的注射器被螺栓栓在黑色框架的一根横杆上。它可以沿着横杆滑动，然后悬停在培养皿的上方，向其中加入四滴蓝色液滴。注射器滑走后，这些液滴开始移动。

最初，它们彼此远离，急速滑向培养皿的边缘，之后便慢了下来，调转方向。它们折返回来，奔向其他液滴同伴。但它们并不会发生碰撞，也不会融合在一起。这些液滴会在最后一刻突然变向，继而四散开来。有时，它们仿佛是彼此的舞伴，绕着对方旋转；有时，它们又好似鱼缸里的一群鱼，排成某种队形，绕圈游弋。

1944 年，心理学家弗里茨·海德（Fritz Heider）和玛丽安·西梅尔（Marianne Simmel）制作了一部动画短片，制作材料是他们从一块纸板上剪下来的三角形和长方形。[2] 动画开始时，一个大三角形被困在一个四边形的方框里。海德和西梅尔一帧一帧地推动这些形状，让这个三角形在方框里四处移动，直到方框的一边被打开。之后，它从方框里出来，遇到了一个更小一点的三角形和一个圆形。

两位心理学家都在史密斯学院任教，他们让 34 名学生观看这部短片，并写下短片里发生了什么。其中一名学生将其描述为"一些几何图形围绕着一个框架移动"。而其他人写下的是这样的内容：

> 一个男人计划去见一个女孩，女孩是和另一个男人一起来的。第一个男人让第二个男人走开。第二个男人对第一个男人说了些什么，第一个男人摇了摇头。然后，这两个男人打了起来，女孩要进入房间躲避，她先是犹豫了一下，最后走了进去。

海德和西梅尔还要求另一组学生描述这些图形的个性，其中大部分人所选的措辞都差不多。大三角很霸道，小圆圈有些胆怯，而小三角爱挑衅。当两位心理学家倒放这部短片时，他们的学生描述的则是完全不同的故事和个性。

海德和西梅尔的这部短片提供了有力的证据，证明我们的大脑对生命的迹象非常敏感。当我们看到事物以复杂的方式运动时，我们就会把它们视作有生命的。然后我们会迅速解读它们的动作，弄清楚它们的意图。这个过程是在无意识的情况下发生的，所以我们甚至会认为自己只是看到了显而易见的东西。但也正因为这个过程是无意识的，所以我们只得为圆圈和三角形赋予生命，即便实际情况是两名心理学家正围着一块玻璃轻轻推动这些图形，拍摄一部业余短片。

克罗宁实验室里移动的液滴对大脑也能产生同样的影响。看上去，它们时而疾速飞奔，时而犹豫不决，时而善交际，时而爱孤独。

如果克罗宁转动控制磁场的旋钮，暗中引导这些液滴，出现的场景将更加不可思议。但克罗宁无法控制它们。他的机器人将四种简单的分子混合在一起，制备液滴。这些简单的分子包括辛酸——塑料的一种成分。还有一种分子是从菠萝中提取的，叫正戊醇。当克罗宁的机器人将这四种化学物质混合在一起并喷射到水中时，它们似乎有了生命，似乎变成了约翰·巴特勒·伯克想象他将镭扔进盛有牛肉汤的试管中时看到的东西。

这些蓝色液滴是生命边缘地带最奇怪的居民。科学家们可能会对病毒是否有生命争论不休，但至少病毒是由基因和蛋白质组成的。即便是含有少量 RNA 的脂质体，与我们人类在生物学方面也有一定联系。但克罗宁的液滴只是许多普通分子构成的小点。对于机器人在格拉斯哥实验室里创造出的这些东西，甚至很难找到贴切的措辞来描述。

与克罗宁谈论他的液滴时，我决定用"**生命样**"这个词来描述它们。克罗宁认为这是一种赞美。他说："在我看来，'生命样'先于生命。"

—

生物学以胜利的姿态迈进了 21 世纪。科学家们虽然尚未发现地外生命，但对我们自己星球上的居民已经相当了解。科学家们知道，基因被编码在 DNA 中，他们现在还能以低廉的成本快速对 DNA 测序。对他们来说，重建 10 万年前死亡的尼安德特人的基因组也不成问题。他们可以从一滴血中分离出一个细胞，分析并罗列出这个细胞中每一个活跃的基因。他们可以让大脑变得透明，在一个三维网络中追踪数千个神经元的网状连接。他们还可以找到藏于地下深处、以放射性物质为食的生命。然而，即便有这么多新的数据点，即便有这么多惊人的发现，在关于生命的确切定义这个问题上，人们并未达成共识。

病毒、线粒体和秀美花鳉等"生命的悖论"一直在阻碍我们取得进展。NASA 对生命的定义令人印象深刻，但当 NASA 自己的科学家努力想弄清楚"ALH84001"是否包含生命的遗迹时，这个定义也没能帮上什么忙。一些批评者指出，NASA 的定义不仅不切实际，而且具有误导性。它将生命可能存在的范围缩小了。[3]

例如，根据 NASA 的定义，生命必须能够进行达尔文式的演化。这是一种随时间的推移而发生的特殊变化。基因在代代相传的过程中被精确但不完美地复制时，这样的变化就会发生。拥有某些基因组合的个体在繁殖上会更具优势，自然选择有助于这些更合适的"版本"的扩散。随着时间的推移，自然选择会使许多突变的基因成为"适应版"的"新版"基因。

但我们能确定这就是发生演化的唯一情形吗？演化不会以其他某种方式在其他地方展开吗？[4] 比如，是否会有另一种生物学可能，容许后天获得的性状遗传——通常被称为拉马克演化（Lamarckian evolution）？如果遗传不仅可以发生在代际之间，也可以发生在同一代个体之间，那又会怎样呢？

科学家不满意于当下对生命的定义，因此提出了数百种新的定义。[5]

生命是催化聚合物的一种预期的集体自组织特性。[6]

生命是一个边界内的新陈代谢网络。

生命是由于有机化学系统复杂性增加而引起的辩证变化给该系统带来的一种新特性。这一新特性的特点是在一定时间内具有自我维持和自我保护的能力。

生命是由碳基聚合物组成的开放式非平衡完备系统的存在过程，这些系统能用聚合物组分作为原料，根据模板进行合成，以此为基础进行自我复制和演化。

生命是一个非平衡的自持化学系统，能够处理、转化和积累从环境中获得的信息。

水的动态有序区域的存在实现了细胞内外隐失光子的玻色子凝聚，这可以看作生命的定义。[7]

生命是一个单系演化分支，始于一个最后的共同祖先，包括其所有后代。[8]

还有一个定义说得很坦诚：

生命是科学机构（可能在一些合理的争论后）会接受其作为生命的存在。

"通常，"科学家弗朗西丝·韦斯托尔（Frances Westall）和安德烈·布拉克（André Brack）在 2018 年写道，"有多少人试图给生命下定义，生命就有多少种定义。"[9]

作为科学和科学家的观察者，我觉得这种行为很奇怪，就像天文学家不断提出新方法来为恒星下定义一样。微生物学家拉杜·波帕（Radu Popa）从 21 世纪初开始收集有关生命的定义，我问他对这种情况有什么看法。[10]

"对任何一门科学来说，这都是完全不可接受的，"他回答，"举例来说，一门科学中针对一件事可能有两到三种定义。但想想看，一门科学中最重要的对象却没有定义？这是绝不能接受的。如果你认为生命的定义与 DNA 有关，而我认为它与动态系统有关，那我们要怎么讨论呢？我们必然无法制造出人工生命，因为对于生命究竟是什么，我们压根儿就没达成一致意见。我们也无法在火星上找到生命，因为对于生命意味着什么，我们依然各持己见。"

一

当科学家们在定义的海洋中漂泊时，哲学家们奋力划桨，抛出了救生索。

一些哲学家试着平息争论，他们向科学家们保证，接受如此繁多的定义并不是什么大问题。他们主张，我们没必要专注于"生命唯一的真正定义"，因为当下的那些定义就足够好了。NASA 可以提出一种定义，帮助其建造最好的机器来搜寻其他行星和卫星上可能存在的生命。医生们可以采用另一种定义来绘制区分生与死的模糊边界。哲学家莱昂纳多·比奇（Leonardo Bich）和萨拉·格林（Sara Green）认为："这些定义的价值并不取决于共识，而在于它们对研究的影响。"[11]

其他哲学家则认为，这种操作主义（operationalism）的思维方式不过是一种不愿动脑筋思考的托词。给生命下定义确实很难，但也不能以此为借口不去尝试。"在实践中，操作主义有时可能无法避免，"哲学家凯利·史密斯（Kelly Smith）反驳说，"但它根本不能取代合理的生命定义。"

史密斯和其他反对操作主义的人抱怨说，这样的定义依赖于一群人达成的普遍共识。但对生命最重要的研究是在它的前沿领域，而在这一领域，达成一致意见是最难的。史密斯宣称："在没有明确目标的情况下进行的任何实验，最终都无法解决任何问题。"[12]

史密斯认为，最好的办法是继续寻找生命的定义，找到一个人人都能接受的定义，一个能在其他定义都失败的方面取得成功的定义。但俄罗斯裔的遗传学家爱德华·特里福诺夫（Edward Trifonov）想到了一种情况，那就是一个成功的定义或许已经存在了，只不过一直隐藏在过去所做的所有尝试中。

2011 年，特里福诺夫回顾分析了 123 种生命的定义。每种定义都不一样，但有些单词在许多定义中反复出现。特里福诺夫分析了这些定义的语言结构，并对它们进行了分类。在这些各不相同的定义中，特里福诺夫发现了一个隐藏的核心。他总结道，所有定义都认同的一点是：生命是**具有变化的自我增殖**。[13]NASA 的科学家们用很短的一句话给生命下了一个定义，现在，特里福诺夫让这个句子变得更短了。

他的这番努力并没有解决问题。我们所有人——包括科学家们——内心中都有一份个人清单，上面列出了我们认为哪些事物是有生命的，哪些没有。如果有人给出了一个生命的定义，我们就会查看自己的清单，看看它在哪里划定了这条线。一些科学家查看了特里福诺夫提炼的定义，他们并不喜欢这条线的位置。生物化学家乌韦·梅尔亨里希（Uwe Meierhenrich）指出："计算机病毒可以进行具有变化的自我增殖，但它们没有生命。"[14]

一些哲学家建议，我们需要更认真地思考如何为"**生命**"这样的词赋予意义。对此，我们首先要做的应该是思考我们要定义什么，而不是直接就构建定义。我们可以让它们自己发表意见。

这些哲学家沿袭了路德维希·维特根斯坦的观点。[15]维特根斯坦在 20 世纪 40 年代指出，日常语言中充斥着难以定义的概念。比如，你会如何回答"什么是**游戏**？"这个问题？

如果你想列出游戏的必要条件和充分条件来回答这个问题，可能行不通。一些游戏有赢家和输家，但还有一些游戏的结果是开放式的。有些游戏用代币，有些用纸牌，还有些用保龄球。在一些游戏中，玩家玩游戏是有报酬的，但还有些游戏的玩家是要花钱的，在某些情况下甚至还得负债。

然而，即便面对这么多混乱的情况，我们在谈论游戏时也从未因此遇到障碍。玩具店里到处都是出售的游戏，但你不会看到有哪个孩子困惑地盯着它们。维特根斯坦认为，游戏并不神秘，因为它们有一种"家族相似性"（family resemblance）。"如果你研究一下这些游戏，你会发现，它们其实没什么共同点，"他说，"但它们有相似性和关联，各种各样的相似性和关联。"

瑞典隆德大学（Lund University）的一组哲学家和科学家提出了一种假设，认为用维特根斯坦回答"什么是游戏？"这个问题的方式，或许能更好地回答"什么是生命？"。或许，他们不需要列出一份必备特征的清单，只需要找到"家族相似性"，就能将一些事物自然而然地划分出来，形成我们可以称为"生命"的范畴。

2019 年，这组研究人员开始对科学家以及其他学者展开问卷调查。他们列出了许多条目，包括人、鸡、秀美花鳉、细菌、病毒、雪花等等。在每个条目旁边，他们还给出了一组术语，都是人们在谈及生命体时经常使用的，例如秩序、DNA 和新陈代谢。

这项研究的参与者逐一勾选他们认为适用于每种物体的所有术语。比如，雪花有秩序，但它们没有新陈代谢；人类的红细胞有新陈代谢，但不含 DNA。

隆德大学的这些研究者采用了一种叫聚类分析的统计方法来分析结果，并根据"家族相似性"对这些物体进行分组。人与鸡、老鼠和青蛙分在了一组，换句话说，我们人类与有大脑的动物在一组。秀美花鳉也有大脑，但聚类分析将它们归入了一个单独的群组，与人所在的群组相距不远。秀美花鳉由于无法自己繁殖，所以和我们有一定的区别。在距离我们所在群组更远的地方，科学家们发现了一个由没有大脑的物体构成的群组，其中包括植物和非共生细菌。第三组则是由红细胞和其他无法独立生存的细胞样物体构成的群组。

距离我们最远的物体通常被视为非生命体。其中一个群组包括病毒和朊病毒，后者是变形的蛋白质，可以迫使其他蛋白质变成它们的形状。而另一个群组则包含雪花、黏土晶体和其他不能以生命样的方式进行复制的物体。

这些研究人员发现，他们可以顺利地将这些物体分为有生命和无生命两类，而且不会陷入对生命完美定义的争论中。他们提出，如果某种物体有许多与"活的"相关的特性，那么我们就可以认为其有生命。这种物体不一定要具备所有这些特性，甚至也不需要与其他任何生命体具有完全相同的特性。"家族相似性"就足够了。

—

一位哲学家采取了更加激进的立场。卡罗尔·克莱兰（Carol Cleland）认为，寻找生命的定义是没有意义的，哪怕只是找一个实用的定义来暂时顶替也没什么意义。她坚持认为，这实际上对科学不利，因为它阻碍了我们更深入地理解"活着"的含义是什么。克莱兰对这些定义如此鄙夷不屑，以至于她的许多哲学家同行也对她提出了异议。凯利·史密斯称，克莱兰的想法是"危险的"。

克莱兰并非原本就如此激进，这样的立场是慢慢发展而来的。最初进入加州大学圣芭芭拉分校时，她学的是物理。她后来在接受采访时说："我在实验室里总是笨手笨脚的，我的实验结果永远都不对。"之后，她从物理学转向地质学。由于这门学科的特点，她有时需要到野外从事研究工作，她倒是很喜欢这些地方，但她不喜欢在这个男性主导的领域中因为女性的身份而被孤立的那种感觉。大三时，她发现了哲学，很快就开始研究有关逻辑的深层问题。大学毕业后，她做了一年的软件工程师，然后去了布朗大学攻读哲学博士学位。

在研究生院，克莱兰研究了一些涉及时间和空间以及因果关系方面的问题。[16] 以下是她在那个时期的一些想法：

二元关系 R 依随可确定的非关系属性 P，当且仅当：

1. $\square$ $(\forall x, y)$ ~$\diamond$[R(x,y)，并且不存在可确定类型 P 的确定属性 P_i 和 P_j，使得 $P_i(x)$ 和 $P_j(y)$]；

2. □ $(\forall x, y)\{R(x, y) \supset$ 存在可确定类型 P 的确定属性 P_i 和 P_j，使得 $P_i(x)$ 和 $P_j(y)$ 以及 □ $(\forall x, y)[(P_i(x)$ 和 $P_j(y))\supset R(x, y)]\}$。

在完成研究生学业后，克莱兰改变了研究方向，转向了那些在晚餐聚会上更容易谈论的主题。她在斯坦福大学工作了一段时间，研究计算机程序的逻辑问题。[17]之后，她成为科罗拉多大学的助理教授，此后便一直留在那里。

在科罗拉多大学博尔德分校工作期间，克莱兰开始关注科学的本质。她很好奇，为什么有的科学家——比如物理学家——可以反复做实验，而有的科学家——比如地质学家——却无法重现数百万年的历史。就在她思考这些差异的时候，她了解到南极洲的一块火星岩石本身就构成了一个哲学难题。

围绕"ALH84001"展开了许多争论，但这些争论主要涉及的问题其实是开展科学研究的正确方式，而非这块岩石本身。一些研究人员认为，NASA 团队在研究这块陨石方面做的工作值得赞赏，但也有一些人认为，从他们的发现中得出陨石可能含有化石的结论很荒谬。克莱兰的同事、科罗拉多大学的行星科学家布鲁斯·贾科斯基（Bruce Jakosky）决定组织一次公开讨论，双方可以发表自己的观点。但贾科斯基意识到，对"ALH84001"做出评判所需要的不仅仅是开展一些实验测量磁性矿物，还需要我们思考如何做出科学评判。他邀请了克莱兰参加这次活动，从哲学的角度谈一谈"ALH84001"。

一开始，克莱兰只是为这次讨论活动做一下快速的准备。但后来，准备工作却演变成了对地外生命相关哲学问题的深入探究。克莱兰得出的结论是，围绕"ALH84001"的争论源于实验科学和历史科学之间的分歧。批评者们犯了一个错误，他们将陨石研究当作了实验科学。期望麦凯的团队重演历史是荒谬的。他们不可能用 40 亿年的时间将火星上的微生物变成化石，然后再看看它们是否与

"ALH84001"一致。他们也不可能把 1 000 颗小行星投向 1 000 个火星，然后看看会有什么东西出现在我们面前。

在把 NASA 的研究与那些最好地阐释了相关证据的解释做了对比后，克莱兰总结说，NASA 团队所做的历史科学研究很出色。1997年，她在《行星报告》(Planetary Report) 杂志上发表的一篇文章中写道："火星生命假说是对火星陨石结构和化学特征最好的解释之一。"[18]

克莱兰在陨石方面的研究给贾科斯基留下了深刻的印象，他于1998 年邀请克莱兰加入 NASA 新成立的天体生物学研究所的一个团队。在随后的几年里，克莱兰提出了一个哲学论点，说明了天体生物学应该是一门什么样的科学。在天体生物学的框架下可以开展多种科学研究，克莱兰跟随从事这些研究的科学家了解他们的工作，最终形成了自己的想法。她与一名古生物学家在澳大利亚内陆地区四处考察，为了解巨型哺乳动物在 4 万年前因何灭绝寻找线索。她还去了西班牙，了解遗传学家如何对 DNA 进行测序。此外，她还参加了许多科学会议，倾听各种声音。她曾告诉我："我觉得自己就像是一个来到糖果店的孩子。"

跟随这些科学家了解他们的研究工作确实收获颇丰，但有时，他们也会触发克莱兰的哲学警报。"每个人在工作时都有一个关于生命的定义。"她回忆道。NASA 的定义在当时仅有几年的历史，但特别受欢迎。

身为哲学家的克莱兰认识到，这些科学家正在犯错误。他们的错误与确定性属性或其他仅有少数逻辑学家才能理解的一些哲学观点无关。这是一个根本性的错误，阻碍了科学本身的发展。克莱兰在一篇论文中阐述了这个错误的本质。2001 年，她前往华盛顿，在美国科学促进会的一次会议上介绍了自己的观点。她告诉与会的听众——大部分都是科学家——试图寻找生命的定义是没有意义的。

"一石激起千层浪，"克莱兰回忆起当时的情形，"所有人都在对我大喊大叫。这真的很令人吃惊。每个人都有自己钟情的定义，都想将其公之于众。但在会场上，我告诉他们，寻找生命定义的整项工作毫无价值。"

幸运的是，在听过克莱兰演讲的人中，有一部分人认为她说的有道理。她开始与天体生物学家合作，研究她的想法可能会产生什么影响。二十年间，她发表了一系列论文，最终出版了一本书，名为《对普遍生命理论的探索》(*The Quest for a Universal Theory of Life*)。[19]

科学家们在定义生命时遇到了麻烦，但这个麻烦与体内稳态或者演化等生命特征的细节无关，而是与定义本身的性质有关——科学家们很少会停下来考虑这一点。"定义，"克莱兰写道，"不是回答'什么是生命？'这个科学问题的适用工具。"[20]

定义的作用是组织我们的概念。比如，单身汉的定义就很简单：未婚男性。如果你是男性，而且未婚，那么按照定义，你就是单身汉。身为男性并不足以让你成为单身汉，未婚也是如此。至于"身为男性"的意思是什么，这就复杂了。婚姻本身也有其复杂性。但我们完全可以给"单身汉"下定义，而且无须在这些混乱的问题上纠缠不清。这个词只是以一种精确的方式将这些概念联系在一起。由于定义发挥作用的范围很窄，所以我们无法通过科学研究对它们进行修正。就算我们将单身汉定义为未婚男性是错的，我们也根本发现不了。

但生命不一样。给生命下定义时，简单地将概念联系在一起是行不通的。因此，设法列出一长串特征来构建生命的真正定义，这种努力完全是徒劳的。"我们想知道的不是'**生命**'这个词对我们意味着什么，"克莱兰说，"而是生命究竟**是**什么。"克莱兰认为，要想实现这个愿望，我们就需要放弃对定义的追求。

在现代化学诞生之前，炼金术士曾尝试给水下定义，他们采取的方式与许多生物学家定义生命的方式一样：将水的所有特性列出来。

水是一种液体，水是透明的，水是能分解其他物质的溶剂等等。然而，这一定义非但没有揭开水的神秘面纱，反而给炼金术士们带来了更多麻烦，因为他们发现，并非所有的水都是一样的。有些种类的水可以溶解不同的物质，而其他种类的水则无法做到这一点。因此，炼金术士们给这些水取了不同的名字。但当他们观察到水结冰或沸腾时，他们的定义又带来了更多的麻烦。冰和水蒸气并不具有液态水的特性。炼金术士们不得不宣布，它们是完全不同的物质。

炼金术士们深陷困境之中，甚至列奥纳多·达·芬奇也对此感到困惑：

> 因此，[水]有时是尖锐的，有时是强力的，有时是酸的，有时是苦的，有时是甜的，有时是浓的或稀的，有时被认为带来了伤害或瘟疫，有时是有益健康的，有时是有毒的。因此，有人会说，它会发生许多性质上的变化，这些变化与它流经的不同地方一样多。就像镜子随着物体的颜色而变化一样，水也随着它流经的地方的性质而变化：有益健康的、令人讨厌的、通便的、收敛的、含硫的、含盐的、肉色的、哀伤的、狂暴的、愤怒的、红色的、黄色的、绿色的、黑色的、蓝色的、油腻的、胖的、瘦的。[21]

即便给水精心设计一个新定义，达·芬奇也无法摆脱无知的泥淖。这个困难并不是定义造成的，而在于其他方面：达·芬奇等文艺复兴时期的人都对化学知之甚少。

直到三个世纪后，才出现了成熟的化学理论。这一理论认为，宇宙是由多种元素的原子构成的，这些原子可以结合在一起，形成各种分子。水曾经被认为是一种元素，但人们最终发现，水是由水分子组成的，而水分子含有两种原子：两个氢原子和一个氧原子。湖中的液态水是由这些分子构成的，冰块或蒸汽云中的水同样也是由这些分子构成的。化学家们还发现，强水和王水根本就不是水，因为它们是由不同的分子构成的。

但 H_2O 也不是水的定义，因为单个 H_2O 分子无法做到水能做的事情。例如，在水结冰时，许多 H_2O 分子会自发地被"锁入"晶格中，因此体积会膨胀。"讨论'水是 H_2O'并不会告诉你这一点。"克莱兰说。但了解 H_2O 为进一步认识水的性质创造了机会。

克莱兰认为，在涉及生命时，我们都还是炼金术士。我们凭直觉来判断哪些是生命，哪些不是，并恣意列出它们的共同特征。我们用定义来掩盖我们的无知，而这些定义永远都无法说明我们试图了解的存在。克莱兰认为，科学家们目前的最佳选择是努力构建一种解释生命的理论。

我遇到的许多科学家都认同克莱兰的这个观点。虽然他们还没有构建出解释生命的理论，但他们相信，这样的理论总有一天会出现，不过目前只能猜测它会是什么样子。这就好像他们在解读这个理论从未来向我们投回的影子。在与一名生物物理学家谈及此事时，我曾请他描述一下这个理论会是什么样子。他回答说："这就是生命原本的样子。"

——

理论是不会突然出现的。只有当科学家们对这个世界进行大量枯燥烦琐的测量之后，它们才会出现。为了确定包括水在内的许多化合物的构成比例，现代化学的开创者们进行了无数实验。最终，他们发现，这些比例相当简单，都由整数构成。水是由两份氢和一份氧构成的。甲烷是由四份氢和一份碳构成的。通过这种精心计算，人们深刻地认识到，这些化合物都是由原子构成的分子组成的。

今天，一些科学家认为，只有对生命体进行严格测量，才能形成生命的理论。他们正致力于发明一些工具，用于测量基因开启和关闭的精确时间、细胞的生长速度，以及生命体感知世界与决定下一步如何行动之间的联系。这些精确的测量揭示出的模式或许会让科学家们提出一个完备的理论，但这可能需要几十年的时间才能实现。

其他科学家则没有这么耐心，他们已经根据科学界现有的发现提出了解释生命的理论。[22] 这些科学家认为，即便是一个完备理论的简单雏形可能也是有用的，哪怕只是让科学家们了解需要测量什么才能构建出更好的理论。

20世纪中期，最早的生命理论初具雏形，当时的分子生物学家刚发现DNA和蛋白质遵循的一部分基本法则。起初，只有少数几名科学家敢于创建理论，并且通常都是在默默无闻地做着这项工作。在某种程度上，这种默默无闻其实是他们自己造成的。他们发明了个性化的语言来进行全面深入的思考，但却并没有花太多精力帮助其他人理解由此得出的观点。其中的两位理论家罗伯特·罗森（Robert Rosen）和弗朗西斯科·瓦雷拉（Francisco Varela）据称曾在一次科学会议上相遇，但却完全与对方无法交流。[23]

尽管彼此不理解，但生命理论家们的工作方式却大同小异。他们将自己对生命的看法压缩成简短的描述，解释那些在生命体中观察到的模式。[24] 为了做到这一点，他们需要把目光投向更远的地方，越过蟒蛇和黏菌创造的奇迹和留下的谜题，看到生命体赖以生存的必要条件。[25] 打个比方说，他们就像是第一次看到飞机的物理学家。如果他们想弄清楚飞机是如何飞行的，那么研究现代的大型客机完全就是在浪费时间。各种显示屏、呼叫按钮和餐车会让他们眼花缭乱。要想了解对飞行本身很重要的东西，他们最好的选择是去北卡罗来纳州的小鹰镇（Kitty Hawk），研究用白蜡树和云杉木制作机翼的莱特飞行器（*Wright Flyer*）。①

---

① 1903年12月17日，莱特兄弟在小鹰镇附近驾驶莱特飞行器进行了人类历史上首次可控动力飞行试验。美国海军的"小鹰号"以及"小鹰"级航母也是以小鹰镇命名。——译者注

20 世纪 60 年代，一位名叫斯图尔特·考夫曼（Stuart Kauffman）的医学院学生加入了这个团体。[26] 当时，生物学家们正在努力揭示基因与蛋白质之间的一些深层联系，这些联系为生命的存在创造了条件。这些生物学家发现，某些基因只有在某种蛋白质结合到基因附近的 DNA 上时才会变得活跃。他们还发现了使新陈代谢成为可能的反应链的部分环节。特定物种的特定蛋白有着复杂的特征，考夫曼想知道的是，在这些令人眼花缭乱的特征中是否蕴藏着某些基本原理。

考夫曼为细胞创建了一种代数，他利用这种代数在计算机上构建了假想的基因和蛋白质。在一次实验中，他试着建立一种简单的新陈代谢系统。他创造了两种作为食物的分子 A 和 B。一个 A 和一个 B 有一定的概率会结合在一起，形成一个更大的分子 AB。而 AB 又有一定的概率与另一个分子结合，形成一个更大的分子。比如，增加一个 B，制造出 ABB；或者两个 AB 结合在一起，制造出 ABAB。考夫曼编写的这个新陈代谢系统不仅可以构建更大的分子，还会将一些较大的分子重新分解成碎片。

考夫曼用各种规则来构建和分解分子，并通过这种方式对许多网络做了测试。其中大部分网络都表现平平。它们只是利用考夫曼投喂的 A 和 B 来制造小分子，从未制造出大分子。但偶尔，他也会在其中发现某个网络似乎有了生命。考夫曼察觉到，在这些网络中，少数几个分子可能会越变越多。一旦这几个分子变得比较常见，只要考夫曼继续为这个网络投喂分子，它们的数量就会一直保持这种水平。

考夫曼发现，这些取得成功的分子已经合作形成了环状的化学反应链：一个分子会促进另一个分子数量的增长，第二个分子又会促进第三个分子数量的增长，以此类推，直到环中的最后一个分子，而这个分子又会促进第一个分子数量的增长。每个分子的数量都越来越多，在自持的循环中为产生自己的伙伴出一份力。

考夫曼将这些网络命名为自催化集（autocatalytic set）。这个名字涉及催化剂——任何一种可以加快另两种物质之间化学反应速率的物质。酶只是诸多催化剂中的一种，某些金属也是催化剂。例如，在汽车中，铂就作为一种催化剂来分解催化转化器中的废气。石油是海底深处催化剂的产物。[27] 考夫曼认为，自催化集不同于普通的催化剂，因为它们相互催化。

尽管考夫曼是在计算机上发现自催化集的，但他确信，它们捕捉到了生命的某种本质。他主张，生命体依靠真正的分子网络来维持自己的生命。[28] 信奉活力论的人认为，是活力为无生命的物质赋予了生命，但基于自催化集的生命理论不需要这种神秘力量。当考夫曼建立随机网络时，自催化集在其中自发地形成了。

到 20 世纪 80 年代时，一些科学家接受了考夫曼关于自催化集的观点。事实证明，他的理论对于思考生命非常有指导意义。然而，科学家们只能在计算机上观察到自催化集如何运行，也就是说，他们观察到的这些网络吃的都是数字食物。但最终，化学家们利用真正的分子——而不是 1 和 0——成功制造出了自催化集。其中最复杂的一个自催化集是由斯克利普斯研究所（Scripps Research Institute）的化学家列扎·加迪里（Reza Ghadiri）制造的。[29] 加迪里和同事使用了一种叫肽（peptide）的短氨基酸链。他们设计了一组肽，这些肽可以把一些肽的片段排列好，然后连接在一起。在把几十种不同的肽和肽段混合到一起后，这些科学家便不再插手，让它们自行结合。之后，一个自催化集就这样自发地出现了。这个自催化集由 9 种肽构成，可以利用肽段构建彼此，扩增数百万倍。

事实证明，自催化集并非只是数学上的梦想。但这也并不意味着它们在自然界中很常见。混合在一起的化学物质更有可能只是达到一种平衡，几乎不会在其他方面有所作为。"为什么自催化集很少会出现？"这个问题尚无定论。或许，只有当提供的分子的比例恰到好处时，它们才会出现。如果比例不合适，它们可能无法构建足够的新分子来继续进行正确的反应。还有一种可能的情况是，自催化集之所以很罕见，是因为这个系统很容易崩溃。只有当自催化集拥有弹性的结构时——也许是环中环——它们才能在成分不足的艰难时期经受住考验。

科学家们首先需要解决诸如此类的问题，自催化集才有可能成为成熟生命理论的一部分。而这样一个成熟的生命理论也许能解释生命是如何实现自持的，甚至可能揭示出生命最初是如何出现的。[30]2019年，斯图尔特·考夫曼和他的两位同事仔细研究了大卫·迪默提出的生命起源的场景，也就是生命起源于逐渐干涸的水塘中基于 RNA 的"原细胞"。他们对在这样一个水塘中可能形成的 RNA 分子的种类做了粗略的估算。考夫曼和同事得出的结论是，单个水塘中可能就足以产生一个 RNA 分子的自催化集。一旦这种自持的化学反应开始进行，最终就可能演化出生命。[31]换句话说，早在生命出现之前，自催化集可能就已经存在了。

——

生命体很特别，但也并不是宇宙中唯一特别的东西。1911 年，荷兰物理学家海克·卡末林·昂内斯（Heike Kamerlingh Onnes）发现，汞丝在冷却到接近绝对零度时会变得非常特别。[32]常温下，电流在流经金属丝时会损失一部分能量——这种特性被称为电阻。当昂内斯将他的汞丝浸入液氦中冷却时，汞丝的电阻逐渐减小。当温度降到 $-233.33℃$（$-452℉$）时，电阻突然彻底消失了。如果他用汞丝制造一个金属环，电流可以在其中无限循环，而且不会有任何损失。

"汞进入了一种全新的状态，"昂内斯宣称，"考虑到其非凡的电学性质，这种状态可以被称为超导态。"①

---

① 昂内斯也因为发现超导现象获 1913 年的诺贝尔物理学奖。——译者注

昂内斯后来还发现，锡和铅等金属在接近绝对零度时也可以进入这种全新的状态，而且某些金属的混合物在相对更高的温度下也能具有超导性。物理学家们开始寻找各种形式的超导性，渴望能找到材料来开发各种全新的技术。但几十年来，他们的研究仍然停留在反复试验阶段，几乎没什么进展。普通物理学似乎无法解释这一点，也无法说明为什么有些物质具有超导性，而另一些却没有。

阿尔伯特·爱因斯坦曾试图用一个简明的理论来巧妙地解释超导性，但最终这个理论被证明是错的。[33] 尼尔斯·玻尔和理查德·费曼等 20 世纪物理学的杰出人物也都做过这样的尝试。最终，在 20 世纪 50 年代，约翰·巴丁（John Bardeen）、里昂·库珀（Leon Cooper）和罗伯特·施里弗（Robert Schrieffer）提出了一个理论，让无意义的事情有了意义。[①] 电子的无序跳跃产生了电阻，从而使电流的能量四散开来。巴丁、库珀和施里弗主张，超导材料中的一些电子形成了沿着同一路径移动的电子对。它们的秩序抵消了导电金属中的混乱，清除了电流的所有阻力。这一新的超导理论解释了为什么有些金属能进入特殊的状态而另一些则不能，并促进了这种特殊的物质状态进一步走进我们的日常生活，比如，用于建造超导磁悬浮列车，以及被用在可能成为新一代计算机大脑的微处理器中。

生命理论最终可能会很像超导理论。它可能会将生命解释为一种特定的物质形态，而这种物质形态从宇宙物理学中获得了一种特殊的性质。李·克罗宁一直在与亚利桑那州立大学的物理学家凯特·阿达玛拉和萨拉·沃克（Sara Walker）合作，致力于将生命解释为一种将事物组合在一起的特殊方式。他们称之为"组装理论"（assembly theory）。

你可以把宇宙的历史看作 137 亿年的事物组合在一起。宇宙大爆

---

① 巴丁、库珀和施里弗因为这一理论获得了 1972 年的诺贝尔物理学奖。作者此处使用的施里弗的姓名有误，应该是约翰·施里弗（John Robert Schrieffer）。——译者注

　　　　　　　　　　　　　　　　　　　　　　生命的边界

炸之后，亚原子粒子形成了氢原子，而氢原子又结合在一起，形成了氦原子。恒星由氢和氦组成，在其星体"锻造"的过程中，也会有新的元素形成。原子聚合成分子，分子又聚集成颗粒。行星和卫星就是这些物质形成的。在地球上，天空中飘起了雪花。在地下，矿物质也开始形成。

生命一旦出现，就会开始创造自己的东西。生命体开始制造糖、蛋白质和细胞。它们长出了长牙和花朵。动物们建造了蜂巢、海狸小屋、双体独木舟和太空探测器。克罗宁、阿达玛拉和沃克与同事们合作，想要以客观的方式比较事物是如何组装而成的，无论其中是否涉及生命。事物的组装是循序渐进的。从原子形成一个简单的分子可能只需要一个步骤。但如果要添加额外的原子或将两个分子连接在一起，就需要更多步。克罗宁和同事想出了一种方法，可以估算出制造一个分子需要多少步：将其粉碎。我们可以把分子想象成可以随意拆解的乐高积木模型。如果有人给你100个仅由两块乐高积木拼搭成的模型，你只能一遍又一遍地把它们拆分成同样的两块积木。但现在想象一下，有人给了你一座乐高霍格沃茨城堡模型，城堡有角楼、扶壁和拱门。这个模型可以被拆分成许多不同的组块。克罗宁和同事发现，通过研究一个分子可以被拆分成多少个组块，可以确定这个分子最初构建时需要多少步。

克罗宁和同事开展了一项研究调查，将100多种不同的材料进行粉碎和拆解。他们粉碎了石英和石灰石，还分解了紫杉醇，后者是一种由紫杉树制造的分子，被证明有很强的抗癌效果。他们按照斯坦利·米勒的配方制成了"前生命汤"，然后将其分子进行分解。此外，他们还分解了啤酒和花岗岩。

这些研究者发现，所有并非由生命体制造的材料的组装步骤均少于15步。[34] 他们甚至还用了一小块默奇森陨石做实验。虽然陨石中含有大量的脂质、氨基酸等生命的构成要素，但也没发现任何需要 15 个步骤才能制造出的分子。克罗宁告诉我："虽然其中有很多分子，但都很无聊。"

相比之下，生命体并不无聊。尽管它们会组装出一些简单的分子，但也会制造出一些极其复杂的分子，其中一些的组装步骤远远超过 15 步。

"组装理论"可能已经在生命的边缘地带划定了一条分界线。对于一种至少需要 15 步才能组装成的材料，普通化学恐怕无能为力。只要时间充裕，任何一种反应都可能发生。但一系列特定的反应按照正确的顺序发生（并按照这样的顺序反复发生）的可能性微乎其微。而另一方面，生命是一种物质状态，可以自发地制造出具有许多组装步骤的东西。

阿达玛拉、克罗宁和沃克提出，生命之所以能做到这一点，原因在于信息在其中的特殊流动方式。[35] 在生命体中，信息能够控制物质。基因和其他分子结构可以存储信息，并在复制这些信息后将其传给下一代，然后通过蛋白质网络引导这些信息完成更精确的任务，比如通过很多步组装出某些分子。

"组装理论"也许能提供一种新方法，帮助科学家在其他行星上寻找生命。如果那些围绕其他恒星运行的行星上存在生命，科学家甚至无须造访就可以探测到这些星球上的生命。天文学家可以用望远镜扫描系外行星的大气层，寻找其中的分子。如果天文学家探测到的分子需要较多的组装步骤，他们就可以确定，这样的分子不是通过随机的化学反应形成的。因为只有在信息的引导下，才会产生这样的分子。

但克罗宁不必等待价值 10 亿美元的探测器到达太阳系的另一边，也无须期盼新的太空望远镜进入地球的同步轨道。"我现在就可以去我的实验室寻找生命，"他说，"不用考虑生命是否像火焰，也不用关心生命是否有新陈代谢。观察的对象所具有的特征是否足以表明它不可能是随机形成的？它是否大量存在？如果是，那么它就是生命。如果不是，你就无法判断它是不是生命。”

　　克罗宁选择液滴作为制造生命的原材料。与大卫·迪默的脂质体相比，它们甚至更简单——只是一些油滴。这些油滴很难与水分子融合，所以它们都聚集在一起。如果将其他化学物质混入其中，这些液滴就会做出一些有意思的事情。例如，乙醇既会被油分子吸引，也会被水分子吸引。当克罗宁将乙醇混入液滴后，乙醇会慢慢渗出来。每个乙醇分子在离开时，都会轻轻推动液滴朝相反的方向移动。如果渗出的乙醇量达到一定程度，液滴就会像在游泳一样。加入不同的化学物质会让液滴有不同的表现。哪怕只是对配方稍加改动，液滴都可能表现出令人出乎意料的行为。

　　为了探索无尽的可能性，克罗宁意识到，他和他的团队不能仅靠自己动手来做实验。他们必须制造出一个机器人来执行这项任务。克罗宁把这个机器人称为"液滴工厂"（DropFactory）。之后，"液滴工厂"开始投入使用，连续做了数千次实验。为了制造出能够快速移动的液滴，"液滴工厂"首先将四种油混合在一起并将液滴倒入培养皿中，然后将这些培养皿移到摄像机镜头下进行拍摄，之后清洗培养皿，再以新的组合方式将油混合在一起。一些配方生成的液滴完全不会动，而另一些则会快速移动。"液滴工厂"利用这些结果建立了一个模型，分析液滴中的各种化学成分，并随着实验的进行不断更新。在这个由机器人执行的演化过程的末期，液滴快速移动着，就像可以自由奔跑的小狗一样。

　　通过学习，"液滴工厂"还能制造出会做其他事情的液滴。它给出了一种能让液滴摇晃的配方。看着摇晃的液滴，就像发生了地震一样，格拉斯哥就位于震中。在另一项实验中，液滴还可以一分为二，产生了一窝小后代。通过编程，克罗宁的团队还让机器人有了"好奇心"。这样一来，如果有液滴表现出奇怪的新行为，机器人就会注意到，并对其加以强化。例如，"液滴工厂"发现了一种奇特的液滴配方，在室温下，这些液滴会缓慢地移动，但只要气温上升几度，它们就会开始四处飞奔。

这些似乎有生命的液滴，这些快速移动的活性物质的小点，并不是生命。但它们可能是制造生命的预演。克罗宁计划在这些液滴中加入更多种类的化学物质——糖、黄铁矿和硅酸盐，在他的实验室里，另一个机器人正忙着通过一轮又一轮的化学反应自己制造这些化学物质。

克罗宁希望他的机器人最终制造出的液滴不仅有极为复杂的行为，而且还能通过复杂的化学反应制造新的化合物。在这种前生命演化（prebiotic evolution）中，那些可以存储信息，并在液滴一分为二时将其传递下去的化学物质或许会更有竞争优势。克罗宁希望这些液滴能模仿考夫曼的自催化集，合作进行复杂的化学反应——那些单靠一滴液滴无法进行的化学反应。

"组装理论"也许能让克罗宁和他的同事理解液滴中的这些变化。如果这些液滴开始组装只有在信息引导下才能产生的化学物质，那么科学家们就可以直接宣布，这些液滴是有生命的。假如最终证明，这些为液滴赋予生命的化学物质与我们所了解的生命毫无关联，也就是说，与基于 DNA 甚至 RNA 的生命没有任何关系，克罗宁也不会感到惊讶。"这就像是在说重力只会作用于**这种**岩石。"他说。

克罗宁很清楚，对于机器人能否用简单的化学物质创造出生命这件事，不少科学家都持怀疑态度。没错，一个星球肯定要花很长的时间才能完成这项工作。但克罗宁认为，这个结论肯定有什么问题。原始分子非常不稳定，不可能就那么无所事事地待上很久。如果生命要形成，就必定要快速形成。

"我们粗略地计算了一下，这个时间大概是一万小时，"克罗宁说，"我非常肯定，我们将在未来几年内解决生命起源的问题。但到

272   生命的边界

了那时，大家都会说：'哦，这太容易了。'"

　　克罗宁充满了自信，很真诚但又有点奇怪，所以我已经开始计划十年后再去格拉斯哥参观他的实验室了，要么是欣赏他那一群活的液滴，要么是见证"放射凝聚生物"再次战胜一名科学家。

　　"我要么疯了，"克罗宁说，"要么完全正确。"

注　释

前　言　边缘地带

1. Cavendish Library 1910; Thomson 1906.
2. 引自 the *Guardian* 1905，p. 6。
3. 传记的详细内容摘自 "Mr. J. B.Butler Burke" 1946；Burke 1906；Burke 1931a；Burke 1931b；Campos 2006；Campos 2007；Campos 2015；"A Filipino Scientist" 1906。
4. 引自 Burke（无日期）。
5. 同上。
6. 引自 Badash 1978，p. 146。
7. 引自 Burke 1903，p. 130。
8. 引自 Burke 1905b，p. 398。
9. 引自 Burke 1906，p. 51。
10. Satterly 1939.
11. Burke 1905a.
12. 引自 "The Origin of Life" 1905，p. 3。
13. Hale 1905.
14. 引自 "The Cambridge Radiobes" 1905，p. 11。
15. 引自 "City Chatter" 1905，p. 3。
16. 引自 Campbell 1906，p. 89。
17. 引自 "A Clue to the Beginning of Life on the Earth" 1905，p. 6813。
18. Burke 1906.
19. 出处同上，p. 345。
20. 引自 Campos 2006，p. 84。
21. 引自 Douglas Rudge 1906，p. 380。
22. 引自 Campbell 1906，p. 98。

23. Satterly 1939.
24. 引自 Burke（无日期）。
25. 引自 Campos 2015，p. 96。
26. 同上。
27. Cornish-Bowden and Cárdenas 2020.

第一部分　生死之间

第 1 章　生命的起点

1. Herbst and Johnstone 1937.
2. 我在本章中讨论的研究内容参见：Marchetto et al. 2010；Cugola et al. 2016；Mesci et al. 2018；Setia and Muotri 2019；Trujillo et al. 2019。
3. Stiles and Jernigan 2010.
4. Lancaster et al. 2013.
5. 引自 Haldane 1947，p. 58。
6. Berrio and Luque 1995; Berrio and Luque 1999; Dieguez 2018; Cipriani et al. 2019.
7. 引自 Debruyne et al. 2009，p. 197。
8. Debruyne et al. 2009.
9. Huber and Agorastos 2012.
10. Chatterjee and Mitra 2015.
11. Rosa-Salva, Mayer, and Vallortigara 2015.
12. Caramazza and Shelton 1998.
13. Fox and McDaniel 1982.
14. Moss, Tyler, and Jennings 1997.
15. Bains 2014; Di Giorgio et al. 2017.
16. 引自 Nairne, VanArsdall, and Cogdill 2017，p. 22。
17. Anderson 2018; Gonçalves and Carvalho 2019.
18. Vallortigara and Regolin 2006.
19. Connolly et al. 2016.
20. Neaves 2017.
21. Gottlieb 2004.
22. 引自 Noonan Jr. 1967，p.104。
23. 引自 Blackstone 1765，p. 88。
24. 引自 Peabody 1882，p. 4。
25. Manninen 2012.
26. 引自 Berrien 2017。

27. 引自 Lederberg 1967，p. A13。

28. Rochlin et al. 2010; Aguilar et al. 2013.

29. 引自 Lee and George 2001。

30. Peters Jr. 2006.

31. Vastenhouw, Cao, and Lipshitz 2019; Navarro-Costa and Martinho 2020.

32. Devolder and Harris 2007; Rankin 2013.

33. Maienschein 2014.

34. Giakoumelou et al. 2016; El Hachem et al. 2017; Vázquez-Diez and FitzHarris 2018.

35. Jarvis 2016a; Jarvis 2016b.

36. Simkulet 2017; Nobis and Grob 2019.

37. Blackshaw and Rodger 2019.

38. Haas, Hathaway and Ramsey 2019.

39. 引自 WFSA Staff 2019。

40. Ball 2019.

41. Koch 2019a.

42. Hostiuc et al. 2019.

43. 引自 Koch 2019b。

第 2 章　抗拒死亡

1. Dyson 1978.

2. 引自 "Oriental Memoirs" 1814，p. 577。

3. Forbes 1813, p. 333.

4. Wakefield 1816; Gulliver 1873.

5. 引自 Darwin 1871，p. 48。

6. Van Lawick-Goodall 1968; Van Lawick-Goodall 1971.

7. Gonçalves and Biro 2018; Gonçalves and Carvalho 2019.

8. Samartzidou et al. 2003; Hussain et al. 2013; Crippen, Benbow and Pechal 2015.

9. Gonçalves and Carvalho 2019.

10. Hovers and Belfer-Cohen 2013; Pettitt 2018.

11. Bond 1980; Simpson 2018.

12. 引自 Ackerknecht 1968，p. 19。

13. Bichat 1815; Haigh 1984; Sutton 1984.

14. 引自 Bichat 1815，p. 21。

15. 我对列文虎克和尼达姆的描述出自 Keilin 1959 和 Clegg 2001。

16. 引自 Baker 1764，p. 254。

17. Yashina et al. 2012.

18. 引自 Cannone et al. 2017，p. 1。

19. 引自 Oberhaus 2019。

20. Bondeson 2001.

21. 出处同上，p. 109。

22. Slutsky 2015.

23. Vitturi and Sanvito 2019.

24. 引自 Goulon, Babinet, and Simon 1983，p. 765。

25. Mollaret and Goulon 1959.

26. Wijdicks 2003.

27. 出处同上，p. 971。

28. 同上，p. 972。

29. Machado 2005.

30. Beecher 1968.

31. Bernat 2019.

32. Reinhold 1968.

33. 引自 Sweet 1978，p. 410。

34. 引自 President's Commission for the Study of Ethical Problems in Medicine and Biomedical and Behavioral Research 1981。

35. 引自 Aviv 2018。

36. 引自 Szabo 2014。

37. 引自 Shewmon 2018，p. S76。

38. 引自 Truog 2018，p. S73。

39. Nair-Collins, Northrup, and Olcese 2016.

40. Nair-Collins 2018.

41. Bernat, Culver, and Gert 1981.

42. 引自 Bernat and Ave 2019，p. 636。

43. 引自 Huang and Bernat 2019，p. 722。

44. Dolan 2018.

45. 引自 Ruggiero 2018。

第二部分　生命的特征

第 3 章　晚　餐

1. 关于蛇新陈代谢的内容参见：Diamond 1994；Secor, Stein and Diamond 1994；Secor and Diamond 1995；Secor and Diamond 1998；Andrew et al. 2015；Larsen 2016；Andrew et al. 2017；Engber 2017；Perry et al. 2019。

2. Boback et al. 2015; Penning, Dartez, and Moon 2015.

第 4 章　黏菌数学家

1. 关于黏菌和智力的内容参见：Brewer et al. 1964；Ohl and Stockem 1995；Dussutour et al. 2010；Reid et al. 2012；Reid et al. 2015；Adamatzky 2016；Reid et al. 2016；Oettmeier, Brix, and Döbereiner 2017；Boussard et al. 2019；Gao et al. 2019；Ray et al. 2019。

第 5 章　保持生命的稳定状态

1. 关于蝙蝠和稳态的内容参见：Webb and Nicoll 1954；Adolph 1961；McNab 1969；Cryan et al. 2010；Pfeiffer and Mayer 2013；Hedenström and Johansson 2015；Johnson et al. 2016；Boyles et al. 2017；Voigt et al. 2017；Willis 2017；Bandouchova et al. 2018；Gignoux-Wolfsohn et al. 2018；Moore et al. 2018；Boerma et al. 2019；Boyles et al. 2019；Haase et al. 2019；Rummel, Swartz, and Marsh 2019；Auteri and Knowles 2020；Lilley et al. 2020。

第 6 章　生殖的艺术

1. 关于枫树的内容参见：Taylor 1920；Peattie 1950；De Jong 1976；Green 1980；Stephenson 1981；Sullivan 1983；Hughes and Fahey 1988；Burns and Honkala 1990；Houle and Payette 1991；Peck and Lersten 1991a；Peck and Lersten 1991b；Graber and Leak 1992；Greene and Johnson 1992；Greene and Johnson 1993；Abrams 1998。
2. Clark and Haskin 2010.

第 7 章　达尔文之肺

1. Moradali, Ghods, and Rehm 2017.
2. 引自 Zimmer 2011，p. 42。
3. Poltak and Cooper 2011; Flynn et al. 2016; Gloag et al. 2018; Gloag et al. 2019.
4. Cooper et al. 2019.
5. Ferguson, Bertels, and Rainey 2013.
6. 引自 Villavicencio 1998，p. 213。

第三部分　难解之谜

第8章　不可思议的增殖

1. 关于特伦布利的内容参见：Baker 1949；Vartanian 1950；Baker 1952；Beck 1960；Lenhoff and Lenhoff 1986；Dawson 1987；Lenhoff and Lenhoff 1988；Dawson 1991；Ratcliff 2004；Baker 2008；Stott 2012；Gibson 2015；Steigerwald 2019。
2. 引自 Lenhoff and Lenhoff 1988，p. 111。
3. Dawson 1987; Slowik 2017.
4. 引自 Hoffman 1971，p. 6。
5. Roe 1981, p. 107.
6. 引自 Zammito 2018，p. 24；Beck 1960。
7. Zammito 2018, p. 25.
8. 引自 Lenhoff and Lenhoff 1986，p. 6。
9. 同上。
10. 引自 Ratcliff 2004，p. 566。
11. 引自 Baker 1743。
12. Baker 1949.
13. 引自 Dawson 1987，p. 185。

第9章　另一种运动

1. 关于哈勒的内容参见：Reed 1915；Haller and Temkin 1936；Maehle 1999；Lynn 2001；Steinke 2005；Frixione 2006；Hintzsche 2008；Rößler 2013；Cunningham 2016；McInnis 2016；Gambarotto 2018；Zammito 2018；Steigerwald 2019。
2. 引自 Cunningham 2016，p. 95。
3. 引自 Cunningham 2016，p. 93。
4. 引自 Steinke 2005，p. 53。
5. 引自 Haller and Temkin 1936，p. 2。
6. 同上，p. 53。
7. 引自 Steinke 2005，p. 136。
8. 引自 Zammito 2018，p. 75。
9. 引自 Steigerwald 2019，p. 66。
10. 引自 Rößler 2013，p. 468。
11. 引自 Maehle 1999，p. 159。
12. 同上，p. 183。
13. 引自 Hintzsche and Wolf 1962。

14. 引自 Reed 1915，p. 56。

第 10 章　轰然倒塌的隔离墙

1. Haller and Temkin, p. 2.
2. Roger 1997.
3. 引自 Baker 1952，p. 182。
4. 引自 Zammito 2018，p. 89。
5. 引自 Steigerwald 2019，p. 86。
6. 引自 King-Hele 1998，p. 175。
7. Cleland 2019a.
8. 引自 Hunter 2000，p. 56。
9. 同上。
10. 引自 Ramberg 2000，p. 176。

第 11 章　充满活力的泥浆

1. 关于"挑战者号"远航科考的相关内容参见：Campbell 1877；Macdougall 2019。
2. 引自 Campbell 1877，p. 39。
3. 引自 Moseley 1892，p. 585。
4. Geison 1969; McGraw 1974; Rehbock 1975; Rupke 1976; Rice 1983; Welch 1995; Desmond 1999.
5. 引自 Huxley 1868，p. 205；McGraw 1974。
6. 引自 Huxley 1891，p. 596。
7. 同上。
8. Geison 1969.
9. Liu 2017.
10. 同上，p. 912。
11. 引自 Carpenter 1864，p. 299；Burkhardt et al. 1999。
12. O'Brien 1970; Adelman 2007.
13. 引自 King and Rowney 1869，p. 118。
14. 引自 Huxley 1868，p. 210。
15. 引自 Rehbock 1975，p. 518。
16. *Athenaeum* 1868.
17. Geison 1969; Huxley 1869.
18. 引自 Hunter 2000，p. 69。
19. 引自 Thomson 1869，p. 121。
20. 引自 Rupke 1976，p. 56。

21. 引自 Beale 1870，p. 23。
22. Packard 1876.
23. 引自 Rehbock 1975，p. 522。
24. 引自 Buchanan 1876，p. 605。
25. 引自 Murray 1876，p. 531。
26. 引自 Rehbock 1975，p. 529。
27. 引自 Huxley 1875，p. 316。
28. 引自 Rehbock 1975，p. 531。
29. 引自 McGraw 1974，p. 169。
30. 引自 Rupke 1976，p. 533。
31. 引自 "Obituary Notices of Fellows Deceased" 1895。

第 12 章　水的戏剧

1. Liu et al. 2018.
2. Barnett and Lichtenthaler 2001.
3. 引自 Kohler 1972，p. 336。
4. 引自 Buchner 1907。
5. 引自 Wilson 1923，p. 6。
6. Nicholson and Gawne 2015.
7. Bud 2013.
8. Bergson 1911, p. 96.
9. McGrath 2013.
10. Clément 2015.
11. 引自 Needham 1925，p. 38。
12. Szent-Györgyi 1963; Bradford 1987; Moss 1988; Robinson 1988; Mommaerts 1992; Rall 2018; "The Albert Szent-Györgyi Papers" n.d..
13. Engelhardt and Ljubimowa 1939; Schlenk 1987; Maruyama 1991.
14. Szent-Györgyi 1948.
15. 引自 Czapek 1911，p. 63。
16. 引自 Robinson 1988，p. 217。
17. 引自 Szent-Györgyi 1948，p. 9。
18. Moss 1988.
19. 同上，p. 243。
20. Szent-Györgyi 1977.
21. 引自 Robinson 1988，p.230。
22. 引自 Szent-Györgyi 1972，p. xxiv。

第 13 章　密码本

1.　关于德尔布吕克的内容参见：Delbrück 1970；Harding 1978；Kay 1985；Symonds 1988；McKaughan 2005；Sloan and Fogel 2011；Strauss 2017。
2.　引自 Harding 1978。
3.　引自 Sloan and Fogel 2011，p. 61。
4.　引自 Wilson 1923，p. 14。
5.　引自 Muller 1929，p. 879。
6.　引自 Harding 1978。
7.　Kilmister 1987; Phillips 2020.
8.　引自 Yoxen 1979，p. 33。
9.　Schrödinger 2012.
10.　见 Crick 1988；Olby 2008；Aicardi 2016。
11.　引自 Crick 1988，p. 11。
12.　同上，p. 13。
13.　同上，p. 11。
14.　引自 Lewis 1947，p. 49。
15.　引自 Tamura 2016，p. 36。
16.　引自 "Clue to Chemistry of Heredity Found" 1953，p. 17。
17.　引自 Cobb 2015，p. 113。
18.　Chadarevian 2003.
19.　引自 Olby 2009，p. 301。
20.　Crick 1966; Hein 1972; Bud 2013; Aicardi 2016。
21.　引自 Waddington 1967，p. 202。
22.　Eccles 1967.
23.　引自 Kirschner, Gerhart, and Mitchison 2000，p. 79。
24.　引自 Crick 1982。
25.　引自 Zimmer 2007。
26.　引自 Joyce 1994，p. xi。

第四部分　重返边缘地带

第 14 章　半条命

1.　引自 Campos 2015，p. 77。
2.　Rutz et al, 2020.
3.　关于 COVID-19 参见：Mortensen 2020；Zimmer 2021。

4. Bos 1999; López-García and Moreira 2012.

5. 引自 Pirie 1937。

6. Pierpont 1999.

7. 引自 Mullen 2013。

8. 引自 Forterre 2016，p. 104。

9. 引自 López-García and Moreira 2012，p. 394。

10. Breitbart et al. 2018.

11. Pratama and Van Elsas 2018.

12. Dion, Oechslin, and Moineau 2020.

13. Moniruzzaman et al. 2020.

14. 引自 Föller, Huber, and Lang 2008，p. 661。

15. 引自 Hubbs and Hubbs 1932，p. 629。

16. Lampert and Schartle 2008; Laskowski et al. 2019.

第 15 章　生命的起源

1. 关于迪默的研究工作参见：Deamer 2011；Deamer 2012b；Deamer 2016；Damer 2019；Deamer, Damer, and Kompanichenko 2019；Kompanichenko 2019。

2. 引自 Peretó, Bada, and Lazcano 2009，p. 396。

3. Strick 2009.

4. 引自 Bölsche and McCabe 1906，p. 143。

5. Fry 2000; Mesler and Cleaves II 2015.

6. Broda 1980; Lazcano 2016.

7. 引自 Oparin 1938，p. 246。

8. 引自 Oparin 1924，p. 9。

9. Miller, Schopf, and Lazcano 1997.

10. Tirard 2017; Subramanian 2020.

11. 引自 Haldane 1929，p. 7。

12. Lazcano and Bada 2003.

13. 引自 Miller 1974，p. 232。

14. 引自 Haldane 1965。

15. 引自 Porcar and Peretó 2018。

16. RNA 生命理论的其他例子还包括 Orgel 1968。

17. Deamer and Bangham 1976.

18. Hargreaves, Mulvihill, and Deamer 1977.

19. Deamer 2012c; Deamer 2017b.

20. Deamer 1985.

21. Deamer, Akeson, and Branton 2016, p. 518.

22. Kasianowicz et al. 1996.

23. Akeson et al. 1999.

24. Zimmer 1995.

25. 引自 Gilbert 1986，p. 618。

26. Deamer and Barchfeld 1982; Chakrabarti et al. 1994.

27. Brazil 2017; Deamer 2017a.

28. Baross and Hoffman 1985.

29. Kompanichenko, Poturay, and Shlufman 2015.

30. Deamer 2011.

31. Milshteyn et al. 2018.

32. Deamer 2019.

33. Rajamani et al. 2008, p. 73.

34. Deamer 2012a.

35. Paleos 2015.

36. Quick et al. 2016.

37. Srivathsan et al. 2019.

38. Adamala et al. 2017; Adamala 2019; Gaut et al. 2019.

39. Damer and Deamer 2015; Damer et al. 2016; Damer and Deamer 2020.

40. Van Kranendonk, Deamer, and Djokic 2017; Javaux 2019.

41. Boyce, Coleman, and Russell 1983; Macleod et al. 1994; Russell 2019.

42. Duval et al. 2019.

43. 同上，p. 10。

44. 引自 Branscomb and Russell 2018a；Branscomb and Russell 2018b。

45. Setten, Rossi, and Han 2019.

46. Lasser et al. 2018。

第 16 章　寻找外星生命

1. 有关天体生物学的概述包括：Dick and Strick 2004；Kolb 2019。

2. 引自 Horowitz 1966，p. 789。

3. Sagan and Lederberg 1976.

4. 引自 "Viking I Lands on Mars" 1976。

5. 引自 Dick and Strick 2004。

6. Swartz 1996.

7. Cavalazzi and Westall 2019.

8. McKay et al. 1996.

9. 引自 Clinton 1996。

10. Choi 2016.

11. 引自 Dick and Strick 2004。

12. Kopparapu, Wolf, and Meadows 2019; Shahar et al. 2019.

　　　　　　　　　　　　　　　　　　　　生命的边界

13. Ćirković 2018.

14. Hendrix et al. 2019.

15. Postberg et al. 2018.

16. Choblet et al. 2017; Kahana, Schmitt-Kopplin, and Lancet 2019.

17. Benner 2017; Carr et al. 2020.

18. Barge and White 2017.

19. Barge et al. 2019.

20. 引自 Clément 2015。

21. Taubner et al. 2018.

22. Kahana, Schmitt-Kopplin, and Lancet 2019.

第 17 章　飞奔的液滴

1. 克罗宁和同事关于"组装理论"和活性物质的相关研究参见：Barge et al. 2015；Cronin, Mehr, and Granda 2018；Doran et al. 2017；Doran, Abul-Haija, and Cronin 2019；Grizou et al. 2019；Grizou et al. 2020；Gromski, Granda, and Cronin 2019；Marshall et al. 2019；Marshall et al. 2020；Miras et al. 2019；Parrilla-Gutierrez et al. 2017；Points et al. 2018；Surman et al. 2019；Walker et al. 2018。

2. Heider and Simmel 1944; Scholl and Tremoulet 2000.

3. Luisi 1998.

4. Cleland 2019b.

5. 此处所列定义，除以下注释外，其他定义均出自 Kolb 2019。

6. Vitas and Dobovišek 2019.

7. Cornish-Bowden and Cárdenas 2020.

8. Mariscal and Doolittle 2018.

9. 引自 Westall 和 Brack 2018，p. 49。

10. Popa 2004.

11. 引自 Bich and Green 2018，p. 3933。

12. 引自 Smith 2018，p. 84。

13. Trifonov 2011.

14. 引自 Meierhenrich 2012，p. 641。

15. Abbott 2019.

16. Cleland 1984.

17. Cleland 1993.

18. 引自 Cleland 1997，p. 20。

19. Cleland 2019a.

20. 引自 Cleland 2019b，p. 722。

21. 引自 Cleland 2019a，p. 50。

22. 除了"自催化集"和"组装理论",还有其他一些项目正在进行中。例如,参见:England 2020; Palacios et al. 2020。
23. Cornish-Bowden and Cárdenas 2020.
24. Walker 2018.
25. Letelier, Cárdenas, and Cornish-Bowden 2011.
26. Hordijk 2019; Kauffman 2019; Levy 1992.
27. Johns 1979.
28. Mariscal et al. 2019.
29. Ashkenasy et al. 2004.
30. Hordijk, Shichor, and Ashkenasy 2018; Xavier et al. 2020.
31. Hordijk, Steel, and Kauffman 2019.
32. Rogalla et al. 2011.
33. Schmalian 2010.
34. Marshall et al. 2020.
35. Walker and Davies 2012; Walker, Kim, and Davies 2016; Walker 2017; Davies 2019; Hesp et al. 2019; Palacios et al. 2020.

生命的边界

参考文献

Abbott, J. 2019. "Definitions of Life and the Transition from Non-Living to Living." Departmental presentation, Lund University.

Abrams, Marc D. 1998. "The Red Maple Paradox." *BioScience* 48:355–64.

Ackerknecht, Erwin H. 1968. "Death in the History of Medicine." *Bulletin of the History of Medicine* 42:19–23.

Adamala, Katarzyna P., Daniel A. Martin-Alarcon, Katriona R. Guthrie-Honea, and Edward S. Boyden. 2017. "Engineering Genetic Circuit Interactions Within and Between Synthetic Minimal Cells." *Nature Chemistry* 9:431–39.

Adamala, Kate. 2019. "Biology on Sample Size of More Than One." *The 2019 Conference on Artificial Life*. doi:10.1162/isal_a_00124.

Adamatzky, Andrew. 2016. *Advances in Physarum Machines: Sensing and Computing with Slime Mould*. Cham, Switzerland: Springer International Publishing.

Adelman, Juliana. 2007. "Eozoön: Debunking the Dawn Animal." *Endeavour* 31:94–8.

Adolph, Edward F. 1961. "Early Concepts of Physiological Regulations." *Physiological Reviews* 41:737–70.

Aguilar, Pablo S., Mary K. Baylies, Andre Fleissner, Laura Helming, Naokazu Inoue, Benjamin Podbilewicz, Hongmei Wang et al. 2013. "Genetic Basis of Cell-Cell Fusion Mechanisms." *Trends in Genetics* 29:427–37.

Aicardi, Christine. 2016. "Francis Crick, Cross-Worlds Influencer: A Narrative Model to Historicize Big Bioscience." *Studies in History and Philosophy of Science Part C* 55:83–95.

Akeson, Mark, Daniel Branton, John J. Kasianowicz, Eric Brandin, and David W. Deamer. 1999. "Microsecond Time-Scale Discrimination Among Polycytidylic Acid, Polyadenylic

Acid, and Polyuridylic Acid as Homopolymers or as Segments Within Single RNA Molecules." *Biophysical Journal* 77: 3227–33.

"The Albert Szent-Györgyi Papers." National Library of Medicine. https://profiles.nlm.nih. gov/spotlight/wg/ (accessed September 2, 2019).

Anderson, James R. 2018. "Chimpanzees and Death." *Philosophical Transactions of the Royal Society B* 373. doi:10.1098/rstb.2017.0257.

Andrew, Audra L., Blair W. Perry, Daren C. Card, Drew R. Schield, Robert P. Ruggiero, Suzanne E. McGaugh, Amit Choudhary et al. 2017. "Growth and Stress Response Mechanisms Underlying Post-Feeding Regenerative Organ Growth in the Burmese Python." *BMC Genomics* 18. doi:10.1186/s12864-017- 3743-1.

Andrew, Audra L., Daren C. Card, Robert P. Ruggiero, Drew R. Schield, Richard H. Adams, David D. Pollock, Stephen M. Secor et al. 2015. "Rapid Changes in Gene Expression Direct Rapid Shifts in Intestinal Form and Function in the Burmese Python After Feeding." *Physiological Genomics* 47:147–57.

Ashkenasy, Gonen, Reshma Jagasia, Maneesh Yadav, and M. R. Ghadiri. 2004. "Design of a Directed Molecular Network." *Proceedings of the National Academy of Sciences* 101:10872–7.

Athenaeum, September 12, 1869, p. 339.

Auteri, Giorgia G., and L. L. Knowles. 2020. "Decimated Little Brown Bats Show Potential for Adaptive Change." *Scientific Reports* 10. doi:10.1038/s41598-020-59797-4.

Aviv, Rachel. 2018. "What Does It Mean to Die?" *New Yorker*, February 5. https://www. newyorker.com/magazine/2018/02/05/what-does-it-mean-to-die (accessed June 8, 2020).

Badash, Lawrence. 1978. "Radium, Radioactivity, and the Popularity of Scientific Discovery." *Proceedings of the American Philosophical Society* 122:145–54.

Bains, William. 2014. "What Do We Think Life Is? A Simple Illustration and Its Consequences." *International Journal of Astrobiology* 13:101–11.

Baker, Henry. 1743. *An Attempt Towards a Natural History of the Polype: In a Letter to Martin Folkes*. London: R. Dodsley.

Baker, Henry. 1764. *Employment for the Microscope: In Two Parts*. London: R. & J. Dodsley.

Baker, John R. 1949. "The Cell-Theory: A Restatement, History, and Critique." *Quarterly Journal of Microscopical Science* 90:87–108.

Baker, John R. 1952. *Abraham Trembley of Geneva: Scientist and Philosopher, 1710–1784*. London: Edward Arnold.

Baker, John R. 2008. "Trembley, Abraham." In *Complete Dictionary of Scientific Biography*. Edited by Charles C. Gillispie. New York: Scribner.

Ball, Philip. 2019. *How to Grow a Human: Adventures in How We Are Made and Who We Are*. Chicago: University of Chicago Press.

Bandouchova, Hana, Tomáš Bartonička, Hana Berkova, Jiri Brichta, Tomasz Kokurewicz, Veronika Kovacova, Petr Linhart et al. 2018. "Alterations in the Health of Hibernating Bats Under Pathogen Pressure." *Scientific Reports* 8. doi:10.1038/s41598-018-24461-5.

Barge, Laura M., and Lauren M. White. 2017. "Experimentally Testing Hydrothermal Vent Origin of Life on Enceladus and Other Icy/Ocean Worlds." *Astrobiology* 17:820–33.

Barge, Laura M., Erika Flores, Marc M. Baum, David G. VanderVelde, and Michael J. Russell. 2019. "Redox and pH Gradients Drive Amino Acid Synthesis in Iron Oxyhydroxide Mineral Systems." *Proceedings of the National Academy of Sciences* 116:4828–33.

Barge, Laura M., Silvana S. S. Cardoso, Julyan H. E. Cartwright, Geoffrey J. T. Cooper, Leroy Cronin, Anne De Wit, Ivria J. Doloboff et al. 2015. "From Chemical Gardens to Chemobrionics." *Chemical Reviews* 115:8652–703.

Barnett, James A., and Frieder W. Lichtenthaler. 2001. "A History of Research on Yeasts 3: Emil Fischer, Eduard Buchner and Their Contemporaries, 1880–1900." *Yeast* 18:363–88.

Baross, John A., and Sarah E. Hoffman. 1985. "Submarine Hydrothermal Vents and Associated Gradient Environments as Sites for the Origin and Evolution of Life." *Origins of Life and Evolution of the Biosphere* 15:327–45.

Beale, Lionel S. 1870. *Protoplasm: Or, Life, Force, and Matter*. London: J. Churchill.

Beck, Curt W. 1960. "Georg Ernst Stahl, 1660–1734." *Journal of Chemical Education* 37. doi:10.1021/ed037p506.

Beecher, Henry K. 1968. "A Definition of Irreversible Coma: Report of the Ad Hoc Committee of the Harvard Medical School to Examine the Definition of Brain Death." *Journal of the American Medical Association* 205:337–40.

Benner, Steven A. 2017. "Detecting Darwinism from Molecules in the Enceladus Plumes, Jupiter's Moons, and Other Planetary Water Lagoons." *Astrobiology* 17:840–51.

Bergson, Henri. 1911. *Creative Evolution*. New York: Henry Holt.

Bernal, John D. 1949. "The Physical Basis of Life." *Proceedings of the Physical Society Section B* 62:597–618.

Bernat, James L. 2019. "Refinements in the Organism as a Whole Rationale for Brain Death." *Linacre Quarterly* 86:347–58.

Bernat, James L., and Anne L. D. Ave. 2019. "Aligning the Criterion and Tests for Brain Death." *Cambridge Quarterly of Healthcare Ethics* 28:635–41.

Bernat, James L., Charles M. Culver, and Bernard Gert. 1981. "On the Definition and Criterion of Death." *Annals of Internal Medicine* 94:389–94.

Bernier, Chad R., Anton S. Petrov, Nicholas A. Kovacs, Petar I. Penev, and Lore D. Williams. 2018. "Translation: The Universal Structural Core of Life." *Molecular Biology and Evolution* 35:2065–76.

Berrien, Hank. 2017. "Shapiro Rips Wendy Davis for Claiming Life Beginning at Conception Is 'Absurd.'" *The Daily Wire*, April 30. https://www.dailywire.com/news/shapiro-rips-wendy-davis-claiming-life- beginning-hank-berrien (accessed June 8, 2020).

Berrios, Germán E., and Rogelio Luque. 1995. "Cotard's Delusion or Syndrome?: A Conceptual History." *Comprehensive Psychiatry* 36:218–23.

Berrios, Germán E., and Rogelio Luque. 1999. "Cotard's 'On Hypochondriacal Delusions in a Severe Form of Anxious Melancholia.'" *History of Psychiatry* 10:269–78.

Bich, Leonardo, and Sara Green. 2018. "Is Defining Life Pointless? Operational Definitions at the Frontiers of Biology." *Synthese* 195:3919–46.

Bichat, Xavier. 1815. *Physiological Researches on Life and Death*. London: Longman.

Blackshaw, Bruce P., and Daniel Rodger. 2019. "The Problem of Spontaneous Abortion: Is the Pro-Life Position Morally Monstrous?" *New Bioethics* 25:103–20.

Blackstone, William. 2016. *The Oxford Edition of Blackstone's: Commentaries on the Laws of England*. Oxford: Oxford University Press.

Boback, Scott M., Katelyn J. McCann, Kevin A. Wood, Patrick M. McNeal, Emmett L. Blankenship, and Charles F. Zwemer. 2015. "Snake Constriction Rapidly Induces Circulatory Arrest in Rats." *Journal of Experimental Biology* 218:2279–88.

Boerma, David B., Kenneth S. Breuer, Tim L. Treskatis, and Sharon M. Swartz. 2019. "Wings as Inertial Appendages: How Bats Recover from Aerial Stumbles." *Journal of Experimental Biology* 222. doi:10.1242/jeb.204255.

Bölsche, Wilhelm, and Joseph McCabe. 1906. *Haeckel, His Life and Work*. London: T. F. Unwin.

Bond, George D. 1980. "Theravada Buddhism's Meditations on Death and the Symbolism of Initiatory Death." *History of Religions* 19:237–58.

Bondeson, Jan. 2001. *Buried Alive: The Terrifying History of Our Most Primal Fear*. New York: Norton.

Bos, Lute. 1999. "Beijerinck's Work on Tobacco Mosaic Virus: Historical Context and Legacy." *Philosophical Transactions of the Royal Society B* 354:675–85.

Boussard, Aurèle, Julie Delescluse, Alfonso Pérez-Escudero, and Audrey Dussutour. 2019. "Memory Inception and Preservation in Slime Moulds: The Quest for a Common Mechanism." *Philosophical Transactions of the Royal Society B* 374. doi:10.1098/rstb.2018.0368.

Boyce, Adrian J., M. L. Coleman, and Michael Russell. 1983. "Formation of Fossil Hydrothermal Chimneys and Mounds from Silvermines, Ireland." *Nature* 306:545–50.

Boyles, Justin G., Esmarie Boyles, R. K. Dunlap, Scott A. Johnson, and Virgil Brack Jr. 2017. "Long-Term Microclimate Measurements Add Further Evidence That There Is No 'Optimal' Temperature for Bat Hibernation." *Mammalian Biology* 86:9–16.

Boyles, Justin G., Joseph S. Johnson, Anna Blomberg, and Thomas M. Lilley. 2019. "Optimal Hibernation Theory." *Mammal Review* 50:91–100.

Bradford, H. F. 1987. "A Scientific Odyssey: An Appreciation of Albert Szent-Györgyi." *Trends in Biochemical Sciences* 12:344–47.

Branscomb, Elbert, and Michael J. Russell. 2018a. "Frankenstein or a Submarine Alkaline Vent: Who Is Responsible for Abiogenesis?: Part 1: What Is Life—That It Might Create Itself?" *BioEssays* 40. doi:10.1002/bies.201700179.

Branscomb, Elbert, and Michael J. Russell. 2018b. "Frankenstein or a Submarine Alkaline Vent: Who Is Responsible for Abiogenesis?: Part 2: As Life Is Now, So It Must Have Been in the Beginning." *BioEssays* 40. doi:10.1002/bies.201700182.

Brazil, Rachel. 2017. "Hydrothermal Vents and the Origins of Life." *Chemistry World*, April 16. https://www.chemistryworld.com/features/hydrothermal-vents-and-the-origins-of-life/3007088.article (accessed June 8, 2020).

Breitbart, Mya, Chelsea Bonnain, Kema Malki, and Natalie A. Sawaya. 2018. "Phage Puppet Masters of the Marine Microbial Realm." *Nature Microbiology* 3:754–66.

Brewer, E. N., Susumu Kuraishi, Joseph C. Garver, and Frank M. Strong. 1964. "Mass Culture of a Slime Mold, *Physarum polycephalum*." *Journal of Applied Microbiology* 12:161–64.

Broda, Engelbert. 1980. "Alexander Ivanovich Oparin (1894–1980)." *Trends in Biochemical Sciences* 5:IV–V.

Buchanan, John Y. 1876. "Preliminary Report to Professor Wyville Thomson, F.R.S., Director of the Civilian Scientific Staff, on Work (Chemical and Geological) Done on Board H.M.S. 'Challenger.'" *Proceedings of the Royal Society* 24:593–623.

Buchner, Eduard. 1907. "Nobel Lecture: Cell-Free Fermentation" *The Nobel Prize*, December 11. https://www.nobelprize.org/prizes/chemistry/1907/buchner/lecture/ (accessed June 8, 2020).

Bud, Robert. 2013. "Life, DNA and the Model." *British Journal for the History of Science* 46:311–34.

Burke, John B. (n.d.). MS Archives of the Royal Literary Fund. *Nineteenth Century Collections Online.*

Burke, John B. 1903. "The Radio-Activity of Matter." *Monthly Review* 13:115–31.

Burke, John B. 1905a. "On the Spontaneous Action of Radio-Active Bodies on Gelatin Media." *Nature* 72:78–79.

Burke, John B. 1905b. "The Origin of Life." *Fortnightly Review* 78:389–402.

Burke, John B. 1906. *The Origin of Life: Its Physical Basis and Definition.* London: Chapman & Hall.

Burke, John B. 1931a. *The Emergence of Life.* London: Oxford University Press. Burke, John B. 1931b. *The Mystery of Life.* London: Elkin Mathews & Marrot.

Burkhardt, Frederick, Duncan M. Porter, Sheila A. Dean, Jonathan R. Topham, and Sarah Wilmot. 1999. *The Correspondence of Charles Darwin: Volume 11, 1863.* Cambridge, UK: Cambridge University Press.

Burns, Russell M., and Barbara H. Honkala. 1990. "Silvics of North America." In *Agriculture Handbook 654.* Washington, D.C.: U.S. Department of Agriculture.

"The Cambridge Radiobes." *New York Tribune,* July 2, 1905, p. 11.

Campbell, George G. 1877. *Log-Letters from "The Challenger."* London: Macmillan.

Campbell, Norman R. 1906. "Sensationalism and Science." *National Review* 48:89–99.

Campos, Luis. 2006. "Radium and the Secret of Life." PhD dissertation, Harvard University.

Campos, Luis. 2007. "The Birth of Living Radium." *Representations* 97:1–27.

Campos, Luis. 2015. *Radium and the Secret of Life.* Chicago: University of Chicago Press.

Cannone, Nicoletta, T. Corinti, Francesco Malfasi, P. Gerola, Alberto Vianelli, Isabella Vanetti, S. Zaccara et al. 2017. "Moss Survival Through *in situ* Cryptobiosis After Six Centuries of Glacier Burial." *Scientific Reports* 7. doi:10.1038/s41598-017-04848-6.

Caramazza, Alfonso, and Jennifer R. Shelton. 1998. "Domain-Specific Knowledge Systems in the Brain: The Animate-Inanimate Distinction." *Journal of Cognitive Neuroscience* 10:1–34.

Carpenter, William B. 1864. "On the Structure and Affinities of *Eozoon canadense.*" *Proceedings of the Royal Society* 13:545–49.

Carr, Christopher E., Noelle C. Bryan, Kendall N. Saboda, Srinivasa A. Bhattaru, Gary Ruvkun, and Maria T. Zuber. 2020. "Nanopore Sequencing at Mars, Europa and Microgravity Conditions." doi:10.1101/2020.01.09.899716.

Cavalazzi, Barbara, and Frances Westall. 2019. *Biosignatures for Astrobiology*. Cham, Switzerland: Springer International Publishing.

Cavendish Library. 1910. *A History of the Cavendish Laboratory 1871–1910*. London: Longmans, Green & Co.

Chadarevian, Soraya de. 2003. "Portrait of a Discovery: Watson, Crick, and the Double Helix." *Isis* 94:90–105.

Chakrabarti, Ajoy C., Ronald R. Breaker, Gerald F. Joyce, and David W. Deamer. 1994. "Production of RNA by a Polymerase Protein Encapsulated Within Phospholipid Vesicles." *Journal of Molecular Evolution* 39:555–59.

Chatterjee, Seshadri S., and Sayantanava Mitra. 2015. "'I Do Not Exist'— Cotard Syndrome in Insular Cortex Atrophy." *Biological Psychiatry* 77:e52–53.

Choblet, Gaël, Gabriel Tobie, Christophe Sotin, Marie Běhounková, Ondřej Čadek, Frank Postberg, and Ondřej Souček. 2017. "Powering Prolonged Hydrothermal Activity Inside Enceladus." *Nature Astronomy* 1:841–47.

Choi, Charles Q. 2016. "Mars Life? 20 Years Later, Debate over Meteorite Continues." Space.com, August 10.https://www.space.com/33690-allen-hills-mars-meteorite-alien-life-20-years.html (accessed July 25, 2020).

Cipriani, Gabriele, Angelo Nuti, Sabrina Danti, Lucia Picchi, and Mario Di Fiorino. 2019. "'I Am Dead': Cotard Syndrome and Dementia." *International Journal of Psychiatry in Clinical Practice* 23:149–56.

Ćirković, Milan M. 2018. *The Great Silence: Science and Philosophy of Fermi's Paradox*. New York: Oxford University Press.

"City Chatter." *Sunday Times*, June 25, 1905, p. 3.

Clark, Jim, and Edward F. Haskins. 2010. "Reproductive Systems in the Myxomycetes: A Review." *Mycosphere* 1:337–53.

Clegg, James S. 2001. "Cryptobiosis—A Peculiar State of Biological Organization." *Comparative Biochemistry and Physiology Part B* 128:613–24.

Cleland, Carol E. 1984. "Space: An Abstract System of Non-Supervenient Relations." *Philosophical Studies: An International Journal for Philosophy in the Analytic Tradition* 46:19–40.

Cleland, Carol E. 1993. "Is the Church-Turing Thesis True?" *Minds and Machines* 3:283–312.

Cleland, Carol E. 1997. "Standards of Evidence: How High for Ancient Life on Mars?" *Planetary Report* 17:20–21.

Cleland, Carol E. 2019a. *The Quest for a Universal Theory of Life: Searching for Life as We Don't Know It*. New York: Cambridge University Press.

Cleland, Carol E. 2019b. "Moving Beyond Definitions in the Search for Extraterrestrial Life." *Astrobiology* 19:722–29.

Clément, Raphaël. 2015. "Stéphane Leduc and the Vital Exception in the Life Sciences." arXiv:1512.03660.

Clinton, William J. 1996. "President Clinton Statement Regarding Mars Meteorite Discovery." Jet Propulsion Laboratory, August 7. https://www2.jpl.nasa.gov/snc/clinton.html (accessed June 8, 2020).

"Clue to Chemistry of Heredity Found." *New York Times*, June 13, 1953, p. 17.

"A Clue to the Beginning of Life on the Earth." *World's Work*, November 1905, 11:6813–14.

Cobb, Matthew. 2015. *Life's Greatest Secret: The Race to Crack the Genetic Code*. New York: Basic Books.

Connolly, Andrew C., Long Sha, J. S. Guntupalli, Nikolaas Oosterhof, Yaroslav O. Halchenko, Samuel A. Nastase, Matteo V. Di Oleggio Castello et al. 2016. "How the Human Brain Represents Perceived Dangerousness or 'Predacity' of Animals." *Journal of Neuroscience* 36:5373–84.

Cooper, Vaughn S., Taylor M. Warren, Abigail M. Matela, Michael Handwork, and Shani Scarponi. 2019. "EvolvingSTEM: A Microbial Evolution-in-Action Curriculum That Enhances Learning of Evolutionary Biology and Biotechnology." *Evolution: Education and Outreach* 12. doi:10.1186/s12052-019-0103-4.

Cornish-Bowden, Athel, and María L. Cárdenas. 2020. "Contrasting Theories of Life: Historical Context, Current Theories. In Search of an Ideal Theory." *Biosystems* 188. doi:10.1016/j.biosystems.2019.104063.

Crick, Francis. 1966. *Of Molecules and Men: A Volume in The John Danz Lectures Series*. Seattle: University of Washington Press.

Crick, Francis. 1982. *Life Itself: Its Origin and Nature*. New York: Simon & Schuster.

Crick, Francis. 1988. *What Mad Pursuit: A Personal View of Scientific Discovery*. New York: Basic Books.

Crippen, Tawni L., Mark E. Benbow, and Jennifer L. Pechal. 2015. "Microbial Interactions During Carrion Decomposition." In *Carrion Ecology, Evolution, and Their Applications*. Edited by Mark E. Benbow, Jeffery K. Tomberlin, and Aaron M. Tarone. Boca Raton, FL:

CRC Press.

Cronin, Leroy, S. H. M. Mehr, and Jarosław M. Granda. 2018. "Catalyst: The Metaphysics of Chemical Reactivity." *Chem* 4:1759–61.

Cryan, Paul M., Carol U. Meteyer, Justin Boyles, and David S. Blehert. 2010. "Wing Pathology of White-Nose Syndrome in Bats Suggests Life-Threatening Disruption of Physiology." *BMC Biology* 8. doi:10.1186/1741-7007-8-135.

Cugola, Fernanda R., Isabella R. Fernandes, Fabiele B. Russo, Beatriz C. Freitas, João L. M. Dias, Katia P. Guimarães, Cecília Benazzato et al. 2016. "The Brazilian Zika Virus Strain Causes Birth Defects in Experimental Models." *Nature* 534:267–71.

Cunningham, Andrew. 2016. *The Anatomist Anatomis'd: An Experiment Discipline in Enlightenment Europe*. London: Routledge.

Czapek, Friedrich. 1911. *Chemical Phenomena in Life*. London: Harper & Bros.

Damer, Bruce, and David Deamer. 2015. "Coupled Phases and Combinatorial Selection in Fluctuating Hydrothermal Pools: A Scenario to Guide Experimental Approaches to the Origin of Cellular Life." *Life* 5:872–87.

Damer, Bruce, and David Deamer. 2020. "The Hot Spring Hypothesis for an Origin of Life." *Astrobiology* 20:429–52.

Damer, Bruce, David Deamer, Martin Van Kranendonk, and Malcolm Walter. 2016. "An Origin of Life Through Three Coupled Phases in Cycling Hydrothermal Pools with Distribution and Adaptive Radiation to Marine Stromatolites." In *Proceedings of the 2016 Gordon Research Conference on the Origins of Life*.

Damer, Bruce. 2019. "David Deamer: Five Decades of Research on the Question of How Life Can Begin." *Life* 9. doi:10.3390/life9020036.

Darwin, Charles. 1871. *The Descent of Man, and Selection in Relation to Sex*. New York: D. Appleton.

Davies, Paul C. W. 2019. *The Demon in the Machine: How Hidden Webs of Information Are Solving the Mystery of Life*. Chicago: University of Chicago Press.

Dawson, Virginia P. 1987. *Nature's Enigma: The Problem of the Polyp in the Letters of Bonnet, Trembley and Réaumur*. Philadelphia: American Philosophical Society.

Dawson, Virginia P. 1991. "Regeneration, Parthenogenesis, and the Immutable Order of Nature." *Archives of Natural History* 18:309–21.

De Jong, Piet C. 1976. *Flowering and Sex Expression in Acer L.: A Biosystematic Study*. Wageningen: Veenman.

Deamer, David W. 1985. "Boundary Structures Are Formed by Organic Components of the Murchison Carbonaceous Chondrite." *Nature* 317: 792–94.

Deamer, David W. 1998. "Daniel Branton and Freeze-Fracture Analysis of Membranes." *Trends in Cell Biology* 8:460–62.

Deamer, David W. 2010. "From 'Banghasomes' to Liposomes: A Memoir of Alec Bangham, 1921–2010." *FASEB Journal* 24:1308–10.

Deamer, David W. 2011. "Sabbaticals, Self-Assembly, and Astrobiology." *Astrobiology* 11:493–98.

Deamer, David W. 2012a. "Liquid Crystalline Nanostructures: Organizing Matrices for Non-Enzymatic Nucleic Acid Polymerization." *Chemical Society Reviews* 41:5375–79.

Deamer, David W. 2012b. *First Life: Discovering the Connections Between Stars, Cells, and How Life Began.* Berkeley: University of California Press.

Deamer, David W. 2012c. "Membranes, Murchison, and Mars: An Encapsulated Life in Science." *Astrobiology* 12:616–17.

Deamer, David W. 2016. "Membranes and the Origin of Life: A Century of Conjecture." *Journal of Molecular Evolution* 83:159–68.

Deamer, David W. 2017a. "Conjecture and Hypothesis: The Importance of Reality Checks." *Beilstein Journal of Organic Chemistry* 13:620–24.

Deamer, David W. 2017b. "Darwin's Prescient Guess." *Proceedings of the National Academy of Sciences* 114:11264–65.

Deamer, David W. 2019. *Assembling Life: How Can Life Begin on Earth and Other Habitable Planets?* New York: Oxford University Press.

Deamer, David W., and Alec D. Bangham. 1976. "Large Volume Liposomes by an Ether Vaporization Method." *Biochimica et Biophysica Acta* 443: 629–34.

Deamer, David W., and Daniel Branton. 1967. "Fracture Planes in an Ice-Bilayer Model Membrane System." *Science* 158:655–57.

Deamer, David W., and Gail L. Barchfeld. 1982. "Encapsulation of Macromolecules by Lipid Vesicles Under Simulated Prebiotic Conditions." *Journal of Molecular Evolution* 18:203–6.

Deamer, David W., Bruce Damer, and Vladimir Kompanichenko. 2019. "Hydrothermal Chemistry and the Origin of Cellular Life." *Astrobiology* 19:1523–37.

Deamer, David W., Mark Akeson, and Daniel Branton. 2016. "Three Decades of Nanopore Sequencing." *Nature Biotechnology* 34:518–24.

Deamer, David W., Robert Leonard, Annette Tardieu, and Daniel Branton. 1970. "Lamellar and Hexagonal Lipid Phases Visualized by Freeze-Etching." *Biochimica et Biophysica Acta* 219:47–60.

Debruyne, Hans, Michael Portzky, Frédérique Van Den Eynde, and Kurt Audenaert. 2009. "Cotard's Syndrome: A Review." *Current Psychiatry Reports* 11:197–202.

Delbrück, Max. 1970. "A Physicist's Renewed Look at Biology: Twenty Years Later." *Science* 168:1312–15.

Desmond, Adrian J. 1999. *Huxley: From Devil's Disciple to Evolution's High Priest*. New York: Basic Books.

Devolder, Katrien, and John Harris. 2007. "The Ambiguity of the Embryo: Ethical Inconsistency in the Human Embryonic Stem Cell Debate." *Metaphilosophy* 38:153–69.

Diamond, Jared. 1994. "Dining with the Snakes." *Discover*, January 18. https://www.discovermagazine.com/the-sciences/dining-with-the-snakes (accessed June 8, 2020).

Dick, Steven J., and James E. Strick. 2004. *The Living Universe: NASA and the Development of Astrobiology*. New Brunswick, NJ: Rutgers University Press.

Dieguez, Sebastian. 2018. "Cotard Syndrome." *Frontiers of Neurology and Neuroscience* 42:23–34.

Di Giorgio, Elisa, Marco Lunghi, Francesca Simion, and Giorgio Vallortigara. 2017. "Visual Cues of Motion That Trigger Animacy Perception at Birth: The Case of Self-Propulsion." *Developmental Science* 20. doi:10.1111/desc.12394.

Dion, Moïra B., Frank Oechslin, and Sylvain Moineau. 2020. "Phage Diversity, Genomics and Phylogeny." *Nature Reviews Microbiology* 18:125–38.

Dolan, Chris. 2018. "Jahi McMath Has Died in New Jersey." *Dolan Law Firm*, June 29. https://dolanlawfirm.com/2018/06/jahi-mcmath-has-died-in-new-jersey/ (accessed June 8, 2020).

Doran, David, Marc Rodriguez-Garcia, Rebecca Turk-MacLeod, Geoffrey J. T. Cooper, and Leroy Cronin. 2017. "A Recursive Microfluidic Platform to Explore the Emergence of Chemical Evolution." *Beilstein Journal of Organic Chemistry* 13:1702–9.

Doran, David, Yousef M. Abul-Haija, and LeRoy Cronin. 2019. "Emergence of Function and Selection from Recursively Programmed Polymerisation Reactions in Mineral Environments." *Angewandte Chemie International Edition* 58:11253–56.

Douglas Rudge, W. A. 1906. "The Action of Radium and Certain Other Salts on Gelatin." *Proceedings of the Royal Society A* 78:380–84.

Dussutour, Audrey, Tanya Latty, Madeleine Beekman, and Stephen J. Simpson. 2010.

"Amoeboid Organism Solves Complex Nutritional Challenges." *Proceedings of the National Academy of Sciences* 107:4607–11.

Duval, Simon, Frauke Baymann, Barbara Schoepp-Cothenet, Fabienne Trolard, Guilhem Bourrié, Olivier Grauby, Elbert Branscomb et al. 2019. "Fougerite: The Not So Simple Progenitor of the First Cells." *Interface Focus* 9. doi:10.1098/rsfs.2019.0063.

Dyson, Ketaki K. 1978. *A Various Universe: A Study of the Journals and Memoirs of British Men and Women in the Indian Subcontinent, 1765–1856.* New York: Oxford University Press.

Eccles, John C. 1967. "Book Review of 'Of Molecules and Men,' by Frances Crick." *Zygon* 2:281–82.

El Hachem, Hady, Vincent Crepaux, Pascale May-Panloup, Philippe Descamps, Guillaume Legendre, and Pierre-Emmanuel Bouet. 2017. "Recurrent Pregnancy Loss: Current Perspectives." *International Journal of Women's Health* 9:331–45.

Engber, Daniel. 2017. "When the Lab Rat Is a Snake." *New York Times*, May 17. https://www.nytimes.com/2017/05/17/magazine/when-the-lab-rat-is-a-snake.html (accessed June 8, 2020).

Engelhardt, Wladimir A., and Militza N. Ljubimowa. 1939. "Myosine and Adenosinetriphosphatase." *Nature* 144:668–69.

English, Jeremy. 2020. *Every Life Is on Fire: How Thermodynamics Explains the Origins of Living Things.* New York: Basic Books.

Ferguson, Gayle C., Frederic Bertels, and Paul B. Rainey. 2013. "Adaptive Divergence in Experimental Populations of *Pseudomonas fluorescens.* V. Insight into the Niche Specialist Fuzzy Spreader Compels Revision of the Model *Pseudomonas* Radiation." *Genetics* 195:1319–35.

"Filipino Scientist, A." *Filipino*, 1906, 1:5.

Flynn, Kenneth M., Gabrielle Dowell, Thomas M. Johnson, Benjamin J. Koestler, Christopher M. Waters, and Vaughn S. Cooper. 2016. "Evolution of Ecological Diversity in Biofilms of *Pseudomonas aeruginosa* by Altered Cyclic Diguanylate Signaling." *Journal of Bacteriology* 198:2608–18.

Föller, Michael, Stephan M. Huber, and Florian Lang. 2008. "Erythrocyte Programmed Cell Death." *IUBMB Life* 60:661–68.

Forbes, James. 1813. *Oriental Memoirs: Selected and Abridged from a Series of Familiar Letters Written During Seventeen Years Residence in India: Including Observations on Parts of Africa and South America, and a Narrative of Occurrences in Four India Voyages: Illustrated by Engravings from Original Drawings.* London: White, Cochrane & Co.

Forterre, Patrick. 2016. "To Be or Not to Be Alive: How Recent Discoveries Challenge the

Traditional Definitions of Viruses and Life." *Studies in History and Philosophy of Science Part C* 59:100–108.

Fox, Robert, and Cynthia McDaniel. 1982. "The Perception of Biological Motion by Human Infants." *Science* 218:486–87.

Fraser, James A., and Joseph Heitman. 2003. "Fungal Mating-Type Loci." *Current Biology* 13:R792–95.

Frixione, Eugenio. 2006. "Albrecht Von Haller (1708–1777)." *Journal of Neurology* 253:265–66.

Frixione, Eugenio. 2007. "Irritable Glue: The Haller-Whytt Controversy on the Mechanism of Muscle Contraction." In *Brain, Mind and Medicine: Essays in Eighteenth-Century Neuroscience*. Edited by Harry Whitaker, C. U. M. Smith, and Stanley Finger. Boston: Springer.

Fry, Iris. 2000. *The Emergence of Life on Earth: A Historical and Scientific Overview*. New Brunswick, NJ: Rutgers University Press.

Gambarotto, Andrea. 2018. *Vital Forces, Teleology and Organization: Philosophy of Nature and the Rise of Biology in Germany*. Cham, Switzerland: Springer International Publishing.

Gao, Chao, Chen Liu, Daniel Schenz, Xuelong Li, Zili Zhang, Marko Jusup, Zhen Wang et al. 2019. "Does Being Multi-Headed Make You Better at Solving Problems? A Survey of *Physarum*-Based Models and Computations." *Physics of Life Reviews* 29:1–26.

Gaut, Nathaniel J., Jose Gomez-Garcia, Joseph M. Heili, Brock Cash, Qiyuan Han, Aaron E. Engelhart, and Katarzyna P. Adamala. 2019. "Differentiation of Pluripotent Synthetic Minimal Cells via Genetic Circuits and Programmable Mating." doi:10.1101/712968.

Geison, Gerald L. 1969. "The Protoplasmic Theory of Life and the Vitalist-Mechanist Debate." *Isis* 60:272–92.

Giakoumelou, Sevi, Nick Wheelhouse, Kate Cuschieri, Gary Entrican, Sarah E. M. Howie, and Andrew W. Horne. 2016. "The Role of Infection in Miscarriage." *Human Reproduction Update* 22:116–33.

Gibson, Susannah. 2015. *Animal, Vegetable, Mineral?: How Eighteenth-Century Science Disrupted the Natural Order*. New York: Oxford University Press.

Gignoux-Wolfsohn, Sarah A., Malin L. Pinsky, Kathleen Kerwin, Carl Herzog, Mackenzie Hall, Alyssa B. Bennett, Nina H. Fefferman et al. 2018. "Genomic Signatures of Evolutionary Rescue in Bats Surviving White-Nose Syndrome." doi:10.1101/470294.

Gilbert, Walter. 1986. "Origin of Life: The RNA World." *Nature* 319. doi:10.1038/319618a0.

Gloag, Erin S., Christopher W. Marshall, Daniel Snyder, Gina R. Lewin, Jacob S. Harris, Alfonso Santos-Lopez, Sarah B. Chaney et al. 2019. "*Pseudomonas aeruginosa* Interstrain

Dynamics and Selection of Hyperbiofilm Mutants During a Chronic Infection." *mBio* 10. doi:10.1128/mBio.01698-19.

Gloag, Erin S., Christopher W. Marshall, Daniel Snyder, Gina R. Lewin, Jacob S. Harris, Sarah B. Chaney, Marvin Whiteley et al. 2018. "The *Pseudomonas aeruginosa* Wsp Pathway Undergoes Positive Evolutionary Selection During Chronic Infection." doi:10.1101/456186.

Gonçalves, André, and Dora Biro. 2018. "Comparative Thanatology, an Integrative Approach: Exploring Sensory/Cognitive Aspects of Death Recognition in Vertebrates and Invertebrates." *Philosophical Transactions of the Royal Society B* 373. doi:10.1098/rstb.2017.0263.

Gonçalves, André, and Susana Carvalho. 2019. "Death Among Primates: A Critical Review of Non-Human Primate Interactions Towards Their Dead and Dying." *Biological Reviews* 94. doi:10.1111/brv.12512.

Gottlieb, Alma. 2004. *The Afterlife Is Where We Come From: The Culture of Infancy in West Africa*. Chicago: University of Chicago Press.

Goulon, Maurice, P. Babinet, and N. Simon. 1983. "Brain Death or Coma Dépassé." In *Care of the Critically Ill Patient*. Edited by Jack Tinker and Maurice Rapin. Berlin: Springer-Verlag.

Graber, Raymond E., and William B. Leak. 1992. "Seed Fall in an Old-Growth Northern Hardwood Forest." *U.S. Department of Agriculture*. doi:10.2737/NE- RP-663.

Green, Douglas S. 1980. "The Terminal Velocity and Dispersal of Spinning Samaras." *American Journal of Botany* 67:1218–24.

Greene, D. F., and E. A. Johnson. 1992. "Fruit Abscission in *Acer saccharinum* with Reference to Seed Dispersal." *Canadian Journal of Botany* 70:2277–83.

Greene, D. F., and E. A. Johnson. 1993. "Seed Mass and Dispersal Capacity in Wind-Dispersed Diaspores." *Oikos* 67:69–74.

Grizou, Jonathan, Laurie J. Points, Abhishek Sharma, and Leroy Cronin. 2019. "Exploration of Self-Propelling Droplets Using a Curiosity Driven Robotic Assistant." arXiv:1904.12635.

Grizou, Jonathan, Laurie J. Points, Abhishek Sharma, and Leroy Cronin. 2020. "A Curious Formulation Robot Enables the Discovery of a Novel Protocell Behavior." *Science Advances* 6. doi:10.1126/sciadv.aay4237.

Gromski, Piotr S., Jarosław M. Granda, and Leroy Cronin. 2019. "Universal Chemical Synthesis and Discovery with 'The Chemputer.'" *Trends in Chemistry* 2:4–12.

Guardian, May 25, 1905, p. 6.

Gulliver, George. 1873. "Tears and Care of Monkeys for the Dead." *Nature* 8.

doi:10.1038/008103c0.

Haas, David M., Taylor J. Hathaway, and Patrick S. Ramsey. 2019. "Progestogen for Preventing Miscarriage in Women with Recurrent Miscarriage of Unclear Etiology." *Cochrane Database of Systematic Reviews.* doi:10.1002/14651858.CD003511.pub5.

Haase, Catherine G., Nathan W. Fuller, C. R. Hranac, David T. S. Hayman, Liam P. McGuire, Kaleigh J. O. Norquay, Kirk A. Silas et al. 2019. "Incorporating Evaporative Water Loss into Bioenergetic Models of Hibernation to Test for Relative Influence of Host and Pathogen Traits on White-Nose Syndrome." *PLoS One* 14. doi:10.1371/journal. pone.0222311.

Haigh, Elizabeth. 1984. *Xavier Bichat and the Medical Theory of the Eighteenth Century (Medical History, Supplement No. 4).* London: Wellcome Institute for the History of Medicine.

Haldane, John B. S. 1929. "The Origin of Life." Reprinted in *Origin of Life.* Edited by John D. Bernal. Cleveland, OH: World Publishing Company.

Haldane, John B. S. 1947. *What Is Life?* New York: Boni & Gaer.

Haldane, John B. S. 1965. "Data Needed for a Blueprint of the First Organism." In *The Origins of Prebiological Systems and of their Molecular Matrices.* Edited by Sidney W. Fox. New York: Academic Press.

Hale, William B. 1905. "Has Radium Revealed the Secret of Life?" *New York Times*, July 16, p. 7.

Haller, Albrecht V., and O. Temkin. 1936. *A Dissertation on the Sensible and Irritable Parts of Animals.* Baltimore: Johns Hopkins University Press.

Harding, Carolyn. 1978. "Interview with Max Delbruck." *Caltech Institute Archives*, September 11. https://resolver.caltech.edu/CaltechOH:OH_Delbruck_M (accessed June 8, 2020).

Hargreaves, W. R., Sean J. Mulvihill, and David W. Deamer. 1977. "Synthesis of Phospholipids and Membranes in Prebiotic Conditions." *Nature* 266:78–80.

Hedenström, Anders, and L. C. Johansson. 2015. "Bat Flight: Aerodynamics, Kinematics and Flight Morphology." *Journal of Experimental Biology* 218:653–63.

Heider, Fritz, and Marianne Simmel. 1944. "An Experimental Study of Apparent Behavior." *American Journal of Psychology* 57:243–59.

Hein, Hilde. 1972. "The Endurance of the Mechanism: Vitalism Controversy." *Journal of the History of Biology* 5:159–88.

Hendrix, Amanda R., Terry A. Hurford, Laura M. Barge, Michael T. Bland, Jeff S. Bowman, William Brinckerhoff, Bonnie J. Buratti et al. 2019. "The NASA Roadmap to Ocean

Worlds." *Astrobiology* 19:1–27.

Herbst, Charles C., and George R. Johnstone. 1937. "Life History of *Pelagophycus porra*." *Botanical Gazette* 99:339–54.

Hesp, Casper, Maxwell J. D. Ramstead, Axel Constant, Paul Badcock, Michael Kirchhoff, and Karl J. Friston. 2019. "A Multi-Scale View of the Emergent Complexity of Life: A Free-Energy Proposal." In *Evolution, Development, and Complexity: Multiscale Models in Complex Adaptive Systems*. Edited by Georgi Y. Georgiev, John M. Smart, Claudio L. Flores Martinez, and Michael E. Price. Cham, Switzerland: Springer International Publishing.

Hintzsche, Erich. 2008. "Haller, (Victor) Albrecht Von." In *Complete Dictionary of Scientific Biography*. Edited by Charles C. Gillispie. New York: Scribner.

Hintzsche, Erich, and Jörn H. Wolf. 1962. *Albrecht von Hallers Abhandlung über die Wirkung des Opiums auf den menschlichen Körper: übersetzt und erläutert*. Bern: Paul Haupt.

Hoffman, Friedrich. 1971. *Fundamenta medicinae*. Translated by Lester King. London: Macdonald.

Hordijk, Wim. 2019. "A History of Autocatalytic Sets: A Tribute to Stuart Kauffman." *Biological Theory* 14:224–46.

Hordijk, Wim, Mike Steel, and Stuart A. Kauffman. 2019. "Molecular Diversity Required for the Formation of Autocatalytic Sets." *Life* 9:23.

Hordijk, Wim, Shira Shichor, and Gonen Ashkenasy. 2018. "The Influence of Modularity, Seeding, and Product Inhibition on Peptide Autocatalytic Network Dynamics." *ChemPhysChem* 19:2437–44.

Horowitz, Norman H. 1966. "The Search for Extraterrestrial Life." *Science* 151:789–92.

Hostiuc, Sorin, Mugurel C. Rusu, Ionuţ Negoi, Paula Perlea, Bogdan Dorobanţu, and Eduard Drima. 2019. "The Moral Status of Cerebral Organoids." *Regenerative Therapy* 10:118–22.

Houle, Gilles, and Serge Payette. 1991. "Seed Dynamics of *Abies balsamea* and *Acer saccharum* in a Deciduous Forest of Northeastern North America." *American Journal of Botany* 78:895–905.

Hovers, Erella, and Anna Belfer-Cohen. 2013. "Insights into Early Mortuary Practices of *Homo*." In *The Oxford Handbook of the Archaeology of Death and Burial*. Edited by Liv N. Stutz and Sarah Tarlow. Oxford: Oxford University Press.

Huang, Andrew P., and James L. Bernat. 2019. "The Organism as a Whole in an Analysis of Death." *Journal of Medicine and Philosophy* 44:712–31.

Hubbs, Carl L., and Laura C. Hubbs. 1932. "Apparent Parthenogenesis in Nature, in a Form of Fish of Hybrid Origin." *Science* 76:628–30.

Huber, Christian G., and Agorastos. 2012. "We Are All Zombies Anyway: Aggression in Cotard's Syndrome." *Journal of Neuropsychiatry and Clinical Neurosciences* 24. doi:10.1176/appi.neuropsych.11070155.

Hughes, Jeffrey W., and Timothy J. Fahey. 1988. "Seed Dispersal and Colonization in a Disturbed Northern Hardwood Forest." *Bulletin of the Torrey Botanical Club* 115:89–99.

Hunter, Graeme K. 2000. *Vital Forces: The Discovery of the Molecular Basis of Life*. London: Academic Press.

Hussain, Ashiq, Luis R. Saraiva, David M. Ferrero, Gaurav Ahuja, Venkatesh S. Krishna, Stephen D. Liberles, and Sigrun I. Korsching. 2013. "High-Affinity Olfactory Receptor for the Death-Associated Odor Cadaverine." *Proceedings of the National Academy of Sciences* 110:19579–84.

Huxley, Thomas H. 1868. "On Some Organisms Living at Great Depths in the North Atlantic Ocean." *Quarterly Journal of Microscopical Science* 8:203–12.

Huxley, Thomas H. 1869. "On the Physical Basis of Life." *Fortnightly Review* 5:129–45.

Huxley, Thomas H. 1875. "Notes from the 'Challenger.'" *Nature* 12:315–16.

Huxley, Thomas H. 1891. "Biology." In *Encyclopaedia Britannica*. Philadelphia: Maxwell Somerville.

Jarvis, Gavin E. 2016a. "Early Embryo Mortality in Natural Human Reproduction: What the Data Say." *F1000Research* 5. doi:10.12688/f1000research.8937.2.

Jarvis, Gavin E. 2016b. "Estimating Limits for Natural Human Embryo Mortality." *F1000Research* 5. doi:10.12688/f1000research.9479.1.

Javaux, Emmanuelle J. 2019. "Challenges in Evidencing the Earliest Traces of Life." *Nature* 572:451–60.

Johns, William D. 1979. "Clay Mineral Catalysis and Petroleum Generation." *Annual Review of Earth and Planetary Sciences* 7:183–98.

Johnson, Joseph S., Michael R. Scafini, Brent J. Sewall, and Gregory G. Turner. 2016. "Hibernating Bat Species in Pennsylvania Use Colder Winter Habitats Following the Arrival of White-nose Syndrome." In *Conservation and Ecology of Pennsylvania's Bats*. Edited by Calvin M. Butchkoski, DeeAnn M. Reeder, Gregory G. Turner, and Howard P. Whidden. East Stroudsburg, PA: Pennsylvania Academy of Science.

Joyce, Gerald F. 1994. "Foreword." In *Origins of Life: The Central Concepts*. Edited by David W. Deamer and Gail R. Fleischaker. Boston: Jones & Bartlett.

Kahana, Amit, Philippe Schmitt-Kopplin, and Doron Lancet. 2019. "Enceladus: First Observed Primordial Soup Could Arbitrate Origin-of-Life Debate." *Astrobiology* 19:1263–78.

Kasianowicz, John J., Eric Brandin, Daniel Branton, and David W. Deamer. 1996. "Characterization of Individual Polynucleotide Molecules Using a Membrane Channel." *Proceedings of the National Academy of Sciences* 93:13770–73.

Kauffman, Stuart A. 2019. *A World Beyond Physics: The Emergence and Evolution of Life*. Oxford: Oxford University Press.

Kay, Lily E. 1985. "Conceptual Models and Analytical Tools: The Biology of Physicist Max Delbrück." *Journal of the History of Biology* 18:207–46.

Keilin, David. 1959. "The Leeuwenhoek Lecture: The Problem of Anabiosis or Latent Life: History and Current Concept." *Proceedings of the Royal Society B* 150:149–91.

Kilmister, Clive W. 1987. *Schrödinger: Centenary Celebration of a Polymath*. Cambridge, UK: Cambridge University Press.

King-Hele, Desmond. 1998. "The 1997 Wilkins Lecture: Erasmus Darwin, the Lunaticks and Evolution." *Notes and Records* 52:153–80.

King, William, and T. H. Rowney. 1869. "On the So-Called 'Eozoonal' Rock." *Quarterly Journal of the Geological Society* 25:115–18.

Kirschner, Marc, John Gerhart, and Tim Mitchison. 2000. "Molecular 'Vitalism.'" *Cell* 100:79–88.

Koch, Christof. 2019a. *The Feeling of Life Itself: Why Consciousness Is Widespread but Can't Be Computed*. Cambridge, MA: MIT Press.

Koch, Christof. 2019b. "Consciousness in Cerebral Organoids—How Would We Know?" *University of California Television*. https://www.youtube.com/watch?v=vMYnzTn0G1k (accessed June 8, 2020).

Kohler, Robert E. 1972. "The Reception of Eduard Buchner's Discovery of Cell-Free Fermentation." *Journal of the History of Biology* 5:327–53.

Kolb, Vera M. 2019. *Handbook of Astrobiology*. Boca Raton, FL: CRC Press.

Kompanichenko, Vladimir N. 2019. "Exploring the Kamchatka Geothermal Region in the Context of Life's Beginning." *Life* 9. doi:10.3390/life9020041.

Kompanichenko, Vladimir N., Valery A. Poturay, and K. V. Shlufman. 2015. "Hydrothermal Systems of Kamchatka Are Models of the Prebiotic Environment." *Origins of Life and Evolution of Biospheres* 45:93–103.

Kopparapu, Ravi K., Eric T. Wolf, and Victoria S. Meadows. 2019. "Characterizing Exoplanet Habitability." arXiv:1911.04441.

Kothe, Erika. 1996. "Tetrapolar Fungal Mating Types: Sexes by the Thousands." *FEMS Mi-*

crobiology Reviews 18:65–87.

Lampert, Kathrin P., and M. Schartl. 2008. "The Origin and Evolution of a Unisexual Hybrid: *Poecilia formosa.*" *Philosophical Transactions of the Royal Society B* 363:2901–9.

Lancaster, Madeline A., Magdalena Renner, Carol-Anne Martin, Daniel Wenzel, Louise S. Bicknell, Matthew E. Hurles, Tessa Homfray et al. 2013. "Cerebral Organoids Model Human Brain Development and Microcephaly." *Nature* 501:373–79.

Larsen, Gregory D. 2016. "The Peculiar Physiology of the Python." *Lab Animal* 45. doi:10.1038/laban.1027.

Laskowski, Kate L., Carolina Doran, David Bierbach, Jens Krause, and Max Wolf. 2019. "Naturally Clonal Vertebrates Are an Untapped Resource in Ecology and Evolution Research." *Nature Ecology & Evolution* 3:161–69.

Lasser, Karen E., Kristin Mickle, Sarah Emond, Rick Chapman, Daniel A. Ollendorf, and Steven D. Pearson. 2018. "Inotersen and Patisiran for Hereditary Transthyretin Amyloidosis: Effectiveness and Value." *Institute for Clinical and Economic Review*, October 4. https://icer.org/news-insights/journal- articles/amyloidosis/ (accessed June 8, 2020).

Lazcano, Antonio. 2016. "Alexandr I. Oparin and the Origin of Life: A Historical Reassessment of the Heterotrophic Theory." *Journal of Molecular Evolution* 83:214–22.

Lazcano, Antonio, and Jeffrey L. Bada. 2003. "The 1953 Stanley L. Miller Experiment: Fifty Years of Prebiotic Organic Chemistry." *Origins of Life and Evolution of the Biosphere* 33:235–42.

Lederberg, Joshua. 1967. "Science and Man . . . The Legal Start of Life." *Washington Post*, July 1, p. A13.

Lee, Patrick, and Robert P. George. 2001. "Embryology, Philosophy, & Human Dignity." *National Review*, August 9. https://web.archive.org/web/20011217063957/http://www.nationalreview.com/c omment/comment-leeprint080901.html (accessed June 8, 2020).

Lenhoff, Howard M., and Sylvia G. Lenhoff. 1988. "Trembley's Polyps." *Scientific American* 258:108–13.

Lenhoff, Sylvia G., and Howard M. Lenhoff. 1986. *Hydra and the Birth of Experimental Biology—1744: Abraham Trembley's Memoires Concerning the Polyps.* Pacific Grove, CA: Boxwood Press.

Letelier, Juan-Carlos, María L. Cárdenas, and Athel Cornish-Bowden. 2011. "From *L'Homme Machine* to Metabolic Closure: Steps Towards Understanding Life." *Journal of Theoretical Biology* 286:100–113.

Levy, Steven. 1992. *Artificial Life: The Quest for a New Creation.* New York: Pantheon

Books.

Lewis, Clive S. 1947. *The Abolition of Man: Or, Reflections on Education with Special Reference to the Teaching of English in the Upper Forms of School.* New York: Macmillan.

Lilley, Thomas M., Ian W. Wilson, Kenneth A. Field, DeeAnn M. Reeder, Megan E. Vodzak, Gregory G. Turner, Allen Kurta et al. 2020. "Genome-Wide Changes in Genetic Diversity in a Population of *Myotis lucifugus* Affected by White-Nose Syndrome." *G3* 10:2007–20.

Liu, Daniel. 2017. "The Cell and Protoplasm as Container, Object, and Substance, 1835–1861." *Journal of the History of Biology* 50:889–925.

Liu, Li, Jiajing Wang, Danny Rosenberg, Hao Zhao, György Lengyel, and Dani Nadel. 2018. "Fermented Beverage and Food Storage in 13,000 Y-Old Stone Mortars at Raqefet Cave, Israel: Investigating Natufian Ritual Feasting." *Journal of Archaeological Science: Reports* 21:783–93.

López-García, Purificación, and David Moreira. 2012. "Viruses in Biology." *Evolution: Education and Outreach* 5:389–98.

Luisi, Pier L. 1998. "About Various Definitions of Life." *Origins of Life and Evolution of the Biosphere* 28:613–22.

Lynn, Michael R. 2001. "Haller, Albrecht Von." *eLS.* doi:10.1038/npg.els.0002941.

Macdougall, Doug. 2019. *Endless Novelties of Extraordinary Interest: The Voyage of* H.M.S., *Challenger and the Birth of Modern Oceanography.* New Haven, CT: Yale University Press.

Machado, Calixto. 2005. "The First Organ Transplant from a Brain-Dead Donor." *Neurology* 64:1938–42.

Macleod, Gordon, Christopher McKeown, Allan J. Hall, and Michael J. Russell. 1994. "Hydrothermal and Oceanic pH Conditions of Possible Relevance to the Origin of Life." *Origins of Life and Evolution of the Biosphere* 24:19–41.

Maehle, Andreas-Holger. 1999. *Drugs on Trial: Experimental Pharmacology and Therapeutic Innovation in the Eighteenth Century.* Amsterdam: Rodopi.

Maienschein, Jane. 2014. "Politics in Your DNA." *Slate,* June 10. https://slate.com/technology/2014/06/personhood-movement-chimeras-how-biology-complicates-politics.html (accessed June 8, 2020).

Manninen, Bertha A. 2012. "Beyond Abortion: The Implications of Human Life Amendments." *Journal of Social Philosophy* 43:140–60.

Marchetto, Maria C. N., Cassiano Carromeu, Allan Acab, Diana Yu, Gene W. Yeo, Yangling Mu, Gong Chen et al. 2010. "A Model for Neural Development and Treatment of Rett Syndrome Using Human Induced Pluripotent Stem Cells." *Cell* 143:527–39.

Mariscal, Carlos, Ana Barahona, Nathanael Aubert-Kato, Arsev U. Aydinoglu, Stuart Bartlett, María L. Cárdenas, Kuhan Chandru et al. 2019. "Hidden Concepts in the History and Philosophy of Origins-of-Life Studies: A Workshop Report." *Origins of Life and Evolution of the Biosphere* 49:111–45.

Mariscal, Carlos, and W. F. Doolittle. 2018. "Life and Life Only: A Radical Alternative to Life Definitionism." *Synthese*. doi:10.1007/s11229-018-1852-2.

Marshall, Stuart M., Douglas Moore, Alastair R. G. Murray, Sara I. Walker, and Leroy Cronin. 2019. "Quantifying the Pathways to Life Using Assembly Spaces." arXiv:1907.04649.

Marshall, Stuart, et al. In preparation. "Identifying Molecules as Biosignatures with Assembly Theory and Mass Spectrometry." Manuscript.

Maruyama, Koscak. 1991. "The Discovery of Adenosine Triphosphate and the Establishment of Its Structure." *Journal of the History of Biology* 24:145–54.

McGrath, Larry. 2013. "Bergson Comes to America." *Journal of the History of Ideas* 74:599–620.

McGraw, Donald J. 1974. "Bye-Bye Bathybius: The Rise and Fall of a Marine Myth." *Bios* 45:164–71.

McInnis, Brian I. 2016. "Haller, Unzer, and Science as Process." In *The Early History of Embodied Cognition 1740–1920: The Lebenskraft-Debate and Radical Reality in German Science, Music, and Literature.* Edited by John A. McCarthy, Stephanie M. Hilger, Heather I. Sullivan, and Nicholas Saul. Leiden, Netherlands: Brill.

McKaughan, Daniel J. 2005. "The Influence of Niels Bohr on Max Delbrück: Revisiting the Hopes Inspired by 'Light and Life.'" *Isis* 96:507–29.

McKay, David S., Everett K. Gibson Jr., Kathie L. Thomas-Keprta, Hojatollah Vali, Christopher S. Romanek, Simon J. Clemett, Xavier D. F. Chillier et al. 1996. "Search for Past Life on Mars: Possible Relic Biogenic Activity in Martian Meteorite ALH84001." *Science* 273:924–30.

McNab, Brian K. 1969. "The Economics of Temperature Regulation in Neutropical Bats." *Comparative Biochemistry and Physiology* 31:227–68.

Meierhenrich, Uwe J. 2012. "Life in Its Uniqueness Remains Difficult to Define in Scientific Terms." *Journal of Biomolecular Structure and Dynamics* 29:641– 42.

Mesci, Pinar, Angela Macia, Spencer M. Moore, Sergey A. Shiryaev, Antonella Pinto, Chun-Teng Huang, Leon Tejwani et al. 2018. "Blocking Zika Virus Vertical Transmission." *Scientific Reports* 8. doi:10.1038/s41598-018-19526-4.

Mesler, Bill, and H. J. Cleaves II. 2015. *A Brief History of Creation: Science and the Search for the Origin of Life.* New York: Norton.

Miller, Stanley L. 1974. "The First Laboratory Synthesis of Organic Compounds Under Primitive Earth Conditions." In *The Heritage Copernicus: Theories "Pleasing to the Mind."* Edited by Jerzy Neyman. Cambridge, MA: MIT Press.

Miller, Stanley L., J. W. Schopf, and Antonio Lazcano. 1997. "Oparin's 'Origin of Life': Sixty Years Later." *Journal of Molecular Evolution* 44:351–53.

Milshteyn, Daniel, Bruce Damer, Jeff Havig, and David Deamer. 2018. "Amphiphilic Compounds Assemble into Membranous Vesicles in Hydrothermal Hot Spring Water but Not in Seawater." *Life* 8. doi:10.3390/life8020011.

Miras, Haralampos N., Cole Mathis, Weimin Xuan, De-Liang Long, Robert Pow, and Leroy Cronin. 2019. "Spontaneous Formation of Autocatalytic Sets with Self-Replicating Inorganic Metal Oxide Clusters." *Proceedings of the National Academy of Sciences* 117:10699–705.

Mollaret, Pierre, and Maurice Goulon. 1959. "Le coma dépassé." *Revue Neurologique* 101:3–15.

Mommaerts, Wilfried F. 1992. "Who Discovered Actin?" *BioEssays* 14:57–59.

Moniruzzaman, Mohammad, Carolina A. Martinez-Gutierrez, Alaina R. Weinheimer, and Frank O. Aylward. 2020. "Dynamic Genome Evolution and Complex Virocell Metabolism of Globally-Distributed Giant Viruses." *Nature Communications* 11. doi:10.1038/s41467-020-15507-2.

Moore, Marianne S., Kenneth A. Field, Melissa J. Behr, Gregory G. Turner, Morgan E. Furze, Daniel W. F. Stern, Paul R. Allegra et al. 2018. "Energy Conserving Thermoregulatory Patterns and Lower Disease Severity in a Bat Resistant to the Impacts of White-Nose Syndrome." *Journal of Comparative Physiology B* 188:163–76.

Moradali, M. F., Shirin Ghods, and Bernd H. A. Rehm. 2017. "*Pseudomonas aeruginosa* Lifestyle: A Paradigm for Adaptation, Survival, and Persistence." *Frontiers in Cellular and Infection Microbiology* 7. doi:10.3389/fcimb.2017.00039.

Mortensen, Jens. 2020. "Six Months of Coronavirus: Here's Some of What We've Learned." *New York Times*, June 18. https://www.nytimes.com/article/coronavirus-facts-history.html (accessed July 25, 2020).

Moseley, Henry N. 1892. *Notes by a Naturalist: An Account of Observations Made During the Voyage of* H.M.S., *"Challenger" Round the World in the Years 1872–1876.* New York: Putnam.

Moss, Helen E., Lorraine K. Tyler, and Fábio Jennings. 1997. "When Leopards Lose Their Spots: Knowledge of Visual Properties in Category-Specific Deficits for Living Things." *Cognitive Neuropsychology* 14:901–50.

Moss, Ralph W. 1988. *Free Radical: Albert Szent-Gyorgyi and the Battle over Vitamin C.* New York: Paragon House.

"Mr. J. B. Butler Burke." *Times* (London), January 16, 1946, p. 6.

Mullen, Leslie. 2013. "Forming a Definition for Life: Interview with Gerald Joyce." *Astrobiology Magazine*, July 25. https://www.astrobio.net/origin-and-evolution-of-life/forming-a-definition-for-life-interview-with-gerald-joyce/ (accessed June 8, 2020).

Muller, Hermann J. 1929. "The Gene as the Basis of Life." *Proceedings of the International Congress of Plant Sciences* 1:879–921.

Murray, John. 1876. "Preliminary Reports to Professor Wyville Thomson, F.R.S., Director of the Civilian Scientific Staff, on Work Done on Board the 'Challenger.'" *Proceedings of the Royal Society* 24:471–544.

Nair-Collins, Michael. 2018. "A Biological Theory of Death: Characterization, Justification, and Implications." *Diametros* 55:27–43.

Nair-Collins, Michael, Jesse Northrup, and James Olcese. 2016. "Hypothalamic-Pituitary Function in Brain Death: A Review." *Journal of Intensive Care Medicine* 31:41–50.

Nairne, James S., Joshua E. VanArsdall, and Mindi Cogdill. 2017. "Remembering the Living: Episodic Memory Is Tuned to Animacy." *Current Directions in Psychological Science* 26:22–27.

Navarro-Costa, Paulo, and Rui G. Martinho. 2020. "The Emerging Role of Transcriptional Regulation in the Oocyte-to-Zygote Transition." *PLoS Genetics* 16. doi:10.1371/journal.pgen.1008602.

Neaves, William. 2017. "The Status of the Human Embryo in Various Religions." *Development* 144:2541–43.

Needham, Joseph. 1925. "The Philosophical Basis of Biochemistry." *Monist* 35:27–48.

Nicholson, Daniel J., and Richard Gawne. 2015. "Neither Logical Empiricism Nor Vitalism, but Organicism: What the Philosophy of Biology Was." *History and Philosophy of the Life Sciences* 37:345–81.

Nobis, Nathan, and Kristina Grob. 2019. *Thinking Critically About Abortion: Why Most Abortions Aren't Wrong & Why All Abortions Should Be Legal.* Open Philosophy Press.

Noonan, John T., Jr. 1967. "Abortion and the Catholic Church: A Summary History." *American Journal of Jurisprudence* 12:85–131.

Normandin, Sebastian, and Charles T. Wolfe. 2013. *Vitalism and the Scientific Image in Post-Enlightenment Life Science, 1800–2010.* New York: Springer.

Oberhaus, Daniel. 2019. "A Crashed Israeli Lunar Lander Spilled Tardigrades on the Moon." *Wired*, August 5. https://www.wired.com/story/a-crashed-israeli-lunar-lander-spilled-tardigrades-on-the-moon/ (accessed June 8, 2020).

"Obituary Notices of Fellows Deceased." *Proceedings of the Royal Society*, January 1, 1895. doi:10.1098/rspl.1895.0002.

O'Brien, Charles F. 1970. "*Eozoön canadense*: 'The Dawn Animal of Canada,'" *Isis* 61:206–23.

Oettmeier, Christina, Klaudia Brix, and Hans-Günther Döbereiner. 2017. "*Physarum polycephalum*—A New Take on a Classic Model System." *Journal of Physics D* 50. doi:10.1088/1361-6463/aa8699.

Ohl, Christiane, and Wilhelm Stockem. 1995. "Distribution and Function of Myosin II as a Main Constituent of the Microfilament System in *Physarum polycephalum*." *European Journal of Protistology* 31:208–22.

Olby, Robert. 2009. *Francis Crick: Hunter of Life's Secrets*. Cold Spring Harbor, NY: Cold Spring Harbor Laboratory Press.

Oparin, Alexander I. 1924. "The Origin of Life." In *The Origin of Life*. Edited by John D. Bernal. Cleveland, OH: World Publishing Company.

Oparin, Alexander I. 1938. *The Origin of Life*. New York: Macmillan.

Orgel, Leslie E. 1968. "Evolution of the Genetic Apparatus." *Journal of Molecular Biology* 38:381–93.

"Oriental Memoirs." 1814. *Monthly Magazine* 36:577–618.

"Origin of Life, The." *Cambridge Independent Press*, June 23, 1905, p. 3.

Packard, Alpheus S. 1876. *Life Histories of Animals, Including Man: Or, Outlines of Comparative Embryology*. New York: Henry Holt.

Palacios, Ensor R., Adeel Razi, Thomas Parr, Michael Kirchhoff, and Karl Friston. 2020. "On Markov Blankets and Hierarchical Self-Organisation." *Journal of Theoretical Biology* 486:110089.

Paleos, Constantinos M. 2015. "A Decisive Step Toward the Origin of Life." *Trends in Biochemical Sciences* 40:487–88.

Parrilla-Gutierrez, Juan M., Soichiro Tsuda, Jonathan Grizou, James Taylor, Alon Henson, and Leroy Cronin. 2017. "Adaptive Artificial Evolution of Droplet Protocells in a 3D-Printed Fluidic Chemorobotic Platform with Configurable Environments." *Nature Communications* 8. doi:10.1038/s41467-017-01161-8.

Peabody, C. A. 1882. "Marriage and Its Duties." *Daily Journal* (Montpelier, VT), November 8, p. 4.

Peattie, Donald C. 1950. *A Natural History of Trees of Eastern and Central North America*. Boston: Houghton Mifflin.

Peck, Carol J., and Nels R. Lersten. 1991a. "Samara Development of Black Maple (*Acer saccharum* Ssp. *nigrum*) with Emphasis on the Wing." *Canadian Journal of Botany* 69:1349–60.

Peck, Carol J., and Nels R. Lersten. 1991b. "Gynoecial Ontogeny and Morphology, and Pollen Tube Pathway in Black Maple, *Acer saccharum* Ssp. *nigrum* (*Aceraceae*)." *American Journal of Botany* 78:247–59.

Penning, David A., Schuyler F. Dartez, and Brad R. Moon. 2015. "The Big Squeeze: Scaling of Constriction Pressure in Two of the World's Largest Snakes, *Python reticulatus* and *Python molurus bivittatus*." *Journal of Experimental Biology* 218:3364–67.

Peretó, Juli, Jeffrey L. Bada, and Antonio Lazcano. 2009. "Charles Darwin and the Origin of Life." *Origins of Life and Evolution of Biospheres* 39:395–406.

Perry, Blair W., Audra L. Andrew, Abu H. M. Kamal, Daren C. Card, Drew R. Schield, Giulia I. M. Pasquesi, Mark W. Pellegrino et al. 2019. "Multi-Species Comparisons of Snakes Identify Coordinated Signalling Networks Underlying Post-Feeding Intestinal Regeneration." *Proceedings of the Royal Society B* 286. doi:10.1098/rspb.2019.0910.

Peters, Philip G., Jr. 2006. "The Ambiguous Meaning of Human Conception." *UC Davis Law Review* 40:199–228.

Pettitt, Paul B. 2018. "Hominin Evolutionary Thanatology from the Mortuary to Funerary Realm: The Palaeoanthropological Bridge Between Chemistry and Culture." *Philosophical Transactions of the Royal Society B* 373. doi:10.1098/rstb.2018.0212.

Pfeiffer, Burkard, and Frieder Mayer. 2013. "Spermatogenesis, Sperm Storage and Reproductive Timing in Bats." *Journal of Zoology* 289:77–85.

Phillips, R. 2020. "Schrodinger's 'What is Life?' at 75: Back to the Future." Manuscript.

Pierpont, W. S. 1999. "Norman Wingate Pirie: 1 July 1907–29 March 1997." *Biographical Memoirs of Fellows of the Royal Society* 45:399–415.

Pirie, Norman W. 1937. "The Meaninglessness of the Terms Life and Living." In *Perspectives in Biochemistry: Thirty-One Essays Presented to Sir Frederick Gowland Hopkins by Past and Present Members of His Laboratory*. Edited by Joseph Needham and David E. Green. Cambridge: Cambridge University Press.

Points, Laurie J., James W. Taylor, Jonathan Grizou, Kevin Donkers, and Leroy Cronin.

2018. "Artificial Intelligence Exploration of Unstable Protocells Leads to Predictable Properties and Discovery of Collective Behavior." *Proceedings of the National Academy of Sciences* 115. doi:10.1073/pnas.1711089115.

Poltak, Steffen R., and Vaughn S. Cooper. 2011. "Ecological Succession in Long-Term Experimentally Evolved Biofilms Produces Synergistic Communities." *ISME Journal* 5:369–78.

Popa, Radu. 2004. *Between Necessity and Probability: Searching for the Definition and Origin of Life*. Berlin: Springer-Verlag.

Porcar, Manuel, and Juli Peretó. 2018. "Creating Life and the Media: Translations and Echoes." *Life Sciences, Society and Policy* 14. doi:10.1186/s40504-018-0087-9.

Postberg, Frank, Nozair Khawaja, Bernd Abel, Gael Choblet, Christopher R. Glein, Murthy S. Gudipati, Bryana L. Henderson et al. 2018. "Macromolecular Organic Compounds from the Depths of Enceladus." *Nature* 558:564–68.

Pratama, Akbar A., and Jan D. Van Elsas. 2018. "The 'Neglected' Soil Virome—Potential Role and Impact." *Trends in Microbiology* 26:649–62.

President's Commission for the Study of Ethical Problems in Medicine and Biomedical and Behavioral Research. 1981. *Defining Death: A Report on the Medical, Legal and Ethical Issues in the Determination of Death*. Washington, D.C.: U.S. Government Printing Office.

Quick, Joshua, Nicholas J. Loman, Sophie Duraffour, Jared T. Simpson, Ettore Severi, Lauren Cowley, Joseph A. Bore et al. 2016. "Real-Time, Portable Genome Sequencing for Ebola Surveillance." *Nature* 530:228–32.

Rajamani, Sudha, Alexander Vlassov, Seico Benner, Amy Coombs, Felix Olasagasti, and David Deamer. 2008. "Lipid-Assisted Synthesis of RNA-Like Polymers from Mononucleotides." *Origins of Life and Evolution of Biospheres* 38:57–74.

Rall, Jack A. 2018. "Generation of Life in a Test Tube: Albert Szent-Gyorgyi, Bruno Straub, and the Discovery of Actin." *Advances in Physiology Education* 42:277–88.

Ramberg, Peter J. 2000. "The Death of Vitalism and the Birth of Organic Chemistry: Wohler's Urea Synthesis and the Disciplinary Identity of Organic Chemistry." *Ambix*, 47170–95

Rankin, Mark. 2013. "Can One Be Two? A Synopsis of the Twinning and Personhood Debate." *Monash Bioethics Review* 31:37–59.

Ratcliff, Marc J. 2004. "Abraham Trembley's Strategy of Generosity and the Scope of Celebrity in the Mid-Eighteenth Century." *Isis* 95:555–75.

Ray, Subash K., Gabriele Valentini, Purva Shah, Abid Haque, Chris R. Reid, Gregory F. Weber, and Simon Garnier. 2019. "Information Transfer During Food Choice in the Slime Mold

Physarum polycephalum." *Frontiers in Ecology and Evolution* 7:1–11.

Reed, Charles B. 1915. *Albrecht Von Haller: A Physician—Not Without Honor.* Chicago: Chicago Literary Club.

Rehbock, Philip F. 1975. "Huxley, Haeckel, and the Oceanographers: The Case of *Bathybius haeckelii.*" *Isis* 66:504–33.

Reid, Chris R., Hannelore MacDonald, Richard P. Mann, James A. R. Marshall, Tanya Latty, and Simon Garnier. 2016. "Decision-Making Without a Brain: How an Amoeboid Organism Solves the Two-Armed Bandit." *Journal of the Royal Society Interface* 13. doi:10.1098/rsif.2016.0030.

Reid, Chris R., Simon Garnier, Madeleine Beekman, and Tanya Latty. 2015. "Information Integration and Multiattribute Decision Making in Non-Neuronal Organisms." *Animal Behaviour* 100:44–50.

Reid, Chris R., Tanya Latty, Andrey Dussutour, and Madeleine Beekman. 2012. "Slime Mold Uses an Externalized Spatial 'Memory' to Navigate in Complex Environments." *Proceedings of the National Academy of Sciences* 109:17490–94.

Reinhold, Robert. 1968. "Harvard Panel Asks Definition of Death Be Based on Brain." *New York Times*, August 5. https://www.nytimes.com/1968/08/05/archives/harvard-panel-asks-definition-of- death-be-based-on-brain-death.html (accessed June 8, 2020).

Rice, Amy L. 1983. "Thomas Henry Huxley and the Strange Case Of *Bathybius haeckelii*: A Possible Alternative Explanation." *Archives of Natural History* 11:169–80.

Robinson, Denis M. 1988. "Reminiscences on Albert Szent-Györgyi." *Biological Bulletin* 174:214–33.

Rochlin, Kate, Shannon Yu, Sudipto Roy, and Mary K. Baylies. 2010. "Myoblast Fusion: When It Takes More to Make One." *Developmental Biology* 341: 66–83.

Roe, Shirley A. 1981. *Matter, Life, and Generation: 18th-Century Embryology and the Haller-Wolff Debate.* Cambridge, UK: Cambridge University Press.

Rogalla, Horts, and Peter H. Kes, editors. *100 Years of Superconductivity.* London: Taylor & Francis.

Roger, Jacques. 1997. *Buffon: A Life in Natural History.* Translated by Sarah L. Bonnefoi. Ithaca, NY: Cornell University Press.

Rosa-Salva, Orsola, Uwe Mayer, and Giorgio Vallortigara. 2015. "Roots of a Social Brain: Developmental Models of Emerging Animacy-Detection Mechanisms." *Neuroscience & Biobehavioral Reviews* 50:150–68.

Rößler, Hole. 2013. "Character Masks of Scholarship: Self-Representation and Self-Experiment as Practices of Knowledge Around 1770." In *Scholars in Action: The Practice of Knowledge and the Figure of the Savant in the 18th Century*. Edited by André Holenstein, Hubert Steinke, and Martin Stuber. Leiden, Netherlands: Brill.

Ruggiero, Angela. 2018. "Jahi McMath: Funeral Honors Young Teen Whose Brain Death Captured World's Attention." *Mercury News* (San Jose, CA), July 6. https://www.mercurynews.com/2018/07/06/jahi-mcmath-funeral-honors-young-teen-whose-brain-death-captured-worlds-attention/ (accessed June 8, 2020).

Rummel, Andrea D., Sharon M. Swartz, and Richard L. Marsh. 2019. "Warm Bodies, Cool Wings: Regional Heterothermy in Flying Bats." *Biology Letters* 15. doi:10.1098/rsbl.2019.0530.

Rupke, Nicolaas A. 1976. "*Bathybius haeckelii* and the Psychology of Scientific Discovery: Theory Instead of Observed Data Controlled the Late 19th Century 'Discovery' of a Primitive Form of Life." *Studies in History and Philosophy of Science Part A* 7:53–62.

Russell, Michael J. 2019. "Prospecting for Life." *Interface Focus* 9. doi:10.1098/rsfs.2019.0050.

Rutz, Christian, Matthias-Claudio Loretto, Amanda E. Bates, Sarah C. Davidson, Carlos M. Duarte, Walter Jetz, Mark Johnson et al. 2020. "COVID-19 Lockdown Allows Researchers to Quantify the Effects of Human Activity on Wildlife." *Nature Ecology & Evolution*. doi:10.1038/s41559-020-1237-z.

Sagan, Carl, and Joshua Lederberg. 1976. "The Prospects for Life on Mars: A Pre-Viking Assessment." *Icarus* 28:291–300.

Samartzidou, Hrissi, Mahsa Mehrazin, Zhaohui Xu, Michael J. Benedik, and Anne H. Delcour. 2003. "Cadaverine Inhibition of Porin Plays a Role in Cell Survival at Acidic pH." *Journal of Bacteriology* 185:13–19.

Satterly, John. 1939. "The Postprandial Proceedings of the Cavendish Society I." *American Journal of Physics* 7:179–85.

Schlenk, Fritz. 1987. "The Ancestry, Birth and Adolescence of Adenosine Triphosphate." *Trends in Biochemical Sciences* 12:367–68.

Schmalian, Jörg. 2010. "Failed Theories of Superconductivity." *Modern Physics Letters B* 24:2679–91.

Scholl, Brian J., and Patrice D. Tremoulet. 2000. "Perceptual Causality and Animacy." *Trends in Cognitive Sciences* 4:299–309.

Schrödinger, Erwin. 2012. *What Is Life?* Cambridge: Cambridge University Press.

Secor, Stephen M., and Jared Diamond. 1995. "Adaptive Responses to Feeding in Burmese

生命的边界

Pythons: Pay Before Pumping." *Journal of Experimental Biology* 198:1313–25.

Secor, Stephen M., and Jared Diamond. 1998. "A Vertebrate Model of Extreme Physiological Regulation." *Nature* 395:659–62.

Secor, Stephen M., Eric D. Stein, and Jared Diamond. 1994. "Rapid Upregulation of Snake Intestine in Response to Feeding: A New Model of Intestinal Adaptation." *American Journal of Physiology* 266:G695–705.

Setia, Harpreet, and Alysson R. Muotri. 2019. "Brain Organoids as a Model System for Human Neurodevelopment and Disease." *Seminars in Cell and Developmental Biology* 95:93–97.

Setten, Ryan L., John J. Rossi, and Si-Ping Han. 2019. "The Current State and Future Directions of RNAi-Based Therapeutics." *Nature Reviews Drug Discovery* 18:421–46.

Shahar, Anat, Peter Driscoll, Alycia Weinberger, and George Cody. 2019. "What Makes a Planet Habitable?" *Science* 364:434–35.

Shewmon, D. A. 2018. "The Case of Jahi McMath: A Neurologist's View." *Hastings Center Report* 48:S74–76.

Simkulet, William. 2017. "Cursed Lamp: The Problem of Spontaneous Abortion." *Journal of Medical Ethics*. doi:10.1136/medethics-2016-104018.

Simpson, Bob. 2018. "Death." Cambrid*ge Encyclopedia of Anthropology*, July 23. http://doi.org/10.29164/18death (accessed June 8, 2020).

Sloan, Philip R., and Brandon Fogel. 2011. *Creating a Physical Biology: The Three-Man Paper and Early Molecular Biology.* Chicago: University of Chicago Press.

Slowik, Edward. 2017. "Descartes' Physics." *Stanford Encyclopedia of Philosophy*, August 22. https://plato.stanford.edu/archives/fall2017/entries/descartes-physics/ (accessed July 25, 2020).

Slutsky, Arthur S. 2015. "History of Mechanical Ventilation: From Vesalius to Ventilator-Induced Lung Injury." *American Journal of Respiratory and Critical Care Medicine* 191:1106–15.

Smith, Kelly C. 2018. "Life as Adaptive Capacity: Bringing New Life to an Old Debate." *Biological Theory* 13:76–92.

Srivathsan, Amrita, Emily Hartop, Jayanthi Puniamoorthy, Wan T. Lee, Sujatha N. Kutty, Olavi Kurina, and Rudolf Meier. 2019. "Rapid, Large-Scale Species Discovery in Hyperdiverse Taxa Using 1D MinION Sequencing." *BMC Biology* 17. doi:10.1186/s12915-019-0706-9.

Steigerwald, Joan. 2019. *Experimenting at the Boundaries of Life: Organic Vitality in Germany Around 1800.* Pittsburgh, PA: University of Pittsburgh Press.

Steinke, Hubert. 2005. *Irritating Experiments: Haller's Concept and the European Controversy on Irritability and Sensibility, 1750–90*. Amsterdam: Rodopi.

Stephenson, Andrew G. 1981. "Flower and Fruit Abortion: Proximate Causes and Ultimate Functions." *Annual Review of Ecology and Systematics* 12:253–79.

Stiles, Joan, and Terry L. Jernigan. 2010. "The Basics of Brain Development." *Neuropsychology Review* 20:327–48.

Stott, Rebecca. 2012. *Darwin's Ghosts: The Secret History of Evolution*. New York: Spiegel & Grau.

Strauss, Bernard S. 2017. "A Physicist's Quest in Biology: Max Delbrück and 'Complementarity.'" *Genetics* 206:641–50.

Strick, James E. 2009. "Darwin and the Origin of Life: Public Versus Private Science." *Endeavour* 33:148–51.

Subramanian, Samanth. 2020. *A Dominant Character: The Radical Science and Restless Politics of J. B. S. Haldane*. New York: Norton.

Sullivan, Janet R. 1983. "Comparative Reproductive Biology of *Acer pensylvanicum* and *A. spicatum* (*Aceraceae*)." *American Journal of Botany* 70:916–24.

Surman, Andrew J., Marc R. Garcia, Yousef M. Abul-Haija, Geoffrey J. T. Cooper, Piotr S. Gromski, Rebecca Turk-MacLeod, Margaret Mullin et al. 2019. "Environmental Control Programs the Emergence of Distinct Functional Ensembles from Unconstrained Chemical Reactions." *Proceedings of the National Academy of Sciences* 116. doi:10.1073/pnas.1813987116.

Sutton, Geoffrey. 1984. "The Physical and Chemical Path to Vitalism: Xavier Bichat's Physiological Researches on Life and Death." *Bulletin of the History of Medicine* 58:53–71.

Swartz, Mimi. 1996. "It Came from Outer Space." *Texas Monthly*, November. https://www.texasmonthly.com/articles/it-came-from-outer-space/ (accessed July 25, 2020).

Sweet, William H. 1978. "Brain Death." *New England Journal of Medicine* 299:410–22.

Symonds, Neville. 1988. "Schrödinger and Delbrück: Their Status in Biology." *Trends in Biochemical Sciences* 13:232–34.

Szabo, Liz. 2014. "Ethicists Criticize Treatment of Teen, Texas Patient." *USA Today*, January 9. https://www.usatoday.com/story/news/nation/2014/01/09/ethicists-criticize-treatment-brain-dead-patients/4394173/ (accessed June 8, 2020).

Szent-Györgyi, Albert. 1948. *Nature of Life: A Study on Muscle*. New York: Academic Press.

Szent-Györgyi, Albert. 1963. "Lost in the Twentieth Century." *Annual Review of Biochemistry* 32:1–14.

Szent-Györgyi, Albert. 1972. "What Is Life?" In *Biology Today*. Edited by John H. Painter, Jr. Del Mar, CA: CRM Books.

Szent-Györgyi, Albert. 1977. "The Living State and Cancer." *Proceedings of the National Academy of Sciences* 74:2844–47.

Tamura, Koji. 2016. "The Genetic Code: Francis Crick's Legacy and Beyond." *Life* 6:36.

Taubner, Ruth-Sophie, Patricia Pappenreiter, Jennifer Zwicker, Daniel Smrzka, Christian Pruckner, Philipp Kolar, Sébastien Bernacchi et al. 2018. "Biological Methane Production Under Putative Enceladus-Like Conditions." *Nature Communications* 9:748.

Taylor, William R. 1920. *A Morphological and Cytological Study of Reproduction in the Genus Acer*. Philadelphia: University of Pennsylvania.

Thomson, Charles W. 1869. "XIII. On the Depths of the Sea." *Annals and Magazine of Natural History* 4:112–24.

Thomson, Joseph J. 1906. "Some Applications of the Theory of Electric Discharge Through Gases to Spectroscopy." *Nature* 73:495–99.

Tirard, Stéphane. 2017. "J. B. S. Haldane and the Origin of Life." *Journal of Genetics* 96:735–39.

Trifonov, Edward N. 2011. "Vocabulary of Definitions of Life Suggests a Definition." *Journal of Biomolecular Structure and Dynamics* 29:259–66.

Trujillo, Cleber A., Richard Gao, Priscilla D. Negraes, Jing Gu, Justin Buchanan, Sebastian Preissl, Allen Wang et al. 2019. "Complex Oscillatory Waves Emerging from Cortical Organoids Model Early Human Brain Network Development." *Cell Stem Cell* 25:558–69.e7.

Truog, Robert D. 2018. "Lessons from the Case of Jahi McMath." *Hastings Center Report* 48:S70–73.

Vallortigara, Giorgio, and Lucia Regolin. 2006. "Gravity Bias in the Interpretation of Biological Motion by Inexperienced Chicks." *Current Biology* 16:R279–80.

Van Kranendonk, Martin J., David W. Deamer, and Tara Djokic. 2017. "Life Springs." *Scientific American* 317:28–35.

Van Lawick-Goodall, Jane. 1968. "The Behaviour of Free-Living Chimpanzees in the Gombe Stream Reserve." *Animal Behaviour Monographs* 1:161–311.

Van Lawick-Goodall, Jane. 1971. *In the Shadow of Man*. Boston: Houghton Mifflin.

Vartanian, Aram. 1950. "Trembley's Polyp, La Mettrie, and Eighteenth-Century French Materialism." *Journal of the History of Ideas* 11:259–86.

Vastenhouw, Nadine L., Wen X. Cao, and Howard D. Lipshitz. 2019. "The Maternal-to-Zygotic Transition Revisited." *Development* 146. doi:10.1242/dev.161471.

Vázquez-Diez, Cayetana, and Greg FitzHarris. 2018. "Causes and Consequences of Chromosome Segregation Error in Preimplantation Embryos." *Reproduction* 155:R63–76.

"Viking I Lands on Mars." *ABC News*, July 20, 1976. https://www.youtube.com/watch?v=g-ZjCfNvx9m8 (accessed June 8, 2020).

Villavicencio, Raphael T. 1998. "The History of Blue Pus." *Journal of the American College of Surgeons* 187:212–16.

Vitas, Marko, and Andrej Dobovišek. 2019. "Towards a General Definition of Life." *Origins of Life and Evolution of Biospheres* 49:77–88.

Vitturi, Bruno K., and Wilson L. Sanvito. 2019. "Pierre Mollaret (1898–1987)." *Journal of Neurology* 266:1290–91.

Voigt, Christian C., Winifred F. Frick, Marc W. Holderied, Richard Holland, Gerald Kerth, Marco A. R. Mello, Raina K. Plowright et al. 2017. "Principles and Patterns of Bat Movements: From Aerodynamics to Ecology." *Quarterly Review of Biology* 92:267–87.

Waddington, Conrad H. 1967. "No Vitalism for Crick." *Nature* 216:202–3.

Wakefield, Priscilla. 1816. *Instinct Displayed, in a Collection of Well- Authenticated Facts, Exemplifying the Extraordinary Sagacity of Various Species of the Animal Creation.* Boston: Flagg & Gould.

Walker, Sara I. 2017. "Origins of Life: A Problem for Physics, a Key Issues Review." *Reports on Progress in Physics* 80. doi:10.1088/1361-6633/aa7804.

Walker, Sara I. 2018. "Bio from Bit." In *Wandering Towards a Goal: How Can Mindless Mathematical Laws Give Rise to Aims and Intention?* Edited by Anthony Aguirre, Brendan Foster, and Zeeya Merali. Cham, Switzerland: Springer International Publishing.

Walker, Sara I., and Paul C. W. Davies. 2012. "The Algorithmic Origins of Life." *Journal of the Royal Society Interface* 10. doi:10.1098/rsif.2012.0869.

Walker, Sara I., Hyunju Kim, and Paul C. W. Davies. 2016. "The Informational Architecture of the Cell." *Philosophical Transactions of the Royal Society A* 374. doi:10.1098/rsta.2015.0057.

Walker, Sara I., William Bains, Leroy Cronin, Shiladitya DasSarma, Sebastian Danielache, Shawn Domagal-Goldman, Betul Kacar et al. 2018. "Exoplanet Biosignatures: Future Directions." *Astrobiology* 18:779–824.

Webb, Richard L., and Paul A. Nicoll. 1954. "The Bat Wing as a Subject for Studies in Homeostasis of Capillary Beds." *Anatomical Record* 120:253–63.

Welch, G. R. 1995. "T. H. Huxley and the 'Protoplasmic Theory of Life': 100 Years Later." *Trends in Biochemical Sciences* 20:481–85.

Westall, Frances, and André Brack. 2018. "The Importance of Water for Life." *Space Science Reviews* 214. doi:10.1007/s11214-018-0476-7.

Wijdicks, Eelco F. M. 2003. "The Neurologist and Harvard Criteria for Brain Death." *Neurology* 61:970–76.

Willis, Craig K. R. 2017. "Trade-offs Influencing the Physiological Ecology of Hibernation in Temperate-Zone Bats." *Integrative and Comparative Biology* 57:1214–24.

Wilson, Edmund B. 1923. *The Physical Basis of Life*. New Haven, CT: Yale University Press.

WSFA Staff. 2019. "Rape, Incest Exceptions Added to Abortion Bill." *WBRC FOX6 News*, May 8. https://www.wbrc.com/2019/05/08/rape-incest-exceptions-added-abortion-bill/ (accessed July 25, 2020).

Xavier, Joana C., Wim Hordijk, Stuart Kauffman, Mike Steel, and William F. Martin. 2020. "Autocatalytic Chemical Networks at the Origin of Metabolism." *Proceedings of the Royal Society B* 287. doi:10.1098/rspb.2019.2377.

Yashina, Svetlana, Stanislav Gubin, Stanislav Maksimovich, Alexandra Yashina, Edith Gakhova, and David Gilichinsky. 2012. "Regeneration of Whole Fertile Plants from 30,000-Y-Old Fruit Tissue Buried in Siberian Permafrost." *Proceedings of the National Academy of Sciences* 109:4008–13.

Yoxen, Edward J. 1979. "Where Does Schroedinger's 'What is Life?' Belong in the History of Molecular Biology?" *History of Science* 17:17–52.

Zammito, John H. 2018. *The Gestation of German Biology: Philosophy and Physiology from Stahl to Schelling*. Chicago: University of Chicago Press.

Zimmer, Carl. 1995. "First Cell." *Discover*, October 31. https://www.discovermagazine.com/the-sciences/first-cell (accessed June 8, 2020).

Zimmer, Carl. 2007. "The Meaning of Life." *Seed*, September 4. https://carlzimmer.com/the-meaning-of-life-437/ (accessed July 25, 2020).

Zimmer, Carl. 2011. "Darwin Under the Microscope: Witnessing Evolution in Microbes." In *In the Light of Evolution: Essays from the Laboratory and Field*. Edited by Jonathan B. Losos. New York: Macmillan.

Zimmer, Carl. 2021. *A Planet of Viruses*. Third edition. Chicago: University of Chicago Press.

致　谢

最初，与本·利利的一次对话让我萌生了写作这本书的想法。本·利利是曼哈顿场馆 Caveat 的老板，经常举办各种活动。有一次，我们结伴在下东区散步时，我向他提出建议，希望他能举办生命专题的系列讲座。我信誓旦旦地保证，整理这个专题的内容是件很容易的事。他问我是否愿意试一试。事实证明，这比我想象的要难，但也值得为此付出努力。我有幸与几位对生命有着极为深刻认识的人士进行了交流，这些杰出的思想者分别是萨拉·沃克、卡洛斯·马里斯卡尔（Carlos Mariscal）、吉姆·克利夫斯（Jim Cleaves）、凯莱布·沙夫（Caleb Scharf）、杰里米·英格兰（Jeremy England）、史蒂文·本纳（Steven Benner）、多纳托·乔瓦内利（Donato Giovannelli）和凯特·阿达玛拉。基于这些对话内容，我和本·利利制作了一个播客（carlzimmer.com/podcasts），由西蒙斯基金会的"科学沙盒"（Science Sandbox）项目赞助。即便有了这样的经历，我的好奇心仍未得到满足，甚至有增无减。我曾向我的同事埃德·扬（Ed Yong）提起想写一本关于生命的书，得知这个想法后他表示非常期待。我要向所有指引我站在这场马拉松起跑线上的人表示感谢。

在仍面临诸多不确定因素的情况下，斯隆基金会慷慨地提供了一笔资助，为这本书提供支持。在《纽约时报》的迈克尔·梅森

（Michael Mason）和西莉亚·达格（Celia Dugger）的帮助下，我对书中部分章节的内容做过初步的报道。书中每一章的研究都得到了学者们的慷慨相助。在写作本书的前言时，我与路易斯·坎波斯（Luis Campos）讨论了约翰·巴特勒·伯克的故事，这对我帮助很大，在此向他表示感谢。阿利森·穆奥特里、克莱伯·特鲁希略、普里西拉·内格雷斯和他们的同事们向我介绍了类器官的秘密。珍宁·伦绍夫和 I. 格伦·科恩（I. Glenn Cohen）在我思考生命起源的伦理问题时帮了很大的忙。我要感谢斯蒂芬·塞科和大卫·纳尔逊让我有机会与蟒蛇进行交流，感谢西蒙·加尼耶和他的学生们为我培养黏菌。能有机会在冬天看到蝙蝠，这要感谢纽约州环境保护部的卡尔·赫尔佐格、凯特琳·里茨科、洛里·塞维里诺（Lori Severino），以及乔治湖土地保护协会的亚历山大·诺维克（Alexander Novick）。此外，还要感谢莎伦·斯沃茨让我有机会参观她在布朗大学的实验室，并向我介绍了飞行中的蝙蝠。蕾切尔·斯派塞让我了解到许多关于树木的知识，伊莎贝尔·奥特、阿比盖尔·马特拉（Abigail Matela）、沃恩·库珀和保罗·特纳在我历经挫折学习演化论的道路上为我提供了指导。

在生物学史方面，我要感谢帕特里克·安东尼（Patrick Anthony）让我了解了阿尔布雷希特·冯·哈勒，感谢加里·温克（Gary Wnek）让我知道了阿尔伯特·圣捷尔吉。此外，我还要感谢大卫·迪默多年来一直与我对话，感谢劳丽·巴格向我展示如何建造化学花园。感谢李·克罗宁让我了解机器人化学的世界，即便当时我们两个人都因为疫情被困在家里。

凯特·阿达玛拉、路易斯·坎波斯和罗布·菲利普斯（Rob Phillips）都非常热心地通读了整本书的原稿。我还要感谢几位负责的事实核查员，他们是洛伦佐·阿万尼蒂斯（Lorenzo Arvanitis）、布里特·比斯蒂斯（Britt Bistis）、纳基拉·克里斯蒂（Nakeirah Christie）、凯利·法利（Kelly Farley）、洛里·贾（Lori Jia）、马特·克里斯托弗森（Matt Kristoffersen）、阿宁·罗（Anin Luo）和克里什·梅波尔（Krish Maypole）。我要感谢我在达顿出版社的编辑斯蒂芬·莫罗（Stephen Morrow），对于一些新事物，即便难以描述，他也能捕捉到轮廓。我也要感谢我的代理人埃里克·西蒙诺夫（Eric Simonoff），他一直能凭借敏锐的直觉找到正确的项目。

最后，我要由衷地感谢我的家人。感谢我的女儿夏洛特（Charlotte）和维罗妮卡（Veronica），在发生疫情的这一年里，她们沉着冷静地应对了各种艰难境况，而最要感谢的人是我的妻子格蕾丝。我常常不由得感叹，能够与她携手共度是我此生最大的幸运。任何语言都无法表达我对她深沉的爱，所以每一稿的致谢我都希望能重写一遍。